DESIGN AND IMPLEMENTATION OF LOW-POWER SYSTEM
FOR SOC UNDERLYING SOFTWARE

SoC
底层软件低功耗系统设计与实现

李晓杰 著

机械工业出版社
CHINA MACHINE PRESS

图书在版编目（CIP）数据

SoC 底层软件低功耗系统设计与实现 / 李晓杰著 . —北京：机械工业出版社，2023.5
ISBN 978-7-111-72814-6

Ⅰ. ①S… Ⅱ. ①李… Ⅲ. ①集成电路–芯片–设计 ②微处理器–系统软件–系统设计
Ⅳ. ①TN402 ②TP332.021

中国国家版本馆CIP数据核字（2023）第046344号

机械工业出版社（北京市百万庄大街22号　邮政编码100037）
策划编辑：杨福川　　　　　　责任编辑：杨福川
责任校对：张爱妮　　卢志坚　　责任印制：常天培
北京铭成印刷有限公司印刷
2023 年 6 月第 1 版第 1 次印刷
186mm×240mm・20印张・433千字
标准书号：ISBN 978-7-111-72814-6
定价：109.00元

电话服务　　　　　　　　　　网络服务
客服电话：010-88361066　　　机 工 官 网：www.cmpbook.com
　　　　　010-88379833　　　机 工 官 博：weibo.com/cmp1952
　　　　　010-68326294　　　金　书　网：www.golden-book.com
封底无防伪标均为盗版　　　　机工教育服务网：www.cmpedu.com

Preface 前　言

在 SoC 芯片的整个交付过程中，低功耗的芯片设计、软件设计、功耗优化是非常重要的细分领域，而低功耗软件领域的书却相对匮乏，已有的相关图书也更多集中在芯片设计领域。一些想要从事低功耗领域相关工作的研发人员需要工作很长一段时间才能对低功耗软件框架及其问题分析和优化有一个全局的认识。这是我想要出版这本书的主要原因，此外，我也想让更多的人熟悉低功耗特性及软件设计。

综合来说，本书主要讲了四点：

一是分析 Linux 内核的实现机制和方法，希望能给初次涉足低功耗领域的软件开发人员一些帮助。这一内容分布在各章中。

二是学习优秀的设计思想，从而以其为参考将我们自己对应的机制应用到其他操作系统中。这一内容同样分布在各章中。

三是对低功耗领域涉及的一些扩展知识点做了补充说明。这一内容主要在第 18 章中体现。

四是针对低功耗问题定位和优化手段做了一些简单说明。这一内容在第 19 章中阐述。这一部分与各芯片厂商关系很大，因此这里只能介绍一些通用的优化手段。

特别需要说明的是，本书的第 12～15 章是在本领域资深专家杨强的指导下完成的，在此特别表示感谢。

内核版本

本书基于 Linux 内核 5.10.111 撰写，并对基于该版本的相关实现进行了代码分析，大家可以到内核官方网站（https://kernel.org/）中下载、查阅相关实现。不过对于低功耗机制来讲，不同版本的相关实现基本不会有太大变化。

读者对象

本书适合有志于在低功耗领域发展的开发者阅读，包括但不限于 BSP 工程师、内核开发工程师、RTOS 开发工程师、系统软件工程师、固件工程师、低功耗测试工程师等。我们会假定阅读本书的开发者都有一定的技术基础。

错误或建议反馈

由于作者水平有限，书中难免会有不准确的地方，欢迎大家积极反馈，也欢迎大家提出改进建议。读者可通过邮件与我联系：2118216214@qq.com。

Contents 目 录

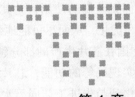

第 1 章 *Chapter 1*

低功耗系统设计思路

对功耗的优化和控制是绝大多数嵌入式厂商都无法绕过的一个细分技术领域,而且通常情况下系统对功耗的消耗是衡量一个产品好坏的重要指标之一。在本章中,我们主要讨论低功耗系统设计面临的挑战、降低功耗的设计思路、低功耗软件的架构设计等方面,让大家明白我们为什么要做功耗控制以及怎样才能做好。同时,为了帮助大家更好地理解后续的内容,我们对常见的术语也做了说明。

1.1 低功耗系统设计面临的挑战

随着微电子技术的快速发展,嵌入式系统的应用日趋广泛,小到我们日常接触的共享单车、手机、平板电脑、洗衣机、电冰箱等,大到汽车、航空航天等领域,都需要嵌入式系统的控制。嵌入式涵盖的细分技术领域非常多,在众多技术领域中,低功耗是一个极其重要的细分技术领域。绝大多数嵌入式相关厂商当下也非常注重对功耗的控制,并把其作为一种长期构建的能力。在低功耗技术领域中,我们还可以将该领域继续细分为芯片低功耗设计、软件低功耗设计、应用低功耗优化等领域,这些也是嵌入式领域技术人员日常工作的主要内容。

对功耗的控制和优化的追求是无止境的,这种无止境的追求来源于芯片技术和社会等多方面的向前发展。当前低功耗系统设计面临的主要挑战如下。

1)芯片集成度越来越高,支持的功能日趋完善和丰富,由此带来的不断增高的运行频率和高功耗与高发热等方面的因素对设备整体性能造成越来越严峻的影响。

2)当前人们的日常活动对移动设备的依赖程度越来越高,例如打车、支付、导航、听音乐、点外卖、拍照等几乎每个活动都离不开手机的支持,但是手机电池的电量是有限的,不可能支撑我们无节制的使用，尤其是出门在外，这就要求我们必须对系统和应用的耗电行为进行控制和优化，从而尽可能地延长手机使用时间。

3）目前中国在芯片生产的部分领域的技术水平与世界先进水平相比还存在差距。大家都知道，要想实现同等的功能，芯片生产的工艺越先进，功耗越低。那么如何在这种情况下，把功耗优化到与先进工艺同等水平呢？这也是芯片设计或者软件设计领域的低功耗从业人员面临的一个现实问题。

4）设备厂商生产产品时，需要考虑到各种复杂的使用场景：可能工作在 50℃ 的高温环境，也可能工作在 −50℃ 的极寒地区。面对这样的苛刻条件，如何对系统运行的平台做好控制来适应极端运行环境也是一个不得不解决的问题。

本书主要以低功耗软件设计为切入点，对 Linux 内核相关机制进行剖析和分解，然后采用类似思想在其他系统中搭建类似的机制来做功耗控制，希望能给对功耗控制与优化等内容感兴趣的从业人员提供一些帮助。

1.2 降低功耗的 3 种主要设计思路

在降低功耗的设计中，主要有以下 3 种主要设计思路。

1. 升级生产工艺

到目前为止，升级工艺的效果较为显著。在相同的工作能力下，制程越高，功耗越低。这主要是因为制程越高，用于连接芯片器件的导线就越短，相应在导线上消耗的能量就越少，所以在完成同样的工作时整体消耗的能量就越少，即功耗更低。我们经常能够看到这样的新闻：某款芯片从 5 nm 升级到 3 nm，性能同比提升 a%，功耗同比降低 b%，等等。这里提到的功耗降低更大程度上归功于更高水平的工艺以及更合理的电路设计。因此，每一代手机用的 SoC 芯片都迫切地争抢在最先进的工艺上进行生产加工。

2. 降低工作电压/频率

物理学上的一个基础知识点是功率与电压和电流的乘积成正比，即 $P = U \times I$。在芯片上这个原理同样适用，降低芯片电压和运行频率是降低功耗最直观、有效的方法之一。我们所说的 AVS\DVFS 就是常用的有效机制。更多详细内容可以参考第 13 章、第 15 章。

3. 非用即关/多电源域设计

在外使用手机的时候，我们经常会遇到这种情况：当看到电池快要没电而手头又没有充电器或充电宝的时候，我们会关闭尽可能多的应用模块，比如关闭音视频播放、关闭 GPS、关闭拍照，甚至直接进入省电模式，只保留基本的通话功能，其根本目的在于减少耗电从而延长系统运行时间。这也是多电源域的概念，方便对不同电源进行开关控制。

> **注意**　电压域控制的概念与电源域控制的概念不同，电压域控制是对同一个模块来讲，如果对性能要求高，则调整为工作在较高的电压下，如果对性能要求低，则调整为工作在较低的电压下，可以参考 AVS\DVFS 的实现。

芯片设计中也引入了多电源域这种理念：一枚 SoC 中可能包含很多功能模块，如音视频处理、传感器、GPS 定位等，但是我们不可能同时使用所有的功能，各个模块工作时也不可能要求相同的电压，因此为了降低电源消耗，在不使用该功能时将其关闭，即使工作也提供不同的电压，如图 1-1 所示。这样一来，在系统没有睡眠时芯片的功耗最低仅有一个 CPU 内核处于开启状态，从而可以大幅度减少其他模块在等待时的电量消耗，进而延长电池的使用时间。

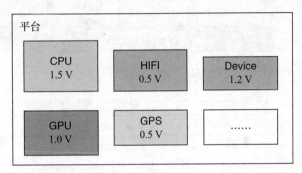

图 1-1　多电源域设计

1.3　低功耗系统的架构设计

单独对于一款芯片，无论是哪家厂商，低功耗设计都要分为电路设计和系统软件设计两部分。本书不涉及电路级的设计（可单独参考《低功耗设计详解》这本书），仅做系统软件的设计与实现。在系统软件设计中，如果系统比较复杂，则需要一个低功耗主控核来负责对各个子系统进行低功耗的控制。功耗控制分层结构如图 1-2 所示。

如图 1-2 所示，自底向上，每个上级系统负责对其子系统进行上下电控制，因为任何一个子系统都没有办法自己对自己进行上下电。比如低功耗主控核（通常为 LPMCU），负责其控制芯片平台上的所有其他子系统的上下电控制（比如应用处理器、基带处理器、HIFI 等），而每个二级子系统又负责其自身的三级子系统的上下电控制。

对于每一个子系统，通用的低功耗软件栈如图 1-3 所示（参考 Linux 软件栈），低功耗相关框架实现主要集中在操作系统（OS）层。

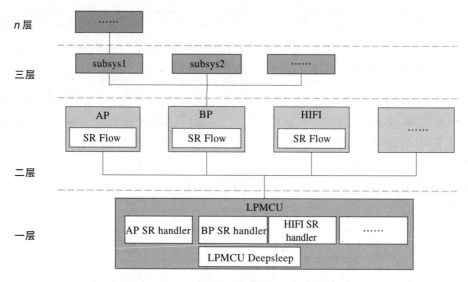

图 1-2 功耗控制分层结构

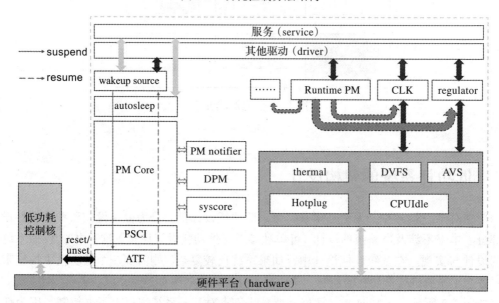

图 1-3 通用的低功耗软件栈

其中各个模块的功能如下。

❏ wakeup source：该模块为系统中其他模块或应用提供睡眠锁功能，当允许系统睡眠时，释放自己持有的睡眠锁，否则保持持有。

❏ autosleep：系统进入睡眠的入口，当系统没有任何组件持有睡眠锁时，会触发 autosleep 的工作队列进入睡眠流程中。

❏ PM Core：系统睡眠主流程，负责对低功耗各个组成模块的调用，并最终使系统进入睡眠状态，唤醒流程为睡眠流程的逆流程，都在 PM Core 中实现。

❑ PM notifier：低功耗模块基于 notifier 封装的通知链，用于通知对 suspend/resume（睡眠 / 唤醒）流程敏感的模块，但模块需要注册到 PM notifier 中才能被通知到。

❑ DPM：设备电源管理（Device Power Management），即内核提供给各个设备注册低功耗处理的机制，睡眠和唤醒流程都有 4 个优先级的回调函数供设备注册，供 PM Core 在睡眠和唤醒流程中调用。

❑ syscore：与 DPM 不同，syscore 工作在锁中断的环境中，只提供一个级别的回调函数，且与设备注册 DPM 的机制一样，也需要在该阶段做低功耗处理的模块注册，供 PM Core 在睡眠和唤醒流程中调用。

❑ PSCI：电源状态协调接口（Power State Coordination Interface），聚焦安全和非安全世界电源管理的交互，它提供处理电源管理请求的一些方法，包括 CPU_ON、CPU_OFF 等，是 Linux 内核中一个比较大的特性，在第 16 章中会做详细介绍。

❑ ATF：ARM Trusted Firmware，与 PSCI 配合使用，支撑安全世界的低功耗操作（此功能仅为 ATF 功能之一），更多的介绍会在第 17 章中展开。

❑ Runtime PM：运行时电源管理。对于某些模块或者功能，因为其隔离性比较好，比如单独供电或者单独供时钟，我们无须等到系统睡眠时关掉，在系统运行时也可以动态做关闭和打开动作，Runtime PM 就为这类模块提供了一套处理机制。

❑ CLK：负责对时钟的管理，支持对特定模块时钟的开关操作。

❑ regulator：负责对供电的管理，支持对特定模块供电的开关操作。

❑ thermal：负责对温度的控制，当对应设备的温度升高时，做相应的降压、降频、开风扇、复位等动作。

❑ DVFS：动态电压频率调整（Dynamic Voltage and Frequency Scaling），动态技术是根据芯片所运行的应用程序对计算能力的不同需要，动态调节芯片的运行频率和电压（对于同一枚芯片，运行频率越高，它需要的电压越高），从而达到节能的目的。

❑ AVS：自适应电压缩放（Adaptive Voltage Scaling），目的是通过调节芯片整体或者部分电源域的电源电压来降低功耗。AVS 可以更精确地在一定范围内自由调节电压值。

❑ Hotplug：支持对 CPU 的动态插拔，当系统负载比较小时，可以把功耗大的 CPU 动态拔除来达到节省功耗的目的，当负载超过一定阈值时可以动态地把 CPU 再加入系统调度中。

❑ CPUIdle：当系统不满足睡眠条件，同时又无任务可调度时，系统会进入 CPUIdle 状态（通常最终会进入 wfi 状态），从而在一定程度上达到节省功耗的目的。

在后文中，我们会分别对涉及模块的设计与实现进行详细介绍。

1.4 术语介绍

1. PM

Power Management 的缩写,即电源管理,通常是指系统中 SR 主流程(睡眠 / 唤醒流程),包括三部分。

1)CPU 电源管理:对 CPU 频率的动态管理,以及系统空闲时对工作模式的调整。

2)设备电源管理:在设备不工作时对其进行关闭,该关闭动作可以在 runtime 流程中处理,也可以在 suspend 流程中处理。

3)系统平台电源管理:不同平台定制化实现,与芯片时序强相关。

2. DVFS

上文对 DVFS 已进行了介绍,这里不再赘述。

3. DVS/AVS

DVS(Dynamic Voltage Scaling,动态电压缩放)和 AVS(Adaptive Voltage Scaling,自适应电压缩放)这两种调节方法的最终目的都是通过调节芯片整体或者部分电源域的电源电压来降低功耗。二者的区别在于,DVS 会选取一个或者几个电压 – 频率的对应点来固定调节电压,AVS 则可以更精确地在一定范围内自由调节电压值。

4. DPM

DPM 是在 SR 流程中对各个外设提供的一套 suspend/resume 回调处理机制,以便外设可以在系统睡眠或者唤醒流程中保存或者恢复各自的状态和配置。

5. PMIC

PMIC(Power Management IC,电源管理 IC)是指单片芯片内包括的多种电源轨和电源管理功能的集成电路。PMIC 常用于为小尺寸电池供电设备供电,因为将多种功能集成到单片芯片内可提供更高的空间利用率和系统电源效率。PMIC 内集成的常见功能包括电压转换器和调节器、电池充电器、电池电量计、LED 驱动器、实时时钟、电源排序器和电源控制。

6. LDO

LDO 即 Low Dropout Regulator,是一种低压差线性稳压器。

7. ACPI

ACPI(Advanced Configuration and Power Interface)是指高级配置和电源接口规范,是设备配置的标准和操作系统的电源管理规范。

8. HVC

HVC(HyperVisor Call)表示虚拟机管理程序调用指令或关联的异常。它请求虚拟机管理程序功能,导致核心进入 S-EL2 模式。

9. OSPM

OSPM（Operating System-directed Power Management）即操作系统直接电源管理，通常指为平台提供电源管理的操作系统组件。

10. SMC

SMC（Secure Monitor Call）表示安全监视器调用指令或关联的异常。它请求安全监视器功能，导致内核进入 EL3 及更高的异常级别。

11. SP

SP（Secure Partition，安全分区）是运行在 S-EL1 或 S-EL0 模式下，受 SPM（Secure Partition Manager，安全分区管理器）控制的软件组件，比如 Trusted OS、设备驱动软件栈（Device Driver Stack）或者安全服务等。

12. SPM

SPM 即驻留在安全平台固件上并且管理安全分区的软件组件。

13. SPF

SPF（Secure Platform Firmware，安全平台固件）是由半导体厂商和 OEM 来提供及维护的。在应用处理器（Application Processor）上，固件层（Firmware Layer）是系统启动时最先运行的一层软件。它提供了许多服务，包括平台的初始化、Trusted OS 或者 SP 的安装，以及给 SMC 提供路由选择（SMC 收到命令后路由到对应的处理函数）。有些调用是发给 SPF 的，有些调用是发给 Trusted OS 或者 SP 的。SPF 必须包括对通过 PSCI 接口发出的电源管理请求采取行动的实现。

14. ASIC

ASIC（Application Specific Integrated Circuit，专用集成电路）是指应特定用户要求与满足特定电子系统的需要而设计、制造的集成电路。用 CPLD（Complex Programmable Logic Device，复杂可编程逻辑器件）和 FPGA（Field Programmable Gate Array，现场可编程逻辑门阵列）来设计 ASIC 是最流行的方式之一。CPLD 与 FPGA 的共性是它们都具有用户现场可编程特性，都支持边界扫描技术，但两者在集成度、速度以及编程方式上各有特点。

15. FPGA

FPGA 是在 PAL（Programmable Array Logic，可编程阵列逻辑）、GAL（Generic Array Logic，通用阵列逻辑）等可编程器件的基础上进一步发展的产物。它是作为专用集成电路领域中的一种半定制电路而出现的，既弥补了定制电路的不足，又克服了原有可编程器件门电路数有限的缺点。

16. Implementation Defined

通常指由各个设计厂商自己在实际的实现中定义的，没有统一的标准。

1.5 本章小结

在本章，我们首先从 4 个角度阐述了低功耗系统设计面临的挑战，并列出了降低功耗的 3 种主要设计思路，同时为读者呈现了低功耗软件栈及组成部分，最后对本领域的术语做了解释说明。从第 2 章开始，一直到第 17 章，我们会对低功耗子系统的各个组成部分做详细的设计说明。

wakeup source 框架设计与实现

从本章开始，我们正式开启对低功耗软件框架的设计与实现之旅，第一个要分析和设计的是 wakeup source 模块。wakeup source 为其他组件提供系统睡眠投票机制，以便低功耗子系统判断当前是否可以睡眠。本章首先对 Linux 内核的 wakeup source 实现机制进行剖析，然后采用类似思想，实现一套具有同样功能的机制以应用到其他操作系统中。

2.1　Linux wakeup source 的设计与实现

在本节，我们着重对 Linux 内核中的 wakeup source 机制进行分析，包括 wakeup source 机制的架构设计概览、模块功能详解、配置信息解析、主要数据结构、主要函数分析、函数工作时序等。

2.1.1　架构设计概览

wakeup source 在 Linux 内核低功耗软件栈中的位置如图 2-1 所示。

wakeup source 模块可以与内核中的其他模块或者上层服务交互，并最终体现在 wakeup source 模块中对睡眠锁的控制上。

2.1.2　模块功能详解

在 Linux 内核中，wakeup source 是睡眠流程中各个组件关于是否同意本业务睡眠的一套投票机制。整套机制的处理逻辑基本上是围绕 combined_event_count 变量展开的，在此变量中，高 16 位记录系统已处理的所有的唤醒事件总数，低 16 位记录在处理中的唤醒事件总数。每次持锁时，处理中的唤醒事件记录会加 1（低 16 位）；每次释放锁时，处理中的唤醒事件记录会减 1（低 16 位），同时已处理的唤醒事件记录会加 1（高 16 位）。对于每次系统是否能够进入睡眠，通过是否有正在处理中的唤醒事件来判断。该模块实现的主要功能有：

1）持锁功能；

2）释放锁功能；

3）注册锁功能；

4）去注册锁功能；

5）查询激活状态锁个数功能。

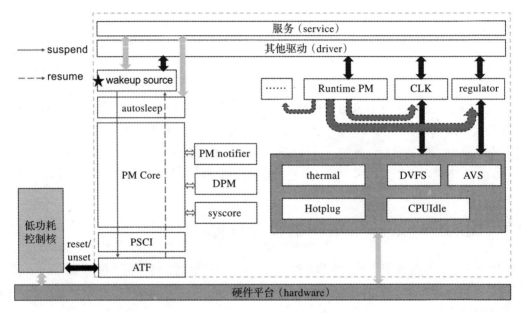

图 2-1　wakeup source 在低功耗软件栈中的位置

2.1.3　配置信息解析

1）wakeup source 功能受宏 CONFIG_PM_SLEEP 控制，如果需要使能该功能，则必须将 CONFIG_PM_SLEEP 设置为 y。

2）相关实现在 drivers\base\power\wakeup.c 文件中。

3）相关函数声明在 include\linux\pm_wakeup.h 中。

2.1.4　主要数据结构

1. wakeup_source 结构体

结构体原型定义如下：

```
struct wakeup_source {
    const char          *name;
    int                 id;
    struct list_head    entry;
    spinlock_t          lock;
    struct wake_irq     *wakeirq;
    struct timer_list   timer;
    unsigned long       timer_expires;
    ktime_t total_time;
    ktime_t max_time;
    ktime_t last_time;
    ktime_t start_prevent_time;
    ktime_t prevent_sleep_time;
    unsigned long       event_count;
    unsigned long       active_count;
    unsigned long       relax_count;
    unsigned long       expire_count;
    unsigned long       wakeup_count;
    struct device       *dev;
    bool                active:1;
    bool                autosleep_enabled:1;
};
```

成员变量说明如下。

name：顾名思义，即该 wakeup source 的名字，方便记录查看。

id：wakeup source 模块给本 wakeup source 分配的 ID。

entry：链表结构，用于把本 wakeup source 节点维护到系统 wakeup source 的全局链表中。

lock：保护本结构体变量访问所使用的互斥锁。

wakeirq：与本 wakeup source 绑定的唤醒中断相关的结构体，用户可以自行把指定中断与 wakeup source 绑定。

timer：超时时使用，比如定义本 wakeup source 为超时锁，指定在一定时间后释放锁。

timer_expires：要设置的定时器的超时时间。

total_time：记录本 wakeup source 激活的总时长。

max_time：在 wakeup source 激活的历史中，最长一次的激活时间。

last_time：最近一次访问本 wakeup source 的时间。

prevent_sleep_time：因为本 wakeup source 导致的阻止 autosleep 进入睡眠的总时间。

event_count：如果是本 wakeup source 被持锁，则 event_count 会加 1 并作为维测记录。

active_count：注意持锁接口是可以在上次没有释放锁时再次调用的，每次调用持锁接口时 event_count 会加 1，但是 active_count 只会在第一次激活时加 1。

relax_count：每次释放锁时，该值会加 1，与 active_count 一一对应。

expire_count：对应的超时锁超时的次数。

wakeup_count：伴随 event_count 一起增加，受 events_check_enabled 使能标记控制。

dev：与 wakeup source 绑定的设备。

active：标记是否处于激活状态。

autosleep_enabled：标记 autosleep 是否使能。

2. combined_event_count 变量

用法：

```
static atomic_t combined_event_count = ATOMIC_INIT(0);
```

该变量是 1 个组合计数变量，高 16 位记录唤醒事件的总数，低 16 位记录正在处理中的唤醒事件总数。系统根据正在处理中的唤醒事件来判断是否可以进入睡眠。

3. wakeup_sources 变量

用法：

```
static LIST_HEAD(wakeup_sources);
```

所有通过调用 wakeup_source_register 注册的 wakeup source 全部维护在该链表中，以便系统进行维护。

2.1.5 主要函数分析

本节介绍 wakeup.c 文件中的主要函数，因为函数本身比较简单，所以不再做过多介绍，感兴趣的读者可以参考源码实现。

在 wakeup.c 中，对外接口通常是成对出现的，比如：

1）wakeup_source_register 与 wakeup_source_unregister，分别表示注册与去注册一个 wakeup source。

2）pm_stay_awake 与 pm_relax，针对 device 类型对象提供的持锁和释放锁接口。

3）__pm_stay_awake 与 __pm_relax，针对 wakeup_source 类型对象提供的持锁和释放锁接口。

其中 2）和 3）两组接口在对应场景中配套使用即可。

1. wakeup_source_register

该函数的功能是创建 dev 设备中的 wakeup source，并把创建的 wakeup source 添加到全局链表 wakeup_sources 中，方便后续维护。

函数原型如下：

```
struct wakeup_source *wakeup_source_register(struct device *dev, const char *name)
```

其中，入参 struct device *dev 为要创建 wakeup source 的设备，const char *name 为要创建的 wakeup source 的名字。如果返回值为 struct wakeup_source 指针，说明 struct wakeup_source 类型的对象创建成功；如果返回值为 NULL，说明创建失败。

wakeup_source_register 的具体实现代码如下：

```
struct wakeup_source *wakeup_source_register(struct device *dev, const char
    *name)
{
    struct wakeup_source *ws;
    int ret;
    ws = wakeup_source_create(name);
    if (ws) {
        if (!dev || device_is_registered(dev)) {
            ret = wakeup_source_sysfs_add(dev, ws);
            if (ret) {
                wakeup_source_free(ws);
                return NULL;
            }
        }
        wakeup_source_add(ws);
    }
    return ws;
}
```

实现中，先调用 wakeup_source_create 进行目标 wakeup source 的创建。如果创建失败，则返回 NULL；如果创建成功，则调用 wakeup_source_add 将其添加到全局链表 wakeup_source 中。

2. wakeup_source_unregister

该函数的功能是删除注册的 wakeup source 并释放其占用的系统资源。

函数原型如下：

```
void wakeup_source_unregister(struct wakeup_source *ws)
```

其中入参 *ws 表示需要去注册的 wakeup source。该函数无返回值。

wakeup_source_unregister 的具体实现代码如下：

```
void wakeup_source_unregister(struct wakeup_source *ws)
{
    if (ws) {
        wakeup_source_remove(ws);
        if (ws->dev)
            wakeup_source_sysfs_remove(ws);
        wakeup_source_destroy(ws);
    }
}
```

在入参有效的情况下，调用内部接口 wakeup_source_remove，把 wakeup source 从全局链表中摘除，调用 wakeup_source_destroy 释放 wakeup source 占用的系统资源。

3. pm_stay_awake

该函数的功能是上锁设备对应的 wakeup source，阻止系统睡眠。

函数原型如下：

```
void pm_stay_awake(struct device *dev)
```

其中入参 *dev 表示需要持锁的设备。该函数无返回值。

pm_stay_awake 的具体实现代码如下：

```
void pm_stay_awake(struct device *dev)
{
    unsigned long flags;
    if (!dev)
        return;
    spin_lock_irqsave(&dev->power.lock, flags);
    __pm_stay_awake(dev->power.wakeup);
    spin_unlock_irqrestore(&dev->power.lock, flags);
}
```

可以发现，该函数还是通过调用 __pm_stay_awake 接口来操作 dev 对应的 wakeup source；其实这里也可以直接调用 __pm_stay_awake(dev->power.wakeup) 来达到相同的目的。

4. __pm_stay_awake

该函数的功能是上锁 wakeup source 来阻止系统睡眠。

函数原型如下：

```
void __pm_stay_awake(struct wakeup_source *ws)
```

其中入参 *ws 表示需要上锁的 wakeup source。该函数无返回值。

__pm_stay_awake 的具体实现代码如下：

```
void __pm_stay_awake(struct wakeup_source *ws)
{
    unsigned long flags;
    if (!ws)
        return;
    spin_lock_irqsave(&ws->lock, flags);
    wakeup_source_report_event(ws, false);
    del_timer(&ws->timer);
    ws->timer_expires = 0;
    spin_unlock_irqrestore(&ws->lock, flags);
}
```

在 wakeup_source_report_event 接口中，对组合变量 combined_event_count 的低 16 位做加 1 动作，从而达到阻止睡眠的目的，因为是否睡眠就是通过判断该变量的低 16 位是否为 0 来决策的。把对应的 timer 删掉，因为此 wakeup source 并不是延迟锁，不需要 timer。

5. pm_relax

该函数与 pm_stay_awake 对应，在对应业务处理完成后，把持有的睡眠锁释放掉。

函数原型如下：

```
void pm_relax(struct device *dev)
```

其中入参 *dev 表示需要释放锁的设备。该函数无返回值。

pm_relax 的具体实现代码如下：

```
void pm_relax(struct device *dev)
{
    unsigned long flags;
    if (!dev)
        return;
    spin_lock_irqsave(&dev->power.lock, flags);
    __pm_relax(dev->power.wakeup);
    spin_unlock_irqrestore(&dev->power.lock, flags);
}
```

通过调用 __pm_relax 来达到释放睡眠锁的目的，释放后，系统将不会再因为本 wakeup source 而阻止睡眠。

6. __pm_relax

该函数与 __pm_stay_awake 对应，在对应业务处理完成后，把持有的睡眠锁释放掉。

函数原型如下：

```
void __pm_relax(struct wakeup_source *ws)
```

其中入参 *ws 表示需要释放锁的 wakeup source。该函数无返回值。

__pm_relax 的具体实现代码如下：

```
void __pm_relax(struct wakeup_source *ws)
{
    unsigned long flags;
    if (!ws)
        return;
    spin_lock_irqsave(&ws->lock, flags);
    if (ws->active)
        wakeup_source_deactivate(ws);
    spin_unlock_irqrestore(&ws->lock, flags);
}
```

通过调用 wakeup_source_deactivate 来达到释放睡眠锁的目的，释放后，系统将不会再因为本 wakeup source 而阻止睡眠。主要通过对 combined_event_count 的低 16 位进行减 1 来达到释放锁的效果。在释放锁后，如果 combined_event_count 的低 16 位为 0，则表示当前没有在处理中的 wakeup source，该接口会触发 wakeup_count_wait_queue 等待队列运行，如果工作队列满足睡眠条件，则继续进入睡眠流程，该机制是通过 pm_get_wakeup_count 接口与 autosleep 配合使用的。

7. pm_get_wakeup_count

该函数的功能是获取 wakeup event 值（combined_event_count 高 16 位）与正在处理的

wakeup event 是否为 0（combined_event_count 低 16 位）。

函数原型如下：

```
bool pm_get_wakeup_count(unsigned int *count, bool block)
```

其中出参 *count 表示 combined_event_count 高 16 位历史上的唤醒事件的总数，入参 block 表示是否要等 combined_event_count 低 16 位为 0 才返回。该函数无返回值。

pm_get_wakeup_count 的具体实现代码如下：

```
bool pm_get_wakeup_count(unsigned int *count, bool block)
{
    unsigned int cnt, inpr;
    if (block) {
        DEFINE_WAIT(wait);
        for (;;) {
            prepare_to_wait(&wakeup_count_wait_queue, &wait,
                    TASK_INTERRUPTIBLE);
            split_counters(&cnt, &inpr);
            if (inpr == 0 || signal_pending(current))
                break;
            pm_print_active_wakeup_sources();
            schedule();
        }
        finish_wait(&wakeup_count_wait_queue, &wait);
    }
    split_counters(&cnt, &inpr);
    *count = cnt;
    return !inpr;
}
```

1）如果入参 block 为 0，则仅仅对入参 count 赋值当前 wakeup event 历史处理的总数，并返回当前 combined_event_count 低 16 位是否为 0。

2）如果入参 block 为 1，则需要一直等到 combined_event_count 低 16 位为 0 或者当前挂起进程有事件需要处理时才退出。退出时的操作与 block 为 0 的操作一样，一是对入参 count 赋值当前处理的唤醒事件的总数，二是返回当前 combined_event_count 低 16 位是否为 0。该 block 为 1 的处理分支的 wait 等待队列会在 __pm_relax 函数满足睡眠条件时触发调度运行，即 finish_wait。

8. pm_wakeup_pending

该函数的功能是确定当前是否满足睡眠条件，函数原型如下：

```
bool pm_wakeup_pending(void)
```

该函数返回值为 bool 类型，true 表示可以睡眠，false 表示不可以睡眠。

pm_wakeup_pending 的具体实现代码如下：

```
bool pm_wakeup_pending(void)
```

```
{
    unsigned long flags;
    bool ret = false;
    raw_spin_lock_irqsave(&events_lock, flags);
    if (events_check_enabled) {
        unsigned int cnt, inpr;
        split_counters(&cnt, &inpr);
        ret = (cnt != saved_count || inpr > 0);
        events_check_enabled = !ret;
    }
    raw_spin_unlock_irqrestore(&events_lock, flags);
    if (ret) {
        pm_pr_dbg("Wakeup pending, aborting suspend\n");
        pm_print_active_wakeup_sources();
    }
    return ret || atomic_read(&pm_abort_suspend) > 0;
}
```

返回值有 2 个参考点：

❑ combined_event_count 低 16 位是否为 0，即是否有正在活动状态的 wakeup source。

❑ pm_abort_suspend 值是否大于 0，如果大于 0，表示睡眠流程中出现了唤醒相关的中断或事件，唤醒事件通过调用 pm_system_wakeup 接口来给 pm_abort_suspend 值做加 1 操作。

wakeup.c 中的函数还有不少配套的接口，但是核心接口就是上文列举的这些，只要把核心接口 "吃透"，那么就可以掌握这个模块的功能和运行机制，对我们后续构建自己的唤醒机制也会很有帮助。

2.1.6　函数工作时序

wakeup source 是如何与其他模块进行工作交互的呢？我们通过图 2-2 展示说明。

前提条件：

CONFIG_PM_SLEEP 特性开关打开，使能 wakeup 功能。

工作步骤：

1）dev 或者其他需要上锁的模块调用 wakeup_source_register 来注册对应的 wakeup source。

2）在处理业务过程中，为了防止系统在业务处理完之前进入睡眠流程，dev 需要通过调用 pm_stay_awake 或者 __pm_stay_awake 来投票阻止睡眠。

3）当 dev 处理完自己的业务后，通过调用 pm_relax 或者 __pm_relax 来投票允许睡眠。

4）__pm_relax 在释放票的过程中，会检查当前是否有正在处理的持票事件，如果没有，则触发 wakeup_count_wait_queue。

5）wakeup_count_wait_queue 所在的 pm_get_wakeup_count 接口会返回到 autosleep 的工作队列中继续走睡眠流程。

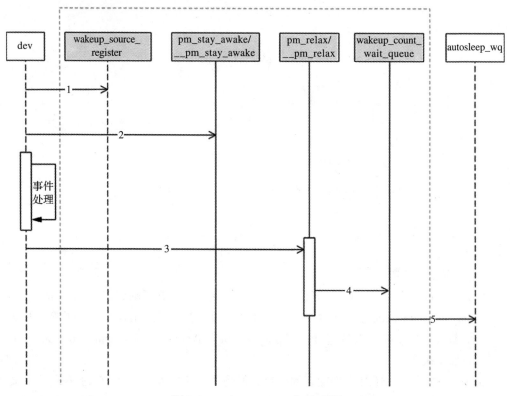

图 2-2　wakeup source 交互时序

2.2　实现自己的 wakeup source 框架

在 2.1 节中，我们对 Linux 内核的 wakeup source 模块做了解析，在理解了其工作机制后，我们在本节将通过对相关数据结构和接口函数的设计实现一套自己的 wakeup source 框架，并应用到非 Linux 的操作系统中。

2.2.1　动手前的思考

wakeup source 通过每次释放锁时检查当前的持锁状态来决策是否触发睡眠流程。通过学习，我们提取出 wakeup source 的主要功能，来帮助我们实现自己的 wakeup source 框架。

1）我们需要提供一对注册和去注册接口来供需要的组件注册、删除对应的 wakeup source。

2）我们还需要一对接口来提供持锁和释放锁的功能，供需要的模块在对应的业务场景中调用，每次释放锁时，触发 wakeup source 任务检查当前睡眠条件。

3）根据 2）的要求，我们还需要创建一个任务来检查当前持锁状态，如果满足条件则触发 autosleep 的睡眠任务。

梳理清楚要实现的 wakeup source 的工作流程，接下来我们就动手实现一个简化版的 wakeup source 框架并将其应用到自己的系统中。

2.2.2　设计与实现

1. 结构体设计

（1）wakeup_source_s 结构体

我们要设计一个结构体来维护 wakeup source 相关关键信息和维测记录，当其他模块想要注册节点时，可以定义一个此类型的本地变量。相关设计实现代码段如下所示：

```
struct wakeup_source_s {
    char *name;
    list_head entry;
    unsigned int   stay_wake_cnt;
    unsigned int   relax_cnt;
    struct timer_list timer;
    unsigned int timer_expires;
    bool is_active;
    …;
};
```

相关参数说明如下。

name：记录对应的 wakeup source 的名字。

entry：链表节点，wakeup source 全局信息通过链表维护，使用链表和注册机制，也是为了支持 wakeup source 更灵活的可扩展性，从而不受个数限制。

stay_wake_cnt：上锁反对睡眠的次数。

relax_cnt：释放锁不反对睡眠的次数。

timer：超时锁需要使用的定时器。

timer_expires：超时锁时间。

is_active：记录当前是否为激活状态。

…：开发者可以根据平台实际需要添加需要的成员变量。

（2）wakeup_ctrl_s 结构体

该结构体在 wakeup source 模块内部使用，用于记录本模块相关全局信息。相关设计实现代码段如下所示：

```
struct wakeup_ctrl_s {
    list_head head;
    spinlock lock;
    struct task *task;
    struct semaphore sem;
    unsigned int wake_cnt;
    …;
};
```

相关变量说明如下。

head：所有注册的 wakeup source 节点信息全部维护在 head 链表中。

lock：保护 head 链表的操作。

task：wakeup source 模块创建的睡眠任务。

sem：触发任务运行的同步信号量。

wake_cnt：记录当前处于 active 状态的 wakeup source 的个数。

⋯：开发者可以根据平台实际需要添加需要的成员变量。

接下来，我们就在 wakeup source 模块内部文件中定义一个 struct wakeup_ctrl_s 类型的全局变量：

```
struct wakeup_ctrl_s g_wakeup_source_ctrl;
```

2. 关键函数设计

（1）my_wakeup_source_init

函数功能是做 wakeup source 本模块相关的初始化操作，比如创建任务等。可以根据不同平台的实际需要自行添加变量。

本函数无输入参数。返回 0 表示初始化成功，返回其他值表示失败。通常在系统初始化过程中调用执行。

相关设计实现代码段如下所示：

```
static int my_wakeup_source_init(void) {
    g_wakeup_source_ctrl.task = create_task(...);
    spin_lock_init(&g_wakeup_source_ctrl.lock);
    sema_init(&g_wakeup_source_ctrl.sem,0);
    g_wakeup_source_ctrl.wake_cnt = 0;
    ...;
    return 0;
}
```

（2）wakeup_source_task_handler

该函数为任务的函数体，在 my_wakeup_source_init 函数中创建函数时作为入参传入创建函数的接口。

函数虽然定义上有返回值，但通常函数体为一个永远执行的循环：等待触发→满足条件→运行→等待触发。

相关设计实现代码段如下所示：

```
static int wakeup_source_task_handler(void *data) {
    int cnt;
    while(1) {
        down(&sem);
        cnt = my_wakeup_source_count();
        if(cnt == 0) {
```

```
            up(&autosleep_sem);/*此处仅为示意，唤醒的方式可以自定义*/
        }
    }
}
```

仔细思考发现，其实通过创建任务来检查可能有一些冗余，如果我们在每次释放 wakeup source 时做一次检查，满足睡眠条件就触发 autosleep 任务可能会更好一些，大家可以自由选取实现机制。

（3）my_wakeup_source_register

该函数是本模块的对外接口，供其他模块注册 wakeup source 时使用。

入参为要创建的 wakeup source 的名字。返回值为创建好的睡眠锁指针。

相关设计实现代码段如下所示：

```
struct wakeup_source_s * my_wakeup_source_register(char * name){
    struct wakeup_source_s *wakeup_source;
    wakeup_source = (struct wakeup_source_s *)malloc(sizeof(struct wakeup_source_s));
    if(!wakeup_source)  return NULL;
    memset(wakeup_source, 0, sizeof(struct wakeup_source_s));
    wakeup_source.name = name;
    list_add_tail(&wakeup_source->entry, &g_wakeup_source_ctrl.head);
    return wakeup_source;
}
```

（4）my_wakeup_source_unregister

该函数是本模块的对外接口，其他模块在不需要睡眠锁时通过调用该函数达到去注册对应的锁的目的。

入参为要注册的睡眠锁指针。该函数没有返回值。

相关设计实现代码段如下所示：

```
void my_wakeup_source_unregister(struct wakeup_source_s  *ws){
    list_del_init(&ws->entry)
    free(ws);
    …;
}
```

（5）my_wakeup_source_lock

该函数是本模块的对外接口，相关模块在合适的时机调用该函数来反对系统睡眠。

入参为要投票反对系统进入睡眠的睡眠锁指针。该函数没有返回值。

相关设计实现代码段如下所示：

```
void my_wakeup_source_lock(struct wakeup_source_s  *ws){
    ws->is_active = true;
    g_wakeup_source_ctrl.wake_cnt++;
    …;
}
```

（6）my_wakeup_source_unlock

该函数是本模块的对外接口，相关模块在合适的时机调用该函数来允许系统睡眠。入参为要释放的睡眠锁指针。该函数无返回值。

相关设计实现代码段如下所示：

```
void my_wakeup_source_unlock(struct wakeup_source_s  *ws){
    ws->is_active = false;
    g_wakeup_source_ctrl.wake_cnt--;
    …;
}
```

（7）my_wakeup_source_count

该函数的功能是支持低功耗主流程在睡眠时检查睡眠锁个数。

该函数没有入参。返回值为当前睡眠锁个数。

相关设计实现代码段如下所示：

```
unsigned int my_wakeup_source_count(void){
    return g_wakeup_source_ctrl.wake_cnt ;
}
```

2.3　本章小结

本章介绍了 Linux wakeup source 的相关内容，包括持锁、释放锁、注册、去注册、获取持锁数量等，在理解其工作原理后，我们根据类似思想提供了自实现的一套类 wakeup source 机制供大家参考使用。犹如文中所说，在自己实现的 wakeup source 中，同样可以借助 CPUIdle 任务来检查 wakeup source 是否满足睡眠条件，具体取决于所运行的系统，可以灵活处理。

第 3 章 *Chapter 3*

autosleep 框架设计与实现

在低功耗子系统中，autosleep 是一个比较小的模块，但却是低功耗主流程的入口。在本章中，我们首先会对 Linux 内核的 autosleep 的实现进行解析，在掌握了其实现机制后，再采用类似思想实现一套自己的 autosleep 机制，以应用到嵌入式平台上的非 Linux 的操作系统中去。

3.1 Linux autosleep 的设计与实现

在本节，我们主要对 Linux 内核中 autosleep 的实现机制进行分析，包括架构设计概览、模块功能详解、配置信息解析、主要函数实现以及函数工作时序等。

3.1.1 架构设计概览

autosleep 在 Linux 内核低功耗软件栈中的位置如图 3-1 所示。

autosleep 中的任务是睡眠的入口任务，负责进入睡眠流程。

3.1.2 模块功能详解

在 Linux 内核中，autosleep 是睡眠流程的触发点和入口点，PM Core 的睡眠流程入口 pm_suspend 函数就是被 autosleep 的睡眠工作队列调用而进入睡眠的。该机制由 Rafael J. Wysocki 在 2012 年并入内核主干，自此一直作为 Linux 内核低功耗睡眠的触发入口机制存在。在本节，我们会分析该机制的实现原理，并借鉴该机制实现我们自己的 autosleep 机制。

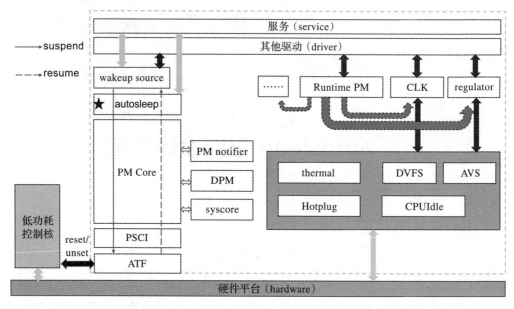

图 3-1　autosleep 在低功耗软件栈中的位置

3.1.3　配置信息解析

1）autosleep 功能受宏 CONFIG_PM_AUTOSLEEP 控制，如果需要打开该功能，则必须将 CONFIG_PM_AUTOSLEEP 设置为 y。

2）相关实现在 kernel\power\autosleep.c 文件中。

3）通过写"mem, disk, standby, freeze"到 /sys/power/autosleep 可以开启 autosleep 功能。

4）通过写"off"到 /sys/power/autosleep 可以关闭 autosleep 功能。

3.1.4　主要函数实现

1. pm_autosleep_init

该函数主要有两个功能。

1）autosleep_ws：创建 autosleep 流程中投票睡眠的睡眠锁。

2）autosleep_wq：创建睡眠工作队列。

函数原型如下：

```
int __init pm_autosleep_init(void)
```

该函数返回 0 时表示初始化成功，返回其他值时表示初始化失败。

pm_autosleep_init 的具体实现代码如下：

```
int __init pm_autosleep_init(void)
```

```
{
    autosleep_ws = wakeup_source_register("autosleep");
    if (!autosleep_ws)
        return -ENOMEM;
    autosleep_wq = alloc_ordered_workqueue("autosleep", 0);
    if (autosleep_wq)
        return 0;
    wakeup_source_unregister(autosleep_ws);
    return -ENOMEM;
}
```

其中 autosleep_ws 和 autosleep_wq 都是全局变量，方便在本文件其他函数中调用。

2. queue_up_suspend_work

该函数的功能是启动 autosleep_wq。

函数原型如下：

```
void queue_up_suspend_work(void)
```

该函数无返回值。

queue_up_suspend_work 的具体实现代码如下：

```
static DECLARE_WORK(suspend_work, try_to_suspend);
void queue_up_suspend_work(void)
{
    if (autosleep_state > PM_SUSPEND_ON)
        queue_work(autosleep_wq, &suspend_work);
}
```

queue_up_suspend_work 函数被调用后，会触发工作队列运行，进入对应的 work_handler 函数的 try_to_suspend 中执行。关于工作队列的实现原理和用法，推荐大家阅读《 Linux 内核设计与实现》一书的 8.4 节，其中对工作队列有详细介绍，这里不做过多说明。

3. pm_autosleep_set_state

该函数的功能是供文件节点 autosleep 使用，在 init.rc 中向此节点写入 suspend 状态，触发 autosleep 运行。

函数原型如下：

```
int pm_autosleep_set_state(suspend_state_t state)
```

入参 state 表示要写入的 suspend 状态。

pm_autosleep_set_state 的具体实现代码如下：

```
int pm_autosleep_set_state(suspend_state_t state)
{
#ifndef CONFIG_HIBERNATION
    if (state >= PM_SUSPEND_MAX)
        return -EINVAL;
```

```
#endif
    __pm_stay_awake(autosleep_ws);
    mutex_lock(&autosleep_lock);
    autosleep_state = state;
    __pm_relax(autosleep_ws);
    if (state > PM_SUSPEND_ON) {
        pm_wakeup_autosleep_enabled(true);
        queue_up_suspend_work();
    } else {
        pm_wakeup_autosleep_enabled(false);
    }
    mutex_unlock(&autosleep_lock);
    return 0;
}
```

函数会先判断入参 state 的值，只要大于 PM_SUSPEND_ON，就表示开启低功耗相关特性，然后做两件事：一是更新所有 wakeup source 的 autosleep 的标记为使能，以便其做相关维测记录；二是调用 queue_up_suspend_work，进入睡眠流程。如果 state 的值不大于PM_SUSPEND_ON，则说明没有使能低功耗特性。同理，所有 wakeup source 的 autosleep的标记为去使能，结束相关维测信息的记录。关于 PM_SUSPEND_ON，我们将在第 4 章中进行详细介绍，这里不再赘述。

4. try_to_suspend

该函数的功能是提供给文件工作队列 suspend_work 的 work_handler，当 suspend_work被触发运行时，实际执行的函数体为本函数；主要根据当前系统中的持锁状态和 autosleep_state 来判断是否进入 PM Core 睡眠主流程。

函数原型如下：

```
static void try_to_suspend(struct work_struct *work)
```

入参 *work 表示对应的工作队列，在实际实现中并未使用。

try_to_suspend 的具体实现代码如下：

```
static void try_to_suspend(struct work_struct *work)
{
    unsigned int initial_count, final_count;
    if (!pm_get_wakeup_count(&initial_count, true))
        goto out;
    mutex_lock(&autosleep_lock);
    if (!pm_save_wakeup_count(initial_count) ||
        system_state != SYSTEM_RUNNING) {
        mutex_unlock(&autosleep_lock);
        goto out;
    }
    if (autosleep_state == PM_SUSPEND_ON) {
        mutex_unlock(&autosleep_lock);
        return;
```

```
    }
    if (autosleep_state >= PM_SUSPEND_MAX)
        hibernate();
    else
        pm_suspend(autosleep_state);
    mutex_unlock(&autosleep_lock);
    if (!pm_get_wakeup_count(&final_count, false))
        goto out;
    /*
     如果被未知原因唤醒，则在此处终止睡眠流程
     */
    if (final_count == initial_count)
        schedule_timeout_uninterruptible(HZ / 2);
out:
    queue_up_suspend_work();
}
```

函数的名字为 try_to_suspend，顾名思义，既然是 try，就意味着并不是每次执行都能顺利进入睡眠流程并真正睡下去，如果能进入睡眠状态还好，如果不能，则重新调度工作队列等待下次执行。

这里重点说一下函数中的两个关键点。

1）initial_count 和 final_count。initial_count 是在函数入口处获取的唤醒事件总数，而 final_count 是退出睡眠流程后获取的唤醒事件总数，唤醒事件总数只会在释放锁时增加，为什么在函数倒数第 4 行再检查一次唤醒事件总数呢？这其实是一个优化措施，如果退出低功耗睡眠流程不是因为持锁状态的改变导致的，那么在这个地方可以快速地再次尝试进入睡眠流程。如果不做这个优化，那么重新调度再次进入睡眠的时间可能会比较长。

2）判断是进入 hibernate() 还是进入 pm_suspend(autosleep_state)。hibernate() 是挂起到磁盘中的，需要在下次唤醒时重新把镜像加载到 DDR，在嵌入式系统中通常不会使用此功能，因为它与掉电重启其实差别不大，而且耗时比较久，可能对时间不那么敏感的 PC 或工作站等会使用此功能。嵌入式设备通常使用 pm_suspend(autosleep_state) 这个分支，即通过 PM Core 实现。

3.1.5　函数工作时序

autosleep 的工作时序如图 3-2 所示。

前提条件如下：

CONFIG_PM_AUTOSLEEP 特性开关打开，使能 autosleep 功能。

工作步骤如下。

1）在 init.rc 中，向 autosleep 节点写入功耗控制的状态，通常写入 mem 状态，格式为 write /sys/power/autosleep mem，也可以在控制台中输入 echo mem > /sys/power/autosleep 来触发。

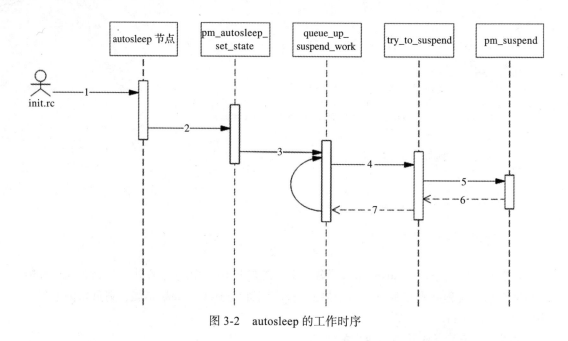

图 3-2   autosleep 的工作时序

2）写文件节点触发调用 autosleep 文件中的 pm_autosleep_set_state 函数，该函数进行参数的判断、系统状态的更新以及调用 queue_up_suspend_work 来触发 autosleep 的工作队列。

3）queue_up_suspend_work 被调用后触发工作队列 suspend_work 运行。

4）工作队列 suspend_work 运行后进入函数 try_to_suspend 执行，该函数会根据持锁条件决策是否进入 PM Core 睡眠主流程。

5）try_to_suspend 通过调用 pm_suspend 来进入 PM Core 流程。

6）pm_suspend 退出后回到 try_to_suspend，try_to_suspend 会再次触发任务或者工作队列调度，期待进入下次的睡眠流程。

7）try_to_suspend 通过调用 queue_up_suspend_work 来再次调度 autosleep 的工作队列 suspend_work。

3.2   实现自己的 autosleep 框架

在本节，我们通过相关数据结构、变量、函数设计来聚焦自研 autosleep 的实现。首先我们要梳理出实现的关键组成部分，然后再动手实现。

3.2.1   动手前的思考

在 3.1 节中，我们介绍了 Linux autosleep 的功能实现和工作机制。如果我们使用的系统不是 Linux 而是其他系统，且这个系统碰巧缺少类似 autosleep 的机制，那么我们能否借鉴这个优秀的功能呢？当然是可以的。其实 autosleep 的关键实现在于以下 3 点：

1）需要一个工作队列或者任务来负责触发进入睡眠流程。

2）需要一个配套的持锁机制来提供接口，以判断是否满足睡眠入口条件。

3）需要配套的 PM Core 提供进入睡眠流程的接口（具体实现见第 4 章）。

可以看到 autosleep 在这个过程中起到的是衔接的作用，先判断是否满足睡眠条件。如果满足则进入 PM Core 流程；如果不满足，就等待下次触发调度。既然梳理清楚了工作流程，接下来我们就来动手实现我们自己的 autosleep。

3.2.2　设计与实现

1. 结构体设计

我们要设计一个结构体，来维护 autosleep 相关关键信息和维测记录。

```
struct my_autosleep_s {
    unsigned int autosleep_in_cnt;
    unsigned int autosleep_out_cnt;
    struct task *autosleep_task;
    sema autosleep_sem;
    …;
};
```

相关变量说明如下。

autosleep_in_cnt：记录进入 autosleep 的次数。

autosleep_out_cnt：记录退出 autosleep 的次数。

autosleep_task：记录创建的 autosleep 任务句柄。

设计完结构体，我们会定义一个该类型的全局变量来维护 autosleep 的模块内部信息：

```
struct my_autosleep_s  g_autosleep;
```

2. 关键函数设计

（1）my_autosleep_init

该函数主要负责 autosleep 模块初始化。

返回 0 表示执行初始化成功，返回其他值表示初始化失败。通常在系统初始化阶段调用。

具体实现代码段如下所示：

```
int my_autosleep_init(void) {
    g_autosleep.autosleep_task = create_task(…);
    semaphore_init(&g_autosleep.autosleep_sem);
    …
    return 0;
}
```

（2）task_handler

该函数是实际任务处理的函数体实现。

任务函数通常并不会返回，而是一个等待条件→运行→等待条件的循环体。

task_handler 的相关设计实现代码段如下所示：

```
static int my_autosleep_task_handler (void) {
    while(1) {
        down(&g_autosleep.autosleep_sem);
        …
        if (my_wakeup_source_count() == 0) {
            suspend_enter();
        }
        …
    }
    return 0;
}
```

该函数的工作流程如图 3-3 所示。

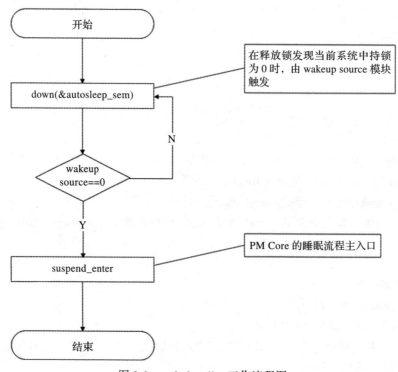

图 3-3   task_handler 工作流程图

3.3   本章小结

本章介绍了 Linux autosleep 的工作机制及实现原理，在理解其工作机制后，我们根据类似思想设计了一套类 autosleep 机制供大家参考。当然借助 CPUIdle 任务来间接实现 autosleep 也不失为一个不错的选项。在下一章，我们会介绍与 autosleep 配套使用的 PM Core 机制。

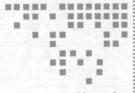

PM Core 框架设计与实现

在低功耗子系统中，PM Core 是低功耗处理的主流程，它是 autosleep 提供睡眠的入口函数，负责调用低功耗子系统中的各个组成模块共同完成低功耗的睡眠和唤醒处理。在本章中，我们首先会对 Linux 内核的 PM Core 的实现进行解析，在掌握了其实现机制后，再采用类似思想实现一套自己的 PM Core，以应用到其他操作系统中。

4.1 Linux PM Core 的设计与实现

在本节，我们主要对 Linux 内核中 PM Core 的实现机制进行分析，包括架构设计概览、模块功能详解、配置信息解析、主要数据结构、主要函数实现以及软件处理流程等。

4.1.1 架构设计概览

PM Core 在 Linux 内核低功耗软件栈中的位置如图 4-1 所示。

4.1.2 模块功能详解

PM Core 模块是 suspend/resume（睡眠 / 唤醒）主流程，它把 Linux 内核中各个与低功耗睡眠相关的模块组合在一起，包括但不限于图 4-1 中所示的 PM notifier、DPM、syscore 等模块，以便系统在满足睡眠条件时能按照设定的流程进入睡眠状态，在唤醒事件到来时又能按照设定的流程唤醒到睡眠之前的状态，保证系统的无障碍运行。

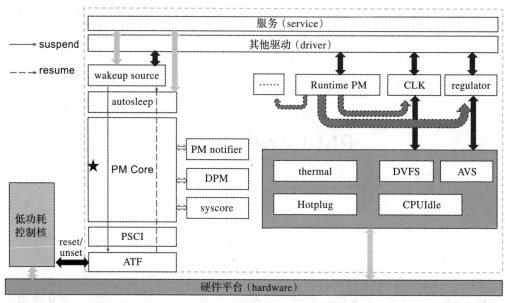

图 4-1　PM Core 在低功耗软件栈中的位置

4.1.3　配置信息解析

1）PM Core 功能主要受以下宏控制：CONFIG_PM、CONFIG_SUSPEND、CONFIG_PM_AUTOSLEEP、CONFIG_FREEZER、CONFIG_PM_SLEEP。

2）相关代码主要在 kernel/power/ 目录下。

kernel/power/main.c：提供用户态接口以及 PM notifier 相关接口。

kernel/power/suspend.c：睡眠唤醒功能的主流程。

kernel/power/console.c：睡眠唤醒过程中对 console 的处理逻辑。

kernel/power/process.c：睡眠唤醒过程中对进程的处理逻辑。

关于目录下的其他文件，我们会在本书中其他章展开讲述。

4.1.4　主要数据结构

1. suspend_state_t

suspend_state_t 定义在 include/linux/suspend.h 文件中，表示低功耗要进入的状态。在内核中主要有 4 种状态，如下：

```
typedef int __bitwise suspend_state_t;
#define PM_SUSPEND_ON           ((__force suspend_state_t) 0)
#define PM_SUSPEND_TO_IDLE      ((__force suspend_state_t) 1)
#define PM_SUSPEND_STANDBY      ((__force suspend_state_t) 2)
#define PM_SUSPEND_MEM          ((__force suspend_state_t) 3)
```

1）PM_SUSPEND_ON：设备处于全电源状态，也就是正常工作状态。

2）PM_SUSPEND_TO_IDLE：外设做完 suspend 回调后，进入 idle 回调，不会去使能从核。

3）PM_SUSPEND_STANDBY：设备处于省电状态，但能够接收某些事件，具体的行为取决于具体的设备。

4）PM_SUSPEND_MEM：挂起到内存（suspend to memory），设备进入睡眠状态，但全部数据还保存在内存中，仅仅有某些外部中断才能够唤醒设备。

5）PM_SUSPEND_MAX：表示几种 suspend 状态的最大值，函数 try_to_suspend 会将 autosleep_state 值与其作比较，若 autosleep_state 大于或者等于该值，则调用 hibernate() 函数。

6）大多数 Android 设备仅支持 PM_SUSPEND_ON 和 PM_SUSPEND_MEM，所以后续讨论中说到 suspend 状态时均是指 PM_SUSPEND_MEM。

2. suspend_stats 结构体

该结构体定义在 include/linux/suspend.h 中，主要记录低功耗流程中的维测数据。

```
struct suspend_stats {
    int   success;
    int   fail;
    int   failed_freeze;
    int   failed_prepare;
    int   failed_suspend;
    int   failed_suspend_late;
    int   failed_suspend_noirq;
    int   failed_resume;
    int   failed_resume_early;
    int   failed_resume_noirq;
#define  REC_FAILED_NUM    2
    int   last_failed_dev;
    char failed_devs[REC_FAILED_NUM][40];
    int   last_failed_errno;
    int   errno[REC_FAILED_NUM];
    int   last_failed_step;
    enum suspend_stat_step failed_steps[REC_FAILED_NUM];
};
```

在定义中，success 表示执行成功的次数，fail 表示执行失败的次数，其他字段的含义就如变量字面意思，这里不再一一说明。

3. platform_suspend_ops 结构体

该结构体定义在 include/linux/suspend.h 中，主要记录与平台相关的低功耗主流程相关的回调函数。

```
struct platform_suspend_ops {
    int (*valid)(suspend_state_t state);
    int (*begin)(suspend_state_t state);
```

```
    int (*prepare)(void);
    int (*prepare_late)(void);
    int (*enter)(suspend_state_t state);
    void (*wake)(void);
    void (*finish)(void);
    bool (*suspend_again)(void);
    void (*end)(void);
    void (*recover)(void);
};
```

1）valid 回调：回调以确定平台是否支持给定的系统睡眠状态。有效（即支持的）状态在 /sys/power/state 中公布，即前文所描述的 suspend_state_t。注意，如果条件不正确，仍然可能无法进入给定的系统睡眠状态。

2）begin 回调：初始化到给定系统睡眠状态的转换，在挂起设备之前执行。@begin 传递给平台代码的信息应在 @end 执行后立刻被忽略掉。如果 @begin 失败（即返回非零），PM 主流程将不会调用 @prepare()、@enter() 和 @finish() 回调。begin 回调是可选的，不是一定要实现的。但是一旦实现了，那么传递给 @enter() 的参数就是多余的，应忽略。

3）prepare 回调：准备平台以进入由 @begin() 指示的系统睡眠状态。@begin() 在设备挂起之后（即为每个设备执行了适当的 .suspend() 方法）和设备驱动程序的 suspend_late 回调之前调用。成功时返回 0，否则返回负的错误代码，在这种情况下，系统无法进入所需的睡眠状态。此时不会调用 @prepare_late()、@enter() 和 @wake()。

4）prepare_late 回调：完成平台准备，以进入 @begin() 指示的系统睡眠状态。@prepare_late 在禁用 nonboot CPU 之前和执行设备驱动程序的 suspend_late 回调之后调用。成功时返回 0，否则返回负的错误代码，在这种情况下，系统无法进入所需的睡眠状态（@enter() 将不会执行）。

5）enter 回调：进入由 @begin() 指示的系统睡眠状态，如果未实现 @begin()，则进入由参数表示的系统睡眠状态。此回调是必填的。成功时返回 0，否则返回一个为负的错误码，在这种情况下，系统无法进入所需的睡眠状态。

6）wake 回调：当系统刚刚离开睡眠状态时，在启用 nonboot CPU 之后且执行设备驱动程序的 resume_early 回调之前调用。此回调是可选的，但应由实现 @prepare_late() 的平台实现。如果实现，则它始终在 @prepare_late 和 @enter() 之后调用，即使其中一个失败。

7）finish 回调：完成平台的唤醒流程。@finish 紧跟在调用设备驱动程序的 resume_early 回调之后调用（详见源码 suspend.c 中的函数 suspend_enter）。此回调是可选的，但如果这个平台实现了 prepare 回调，那么也应该实现 finish 回调。如果实现了，则它始终在 @enter() 和 @wake() 之后调用，即使其中一个失败。

8）suspend_again 回调：返回系统是否应再次挂起。如果平台希望在挂起期间轮询传感器或执行某些代码，而不调用用户空间和大多数设备，则使用该回调。suspend_again 回调是一个假设已经设置了定期唤醒或警报唤醒的绝佳设计。

9）end 回调：在恢复设备后立即由 PM 主流程调用，表示系统已返回工作状态，或向睡眠状态的转换已中止。此回调是可选的，但应由实现 @begin() 的平台实现。因此，实现 @begin() 的平台还应提供 @end()，该 @end() 回调函数负责清理在 @enter() 之前中止的转换。

10）recover 回调：从挂起失败中恢复平台。如果设备挂起失败，由 PM 主流程调用。此回调是可选的，仅应由在这种情况下需要特殊恢复操作的平台实现。

4.1.5　主要函数实现

1. pm_suspend

该函数是 PM Core 睡眠流程的主入口函数，供 autosleep 中的 suspend_work 执行时调用。函数首先会判断入参状态是否为有效状态，然后会进入下一层函数 enter_state 中执行。该函数同时会记录睡眠失败和成功的相关维测记录，以备在定位问题时查看。

函数原型如下：

```
int pm_suspend(suspend_state_t state)
```

入参 state 表示 suspend 流程要进入的状态。返回 0 表示执行成功，返回其他值表示执行失败。

pm_suspend 的具体实现代码如下：

```
int pm_suspend(suspend_state_t state)
{
    int error;
    if (state <= PM_SUSPEND_ON || state >= PM_SUSPEND_MAX)
        return -EINVAL;
    pr_info("suspend entry (%s)\n", mem_sleep_labels[state]);
    error = enter_state(state);
    if (error) {
        suspend_stats.fail++;
        dpm_save_failed_errno(error);
    } else {
        suspend_stats.success++;
    }
    pr_info("suspend exit\n");
    return error;
}
```

2. enter_state

该函数是 PM Core 睡眠流程函数，由函数 pm_suspend 调用。

函数原型如下：

```
int enter_state(suspend_state_t state)
```

入参 state 表示 suspend 流程要进入的状态。返回 0 表示执行成功，返回其他值表示执行失败。

enter_state 的具体实现代码如下：

```
static int enter_state(suspend_state_t state)
{
    int error;
    trace_suspend_resume(TPS("suspend_enter"), state, true);
    if (state == PM_SUSPEND_TO_IDLE) {
            ...
    } else if (!valid_state(state)) {
        return -EINVAL;
    }
    if (!mutex_trylock(&system_transition_mutex))
        return -EBUSY;
    if (state == PM_SUSPEND_TO_IDLE)
        s2idle_begin();
    if (sync_on_suspend_enabled) {
        trace_suspend_resume(TPS("sync_filesystems"), 0, true);
        ksys_sync_helper();
        trace_suspend_resume(TPS("sync_filesystems"), 0, false);
    }
    pm_pr_dbg("Preparing system for sleep (%s)\n", mem_sleep_labels[state]);
    pm_suspend_clear_flags();
    error = suspend_prepare(state);
    if (error)
        goto Unlock;
    if (suspend_test(TEST_FREEZER))
        goto Finish;
    trace_suspend_resume(TPS("suspend_enter"), state, false);
    pm_pr_dbg("Suspending system (%s)\n", mem_sleep_labels[state]);
    pm_restrict_gfp_mask();
    error = suspend_devices_and_enter(state);
    pm_restore_gfp_mask();
 Finish:
    events_check_enabled = false;
    pm_pr_dbg("Finishing wakeup.\n");
    suspend_finish();
 Unlock:
    mutex_unlock(&system_transition_mutex);
    return error;
}
```

主要处理过程如下。

1）enter_state 会调用 valid_state 来判断当前 suspend_ops 是否有赋值来满足睡眠流程调用；

```
static bool valid_state(suspend_state_t state)
{
    return suspend_ops && suspend_ops->valid && suspend_ops->valid(state);
}
```

2）suspend_ops 是通过各芯片平台调用 suspend_set_ops 来定制化赋值的，每个平台都有自己的实现，通过 suspend_set_ops 来赋值给 suspend_ops 以供 PM Core 调用。

```
void suspend_set_ops(const struct platform_suspend_ops *ops)
{
    lock_system_sleep();
    suspend_ops = ops;
    if (valid_state(PM_SUSPEND_STANDBY)) {
        mem_sleep_states[PM_SUSPEND_STANDBY] = mem_sleep_labels[PM_SUSPEND_STANDBY];
        ...
    }
    if (valid_state(PM_SUSPEND_MEM)) {
        mem_sleep_states[PM_SUSPEND_MEM] = mem_sleep_labels[PM_SUSPEND_MEM];
        ...
    }
    unlock_system_sleep();
}
```

3）接下来调用 suspend_prepare 来执行 PM notifier 回调，调用 suspend_freeze_processes 来冻结可以冻结的进程。（notifier 与进程冻结的相关实现会在后文中单独介绍。）

```
static int suspend_prepare(suspend_state_t state)
{
    int error;
    if (!sleep_state_supported(state))
        return -EPERM;
    pm_prepare_console();
    error = pm_notifier_call_chain_robust(PM_SUSPEND_PREPARE, PM_POST_SUSPEND);
    if (error)
        goto Restore;
    trace_suspend_resume(TPS("freeze_processes"), 0, true);
    error = suspend_freeze_processes();
    trace_suspend_resume(TPS("freeze_processes"), 0, false);
    if (!error)
        return 0;
    suspend_stats.failed_freeze++;
    dpm_save_failed_step(SUSPEND_FREEZE);
    pm_notifier_call_chain(PM_POST_SUSPEND);
Restore:
    pm_restore_console();
    return error;
}
```

当以上 3 个处理过程都成功后，会进入下一级函数 suspend_devices_and_enter 中执行更进一步的睡眠处理流程。

3. suspend_devices_and_enter

该函数是 PM Core 睡眠流程函数，由函数 enter_state 调用。

函数原型如下：

```
int suspend_devices_and_enter(suspend_state_t state)
```

入参 state 表示 suspend 流程要进入的状态。返回 0 表示执行成功,返回其他值表示执行失败。

suspend_devices_and_enter 的具体实现代码如下:

```
int suspend_devices_and_enter(suspend_state_t state)
{
    ...
    pm_suspend_target_state = state;
    if (state == PM_SUSPEND_TO_IDLE)
        pm_set_suspend_no_platform();
    error = platform_suspend_begin(state);
    if (error)
        goto Close;
    suspend_console();
    suspend_test_start();
    error = dpm_suspend_start(PMSG_SUSPEND);
    if (error) {
        pr_err("Some devices failed to suspend, or early wake event detected\n");
        goto Recover_platform;
    }
    suspend_test_finish("suspend devices");
    if (suspend_test(TEST_DEVICES))
        goto Recover_platform;
    do {
        error = suspend_enter(state, &wakeup);
    } while (!error && !wakeup && platform_suspend_again(state));
Resume_devices:
    suspend_test_start();
    dpm_resume_end(PMSG_RESUME);
    suspend_test_finish("resume devices");
    trace_suspend_resume(TPS("resume_console"), state, true);
    resume_console();
    trace_suspend_resume(TPS("resume_console"), state, false);
Close:
    platform_resume_end(state);
    pm_suspend_target_state = PM_SUSPEND_ON;
    return error;
Recover_platform:
    platform_recover(state);
    goto Resume_devices;
}
```

主要处理过程如下。

1)通过调用 platform_suspend_begin 来执行平台注册的 suspend_ops 的 begin 回调;

2)通过调用 dpm_suspend_start 来执行 DPM 的 prepare 与 suspend 两个级别的回调处理。(DPM 的内容会在后文中详细讲解。)

3）通过 suspend_enter 来进入下一层级的 SR 流程。

4）需要注意的是，睡眠流程是对称的，前面是睡眠流程，睡眠流程退出后接着执行唤醒流程，从 suspend_enter 睡下去，从 suspend_enter 醒过来并退出。

5）从 suspend_enter 退出表示睡眠结束，系统会接着调用 dpm_resume_end 来执行 DPM 中与 prepare、suspend 对应的 resume、complete 回调。

6）然后通过 platform_resume_end 调用平台注册的与 suspend_ops 的 begin 回调对应的 end 回调。

4. suspend_enter

该函数是 PM Core 睡眠流程函数，由函数 suspend_devices_and_enter 调用。

函数原型如下：

```
int suspend_enter(suspend_state_t state, bool *wakeup)
```

入参 state 表示 suspend 流程要进入的状态，出参 *wakeup 表示在 suspend_enter 中调用 pm_wakeup_pending 的返回值，即是否有电源状态转换挂起请求终止 suspend。返回 0 表示执行成功，返回其他值表示执行失败。

suspend_enter 的具体实现代码如下：

```
static int suspend_enter(suspend_state_t state, bool *wakeup)
{
    int error;
    error = platform_suspend_prepare(state);
    if (error)
        goto Platform_finish;
    error = dpm_suspend_late(PMSG_SUSPEND);
    if (error) {
        pr_err("late suspend of devices failed\n");
        goto Platform_finish;
    }
    error = platform_suspend_prepare_late(state);
    if (error)
        goto Devices_early_resume;
    error = dpm_suspend_noirq(PMSG_SUSPEND);
    if (error) {
        pr_err("noirq suspend of devices failed\n");
        goto Platform_early_resume;
    }
    error = platform_suspend_prepare_noirq(state);
    if (error)
        goto Platform_wake;
    if (suspend_test(TEST_PLATFORM))
        goto Platform_wake;
    if (state == PM_SUSPEND_TO_IDLE) {
        s2idle_loop();
        goto Platform_wake;
```

```
        }
        error = suspend_disable_secondary_cpus();
        if (error || suspend_test(TEST_CPUS))
            goto Enable_cpus;
        arch_suspend_disable_irqs();
        BUG_ON(!irqs_disabled());
        system_state = SYSTEM_SUSPEND;
    error = syscore_suspend();
        if (!error) {
            *wakeup = pm_wakeup_pending();
            if (!(suspend_test(TEST_CORE) || *wakeup)) {
                trace_suspend_resume(TPS("machine_suspend"),
                    state, true);
                        error = suspend_ops->enter(state);
                trace_suspend_resume(TPS("machine_suspend"),
                    state, false);
            } else if (*wakeup) {
                error = -EBUSY;
            }
            syscore_resume();
        }
        system_state = SYSTEM_RUNNING;
        arch_suspend_enable_irqs();
        BUG_ON(irqs_disabled());
Enable_cpus:
        suspend_enable_secondary_cpus();
Platform_wake:
        platform_resume_noirq(state);
        dpm_resume_noirq(PMSG_RESUME);
Platform_early_resume:
        platform_resume_early(state);
Devices_early_resume:
        dpm_resume_early(PMSG_RESUME);
Platform_finish:
        platform_resume_finish(state);
        return error;
    }
```

函数主要功能如下。

1）通过调用 platform_suspend_prepare 来执行平台注册的 suspend_ops 的 prepare 回调。

2）通过调用 DPM 接口 dpm_suspend_late 来执行 DPM 中 suspend_late 级别的回调。

3）通过调用 DPM 接口 dpm_suspend_noirq 来执行 DPM 中 suspend_noirq 级别的回调。

4）通过调用 platform_suspend_prepare_noirq 来执行平台注册的 suspend_ops 的 prepare_late 回调。

5）通过调用 suspend_disable_secondary_cpus 来停掉未启动的 CPU；

6）通过 arch_suspend_disable_irqs 来屏蔽中断，这样之后的流程中就不会再响应中断了。

7）通过调用 syscore_suspend 来回调系统中注册的 syscore_suspend 回调函数，该级别的回调是在屏蔽中断的上下文中执行的。

8）通过调用 suspend_ops 的 enter 回调来执行平台注册的最终的平台相关的 suspend 函数，内核自身的 PM Core 走到这里基本上就停止了。

9）需要注意的是，PM Core 从 suspend_ops 的 enter 回调睡下去，也需要从 suspend_ops 的 enter 回调中醒过来。

10）PM Core 醒来后会按照睡眠流程对称的 resume 流程来执行唤醒动作：syscore_resume→arch_suspend_enable_irqs→suspend_enable_secondary_cpus→platform_resume_noirq→dpm_resume_noirq→platform_resume_early→dpm_resume_early→platform_resume_finish。

> **注意**　在一个系统中，如果要使能 PM Core，除了 4.1.3 节所说的需要打开宏之外，还需要调用 suspend_set_ops 来注册 suspend_ops 的 enter 回调函数，这个 suspend_set_ops 可以由各平台自己实现，也可以使用内核的 PSCI 框架，如图 4-2 所示。（PSCI 的相关内容会在后文中详细讲解。）

```
Kirkwood- pm.c (arch\arm\mach- mvebu):   suspend_set_ops(&kirkwood_suspend_ops);
Platsmp.c (arch\arm\mach- milbeaut):   suspend_set_ops(&m10v_pm_ops);
Pm- arm.c (drivers\soc\bcm\brcmstb\pm):  suspend_set_ops(&brcmstb_pm_ops);
Pm- imx25.c (arch\arm\mach- imx):   suspend_set_ops(&imx25_suspend_ops);
Pm- imx27.c (arch\arm\mach- imx):   suspend_set_ops(&mx27_suspend_ops);
Pm- imx5.c (arch\arm\mach- imx):   suspend_set_ops(&mx5_suspend_ops);
Pm- imx6.c (arch\arm\mach- imx):   suspend_set_ops(&imx6q_pm_ops);
Pm- mips.c (drivers\soc\bcm\brcmstb\pm): suspend_set_ops(&brcmstb_pm_ops);
Pm- mmp2.c (arch\arm\mach- mmp):   suspend_set_ops(&mmp2_pm_ops);
Pm- pxa910.c (arch\arm\mach- mmp):   suspend_set_ops(&pxa910_pm_ops);
Pm.c (arch\arm\mach- at91):      suspend_set_ops(&at91_pm_ops);
Pm.c (arch\arm\mach- davinci):   suspend_set_ops(&davinci_pm_ops);
Pm.c (arch\arm\mach- highbank): suspend_set_ops(&highbank_pm_ops);
Pm.c (arch\arm\mach- lpc32xx):   suspend_set_ops(&lpc32xx_pm_ops);
Pm.c (arch\arm\mach- mvebu):   suspend_set_ops(&mvebu_pm_ops);
Pm.c (arch\arm\mach- mxs): suspend_set_ops(&mxs_suspend_ops);
Pm.c (arch\arm\mach- omap1):   suspend_set_ops(&omap_pm_ops);
Pm.c (arch\arm\mach- omap2):   suspend_set_ops(&omap_pm_ops);
Pm.c (arch\arm\mach- pxa):   suspend_set_ops(&pxa_pm_ops);
Pm.c (arch\arm\mach- rockchip): suspend_set_ops(pm_data->ops);
Pm.c (arch\arm\mach- s3c): suspend_set_ops(&s3c_pm_ops);
Pm.c (arch\arm\mach- s5pv210): suspend_set_ops(&s5pv210_suspend_ops);
Pm.c (arch\arm\mach- sa1100):   suspend_set_ops(&sa11x0_pm_ops);
Pm.c (arch\arm\mach- socfpga):   suspend_set_ops(&socfpga_pm_ops);
Pm.c (arch\arm\mach- tegra):   suspend_set_ops(&tegra_suspend_ops);
Pm.c (arch\arm\mach- ux500):   suspend_set_ops(UX500_SUSPEND_OPS);
Pm33xx- core.c (arch\arm\mach-omap2):   suspend_set_ops(&amx3_blocked_pm_ops);
Pm33xx.c (drivers\soc\ti):   suspend_set_ops(&am33xx_pm_ops);
Pm33xx.c (drivers\soc\ti):   suspend_set_ops(NULL);
Psci.c (drivers\firmware\psci):       suspend_set_ops(&psci_suspend_ops);
Sharpsl_pm.c (arch\arm\mach- pxa):   suspend_set_ops(&sharpsl_pm_ops);
Sharpsl_pm.c (arch\arm\mach- pxa):   suspend_set_ops(NULL);
Suspend.c (arch\arm\mach- exynos):   suspend_set_ops(&exynos_suspend_ops);
Suspend.c (arch\arm\mach- shmobile):    suspend_set_ops(&shmobile_suspend_ops);
Suspend.c (kernel\power): * suspend_set_ops - Set the global suspend method table.
Suspend.c (kernel\power):void suspend_set_ops(const struct platform_suspend_ops *ops)
Suspend.c (kernel\power):EXPORT_SYMBOL_GPL(suspend_set_ops);
Suspend.h (include\linux): * suspend_set_ops - set platform dependent suspend operations
Suspend.h (include\linux):extern void suspend_set_ops(const struct platform_suspend_ops *ops);
Suspend.h (include\linux):static inline void suspend_set_ops(const struct platform_suspend_ops *ops) {}
```

图 4-2　PSCI 注册 suspend_set_ops 示意图

4.1.6　软件处理流程

前面几节对 PM Core 主流程的主要功能及主要结构体做了分析和讲解，接下来我们分析下具体处理流程，包括系统是如何进入睡眠的，又是如何被唤醒的。

1. 睡眠流程

如果要打开内核中的 PM 特性开关，则需要按照如下流程执行。（睡眠流程执行时序如图 4-3 所示。）

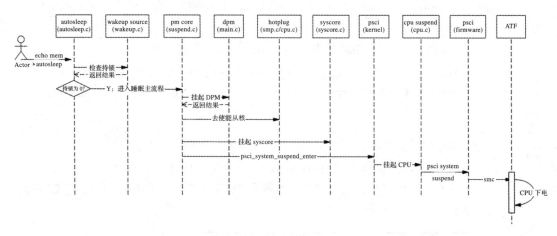

图 4-3　睡眠流程执行时序

1）在 init.rc 中，通过 echo mem > /sys/power/autosleep 触发睡眠持锁检查。

2）如果检查到没有组件持锁，则继续进入 PM Core 睡眠流程。如果有组件持锁，则停止进入睡眠流程。

3）在 PM Core 睡眠流程中，系统会挂起外设、去使能从核、回调 syscore 回调函数、挂起 CPU、在 ATF 中执行安全相关操作，最后给主控核请求下电。

4）主控核给内核子系统下电后，需要接管内核子系统的唤醒中断操作，以便在需要时把内核系统唤醒。

需要说明的是，在执行过程中可以阻止睡眠，一旦某个环节返回错误，则停止本次睡眠流程并返回。

当前实际的执行过程要比我们说的复杂一些，这里只是为了帮助大家理解，所以对过程没有细化，在后文中我们会逐个对子系统、子框架展开更详细的讲解。

睡眠流程的最后阶段主要执行以下动作，如图 4-4 所示。

2. 唤醒流程

低功耗主控核接收到内核子系统的唤醒中断后，会对其进行上电解复位动作，后续则执行睡眠流程的逆流程，在此不做过多介绍，后面会对全流程的每个组成部分进行拆解介绍。

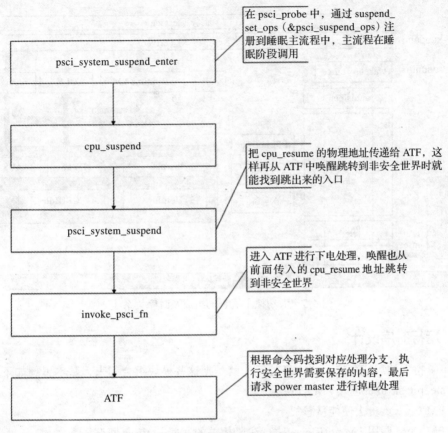

图 4-4　睡眠流程最后阶段执行的动作

4.2　实现自己的 PM Core 框架

前边我们分析了 Linux 内核的 PM Core 工作机制，对其涉及的主要数据类型、主要函数及处理流程有了一定的了解，能够在 Linux 系统下快速地使能低功耗特性。不过这只是我们的目的之一，我们还有一个目的，就是将 Linux 内核的优秀思想用在其他系统中，设计和开发属于我们自己的低功耗框架。

4.2.1　动手前的思考

在第 1 章中，我们知道要使能一个系统的低功耗睡眠 / 唤醒特性，需要用到 wakeup source 模块、DPM 模块、syscore 模块、CPUIdle 模块（或者其他触发进入睡眠的任务）、CPU 模块（负责从核的去使能与使能以及核相关的睡眠与唤醒流程）等，也需要 PM Core 流程来把这些模块组合起来以提供可以运行的全功能特性，这里我们简单回顾下低功耗主流程的组成及时序关系，如图 4-5 所示。

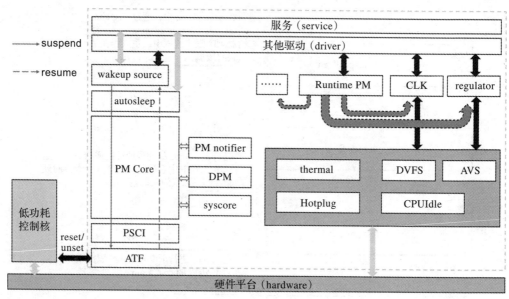

图 4-5　低功耗主流程的组成及时序关系

4.2.2　运行时序设计

确定了特性的组成模块，接下来的工作就是把这些模块组合起来，基本思想如下：

1）sleep task 负责进入 PM Core 流程。

2）PM Core 负责去使能从核。

3）PM Core 调用 PM notifier，执行注册相关的一些 notifier 回调函数。

4）PM Core 调用 DPM 回调，实现平台注册的 DPM 的 suspend 和 resume 流程。

5）PM Core 负责调用 syscore 回调，实现平台注册的 syscore 级别的 suspend/resume 流程（可选）。

6）PM Core 最后进入平台相关的 CPU suspend 流程（在 CPU 模块中实现），针对 CPU 相关的 suspend 动作需要认真梳理，否则可能会出现各种异常，包括但不限于 l1cache、gic cpu interface、退出 smp 等。

7）向低功耗控制核请求下电。

8）唤醒流程为睡眠流程的逆流程，这里不再赘述。

自研睡眠流程时序图如图 4-6 所示。

4.2.3　设计与实现

1. 主要结构体设计

（1）pm_core_debug_s 结构体

首先需要定义一个 pm_core_debug_s 结构体来记录 PM Core 流程中的各种统计信息，比如进入睡眠和唤醒的次数、睡眠失败的次数等。

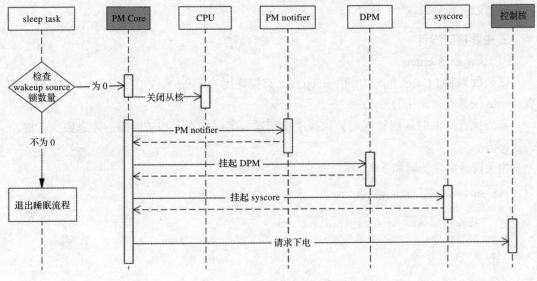

图 4-6　自研睡眠流程时序图

实现代码段如下所示：

```
struct pm_core_debug_s {
    int suspend_success;        //记录PM Core成功进入睡眠的总次数
    int fail;                   //记录PM Core进入睡眠失败的总次数
    int suspend_in;             //记录PM Core进入睡眠的总次数
    int suspend_out;            //记录PM Core退出睡眠的总次数
    int dpm_suspend_success;    //记录DPM睡眠成功的总次数
    int dpm_suspend_fail;       //记录DPM睡眠失败的总次数
    int suspend_time;           //记录最近一次进入PM Core的时间
    int resume_time;            //记录最近一次PM Core唤醒的时间
    ...
};
```

　　每个成员变量的用途可参见代码注释，在实际使用时，我们可以根据需要对变量进行动态添加和删除。

（2）pm_core_suspend_ops 结构体

　　我们还需要设计一个 pm_core_suspend_ops 结构体，来记录不同平台各自注册的平台相关的低功耗处理回调函数。

```
struct pm_core_suspend_ops {
    int (*platform_suspend)(void*); //与CPU相关的睡眠处理，不同平台可能有差异，需要各自
                                    //实现，PM Core为通用机制，不处理差异部分
    int (*valid)(void*);            //可选，为平台提供一种检查异常、状态的机制，可以不用实现
    ...;                            //可以支持扩展，自行添加
};
```

　　结构体中每个变量的用途可参见代码注释，在实际使用时，我们可以根据需要对变量

进行动态添加和删除。

2. 主要接口设计

（1）suspend_enter

该函数为 PM Core 主入口，供 sleep task 直接调用。（sleep task 在 autosleep 中实现，或者由 idle 任务直接调用。）

函数执行失败时返回错误码，执行成功则进入睡眠状态，当被唤醒后才返回执行成功的返回值。

相关设计实现伪码如下所示：

```
int suspend_enter(void) {
    int ret;
    ret = disable_nonboot_cpu();
    if (ret) {
        ...;
    }
    ret = dpm_suspend();
    if (ret) {
        ...;
    }
    ret = syscore_suspend();
    if (ret) {
        dpm_resume();
        ...;
    }
    ret = platform_cpu_suspend_ops->platform_suspend(void*);
    syscore_resume();
    dpm_resume();
    return ret;
}
```

> 🖥 思考　disable_nonboot_cpu 该如何实现呢？在实时操作系统中，实现机制可能和 Linux 完全不同，需要开发者根据不同平台做好定制化实现，可能与 CPU 的个数、芯片逻辑的部署等相关。需要注意的是，在睡眠流程中一定要在做 DPM 备份公共外设区之前把 nonboot CPU 关闭，然后在唤醒流程中要在 DPM 恢复公共外设区之后再使能 nonboot CPU。

（2）set_platform_suspend_ops

设置与 platform CPU 相关的变量，供不同平台在设计自己的低功耗处理函数时调用，一旦设计成功，系统低功耗流程将会在睡眠流程的最深处调用。

当入参为非法值时返回 −1，执行成功时返回 0。

相关设计实现代码段如下所示：

```
int set_platform_suspend_ops(struct pm_core_suspend_ops *ops) {
    if (!ops) {
```

```
        return -1;
    }
    platform_cpu_suspend_ops = ops;
    return 0;
}
```

（3）pm_core_init

主要负责与 PM Core 本模块相关的初始化功能。

执行成功时返回 0，返回其他值则表示失败。通常在系统初始化时调用。

相关设计实现的原型如下：

```
int pm_core_init(void) {
    ...
    return 0;
}
```

4.3　本章小结

在本章，我们学习了 Linux 内核的 PM Core 的主要结构体和函数实现，了解了其工作机制。其中涉及的 PSCI 技术、task freeze 等知识点，我们将在第 16 章和第 18 章进行补充。我们还参考 Linux 内核 PM Core 框架的思想实现了自己的 PM Core，其中涉及的结构体、函数原型以及相关的回调机制都是灵活的，所有具体的芯片平台都可以在运行的非 Linux 的操作系统中自行定制或扩展。

Chapter 5 第 5 章

notifier 框架设计与实现

notifier 并不是严格意义上的低功耗系统组成部分，与低功耗有关系的是基于 notifier 封装的 PM notifier。在低功耗子系统中，PM notifier 只是提供了一种机制，供对低功耗事件敏感的模块进行注册，这样当 PM Core 进行低功耗睡眠和唤醒时，可以通过 PM notifier 回调到各个模块注册的回调函数，以便进行相关的处理。在本章中，我们首先会对 Linux 内核的 notifier 的实现进行解析，并列举了其在内核中的使用场景；在掌握了其实现机制后，再采用类似思想实现一套自己的 notifier，以应用到其他操作系统中。

5.1 Linux notifier 的设计与实现

在本节，我们主要对 Linux 内核中 notifier 的实现机制进行分析，包括架构设计概览、模块功能详解、配置信息解析、主要数据结构、主要接口介绍以及内核使用场景等。

5.1.1 架构设计概览

nofitier 作为一个基础组件，使用的场景很多，这里我们以 PM notifier 在低功耗软件栈的位置为例，如图 5-1 所示。

5.1.2 模块功能详解

这里之所以把 notifier 纳入我们讲解的范围，主要是因为低功耗框架基于 notifier 封装了 PM notifier，所以在介绍 PM notifier 之前，我们先对基础 notifier 框架进行简单说明。

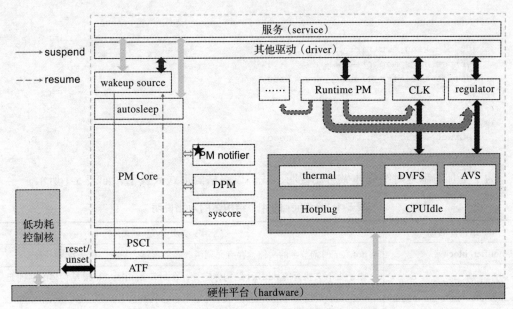

图 5-1　PM notifier 在低功耗软件栈中的位置

notifier 也是一种通过链表实现的消息通知机制，任何模块都可以基于基础的 notifier 框架来封装自己的 notifier，比如低功耗模块可以封装 pm_notifier，调频模块可以封装 freq_notifier，panic 模块可以封装 panic_notifier，die 模块可以封装 die_notifier，等等。

5.1.3　配置信息解析

1）notifier 函数声明在 include\linux\notifier.h 中，相关实现在 kernel\notifier.c 文件中。

2）notifier.c 的实现为基础功能，没有受编译宏控制，默认参与编译。

5.1.4　主要数据结构

notifier 的主要结构体如下：

```
typedef int (*notifier_fn_t)(struct notifier_block *nb,
            unsigned long action, void *data);

struct notifier_block {
    notifier_fn_t notifier_call;
    struct notifier_block __rcu *next;
    int priority; //数值越大，优先级越高
};

struct atomic_notifier_head {
    spinlock_t lock;
    struct notifier_block __rcu *head;
```

```
};

struct blocking_notifier_head {
    struct rw_semaphore rwsem;
    struct notifier_block __rcu *head;
};

struct raw_notifier_head {
    struct notifier_block __rcu *head;
};
```

为了更加清晰地对结构体做对比说明，我们以表格的形式来展示，如表 5-1 所示。

表 5-1 notifier 的 4 个结构体的对比说明

结构体名称	说　明
notifier_block	notifier 回调节点的实体，存有回调函数、单项链表指针、优先级
atomic_notifier_head	原子上下文执行的 notifier 结构体定义，在封装 notifier_block 结构体的基础上，定义了属于自己的自旋锁
blocking_notifier_head	任务上下文执行的 notifier 结构体定义，在封装 notifier_block 结构体的基础上，定义了属于自己的读写信号量 rwsem
raw_notifier_head	裸节点定义，回调的上下文是未知的，由调用者自己决定

5.1.5　主要接口介绍

1. 初始化接口

1）三类 notifier 的静态初始化接口，分别对应原子上下文、任务上下文、裸上下文的 notifier 节点的静态初始化方式。相关宏定义代码如下所示：

```
#define ATOMIC_NOTIFIER_INIT(name) {                    \
        .lock = __SPIN_LOCK_UNLOCKED(name.lock),        \
        .head = NULL }
#define BLOCKING_NOTIFIER_INIT(name) {                  \
        .rwsem = __RWSEM_INITIALIZER((name).rwsem),     \
        .head = NULL }
#define RAW_NOTIFIER_INIT(name)  {                      \
        .head = NULL }
```

2）三类 notifier 的动态初始化接口，分别对应原子上下文、任务上下文、裸上下文的 notifier 节点的动态初始化方式。动态初始化有个限制，就是使用前一定要等初始化完成才行，否则无法操作对应的 notifier；而静态初始化就没有这个限制，可以随时使用。相关定义代码段如下所示。

```
#define ATOMIC_INIT_NOTIFIER_HEAD(name) do {    \
        spin_lock_init(&(name)->lock);          \
        (name)->head = NULL;                    \
```

```
    } while (0)
#define BLOCKING_INIT_NOTIFIER_HEAD(name) do {   \
        init_rwsem(&(name)->rwsem);              \
        (name)->head = NULL;                     \
    } while (0)
#define RAW_INIT_NOTIFIER_HEAD(name) do {        \
        (name)->head = NULL;                     \
    } while (0)
```

2. 函数分类

由结构体定义可知，notifier 函数也同样可以分为三类——原子上下文类、任务上下文类、裸上下文类，如表 5-2 所示。

表 5-2　notifier 函数汇总

分　类	函　数	说　明
原子上下文	atomic_notifier_chain_register	注册原子 notifier 的函数
	atomic_notifier_chain_unregister	去注册原子 notifier 的函数
	atomic_notifier_call_chain_robust	如果执行失败了，会执行已执行操作的逆操作对应的回调函数
	atomic_notifier_call_chain	如果执行失败了，则不会执行对应的逆操作
任务上下文	blocking_notifier_chain_register	注册 blocking notifier 的函数，该 notifier 回调是在任务上下文中
	blocking_notifier_chain_unregister	去注册 blocking notifier 的函数，该 notifier 回调是在任务上下文中
	blocking_notifier_call_chain_robust	如果执行失败了，会执行已执行操作的逆操作对应的回调函数
	blocking_notifier_call_chain	如果执行失败了，则不会执行对应的逆操作
裸上下文（由调用者自己决定）	raw_notifier_chain_register	注册 raw notifier 的函数，该 notifier 回调是在未知上下文中，具体需要调用者自己决定
	raw_notifier_chain_unregister	去注册 raw notifier 的函数，该 notifier 回调是在未知上下文中，具体需要调用者自己决定
	raw_notifier_call_chain_robust	如果执行失败了，会执行已执行操作的逆操作对应的回调函数
	raw_notifier_call_chain	如果执行失败了，则不会执行对应的逆操作

3. 注册类函数介绍

三类注册函数都是对 notifier_chain_register 的一层封装，只是分别加了各自的自旋锁、信号量控制。对于 notifier_chain_register 的说明如下：

该函数的主要功能是为三类注册函数提供最底层的通用功能，负责将 notifier 注册到对应的链表中。

函数原型如下：

```
static int notifier_chain_register(struct notifier_block **nl, struct notifier_block *n)
```

入参 **nl 表示要插入的目标链表，入参 *n 表示要插入目标链表的节点。该函数返回 0 时表示执行成功，返回其他值时表示执行失败。

notifier_chain_register 的具体实现代码如下：

```
static int notifier_chain_register(struct notifier_block **nl, struct notifier_block *n)
{
    while ((*nl) != NULL) {
        if (unlikely((*nl) == n)) {
            WARN(1, "double register detected");
            return 0;
        }
        if (n->priority > (*nl)->priority)
            break;
        nl = &((*nl)->next);
    }
    n->next = *nl;
    rcu_assign_pointer(*nl, n);
    return 0;
}
```

可以看到，该函数返回 0，表示插入成功。如果待插入节点已经在目标链表中，则不需要多余的操作，否则需要按照优先级从大到小的顺序插入链表中。priority 越大，优先级越高。

4. 去注册类函数介绍

三类去注册函数都是对 notifier_chain_unregister 的一层封装，只是分别加了各自的自旋锁、信号量控制。对于 notifier_chain_unregister 的说明如下：

该函数的主要功能是为三类去注册函数提供最底层的通用功能，负责从目标链表删除对应节点。

函数原型如下：

```
static int notifier_chain_unregister(struct notifier_block **nl, struct notifier_block *n)
```

入参 **nl 表示要删除节点的目标链表，入参 *n 表示要从目标链表中删除的节点。该函数返回 0 时表示执行成功，返回其他值时表示执行失败。

notifier_chain_unregister 的具体实现代码如下：

```
static int notifier_chain_unregister(struct notifier_block **nl, struct notifier_
    block *n)
{
    while ((*nl) != NULL) {
        if ((*nl) == n) {
            rcu_assign_pointer(*nl, n->next);
            return 0;
        }
```

```
        nl = &((*nl)->next);
    }
    return -ENOENT;
}
```

如果节点存在链表中，则删除之，并返回成功。如果不在链表中，则返回错误码。

5. notifier_call_chain

三类 notifier_call_chain 函数（atomic_notifier_call_chain、blocking_notifier_call_chain、raw_notifier_call_chain）都是对 notifier_call_chain 的一层封装，只不过分别加了各自的自旋锁、信号量控制。对于 notifier_call_chain 的说明如下：

该函数的主要功能是回调链表中每个节点的 notifier_call 回调函数。

函数原型如下：

```
static int notifier_call_chain(struct notifier_block **nl, unsigned long val, void *v,
    int nr_to_call, int *nr_calls)
```

入参 **nl 表示要执行回调函数的目标链表；入参 val 是传递给 notifier 回调函数的参数；入参 *v 是传递给 notifier 回调函数的指针；入参 nr_to_call 表示需要执行的回调函数节点的个数，如果是 −1 可以不用关注；出参 *nr_calls 表示执行了多少个回调函数节点。该函数返回 0 时表示执行成功，返回其他值时表示执行失败。

notifier_call_chain 的具体实现代码如下：

```
static int notifier_call_chain(struct notifier_block **nl, unsigned long val,
    void *v, int nr_to_call, int *nr_calls)
{
    int ret = NOTIFY_DONE;
    struct notifier_block *nb, *next_nb;
    nb = rcu_dereference_raw(*nl);
    while (nb && nr_to_call) {
        next_nb = rcu_dereference_raw(nb->next);
#ifdef CONFIG_DEBUG_NOTIFIERS
        if (unlikely(!func_ptr_is_kernel_text(nb->notifier_call))) {
            WARN(1, "Invalid notifier called!");
            nb = next_nb;
            continue;
        }
#endif
        ret = nb->notifier_call(nb, val, v);
        if (nr_calls)
            (*nr_calls)++;
        if (ret & NOTIFY_STOP_MASK)
            break;
        nb = next_nb;
        nr_to_call--;
    }
    return ret;
}
```

函数会循环执行目标链表中每个节点的 notifier_call 回调函数，如果返回值与 NOTIFY_STOP_MASK 相与不为 0，则停止执行并返回。

6. notifier_call_chain_robust

三类 notifier_call_chain_robust 函数（atomic_notifier_call_chain_robust、blocking_notifier_call_chain_robust、raw_notifier_call_chain_robust）都是对 notifier_call_chain_robust 的一层封装，只是分别加了各自的自旋锁、信号量控制。对于 notifier_call_chain_robust 的说明如下：

该函数的主要功能，对于回调链表中每个节点的 notifier_call 回调函数，如果执行失败，则对已经执行过 notifier_call 回调的节点重新进行回调，但要把入参由 val_up 改为 val_down。以 pm_notifier 为例，我们可以把这两个参数设为互反的两个值——suspend、resume，这样即使回调同一个回调函数，由于入参不同（即要执行的阶段不同），回调函数也可以用 switch 语句分别进行处理。

函数原型如下：

```
static int notifier_call_chain_robust(struct notifier_block **nl, unsigned long
    val_up, unsigned long val_down,void *v)
```

入参 **nl 表示要执行回调函数的目标链表；入参 val_up 和 val_down 都是传递给 notifier 回调函数的参数；入参 *v 是传递给 notifier 回调函数的指针；入参 nr_to_call 表示需要执行的回调函数节点的个数，如果是 –1，则可以不关注；出参 *nr_calls 表示执行了多少个回调函数节点。该函数的返回值是最后一个 notifier 回调函数的返回值。

notifier_call_chain_robust 的具体实现代码如下：

```
static int notifier_call_chain_robust(struct notifier_block **nl, unsigned long
    val_up, unsigned long val_down, void *v)
{
    int ret, nr = 0;
    ret = notifier_call_chain(nl, val_up, v, -1, &nr);
    if (ret & NOTIFY_STOP_MASK)
        notifier_call_chain(nl, val_down, v, nr-1, NULL);
    return ret;
}
```

该函数是对 notifier_call_chain 的一层封装。循环执行目标链表中每个节点的 notifier_call 回调函数，如果返回值失败，则停止执行并对已执行的节点执行逆操作。

5.1.6 内核使用场景

1. die() 场景

可以通过调用 register_die_notifier 注册 die 函数的 notifier。当注册成功后，一旦 die 函数被调用，最终会调用到 notify_die，从而调用到注册的 notifier_call，这样当 oops 发生时，对这件事敏感的注册模块就可以执行自己的处理流程，比如保存死机或复位场景的"临终遗言"等。die notifier 封装的是原子类函数，所有注册信息维护在 die_chain 中。相关实现代码如下所示：

```
int notrace notify_die(enum die_val val, const char *str,struct pt_regs *regs,
    long err, int trap, int sig)
{
    struct die_args args = {
        .regs      = regs,
        .str       = str,
        .err       = err,
        .trapnr    = trap,
        .signr     = sig,
    };
    RCU_LOCKDEP_WARN(!rcu_is_watching(), "notify_die called but RCU thinks we're
        quiescent");
    return atomic_notifier_call_chain(&die_chain, val, &args);
}
NOKPROBE_SYMBOL(notify_die);

int register_die_notifier(struct notifier_block *nb)
{
    return atomic_notifier_chain_register(&die_chain, nb);
}
EXPORT_SYMBOL_GPL(register_die_notifier);

int unregister_die_notifier(struct notifier_block *nb)
{
    return atomic_notifier_chain_unregister(&die_chain, nb);
}
EXPORT_SYMBOL_GPL(unregister_die_notifier);
```

2. panic() 场景

可以通过调用 atomic_notifier_chain_register 注册到 panic_notifier_list 上，我们以内核的 drivers\misc\ibmasm\heartbeat.c 为例：通过 ibmasm_register_panic_notifier 注册对 panic 敏感的 notifier 回调函数，这样当 panic 函数被调用时，就能调用到注册的回调函数。相关实现代码如下所示：

```
static int panic_happened(struct notifier_block *n, unsigned long val, void *v)
{
    suspend_heartbeats = 1;
    return 0;
}

static struct notifier_block panic_notifier = { panic_happened, NULL, 1 };

void ibmasm_register_panic_notifier(void)
{
    atomic_notifier_chain_register(&panic_notifier_list, &panic_notifier);
}
```

```
void ibmasm_unregister_panic_notifier(void)
{
    atomic_notifier_chain_unregister(&panic_notifier_list, &panic_notifier);
}
```

3. reboot() 场景

当期望系统在 reboot 事件发生时回调到指定的回调函数时，可以调用 register_reboot_notifier 注册到 reboot_notifier_list，这样当注册成功后，一旦系统发生 reboot 事件，就会回调到注册的回调函数中。相关实现代码如下所示：

```
int register_reboot_notifier(struct notifier_block *nb)
{
    return blocking_notifier_chain_register(&reboot_notifier_list, nb);
}
EXPORT_SYMBOL(register_reboot_notifier);
int unregister_reboot_notifier(struct notifier_block *nb)
{
    return blocking_notifier_chain_unregister(&reboot_notifier_list, nb);
}
EXPORT_SYMBOL(unregister_reboot_notifier);
```

4. 低功耗场景

当期望在低功耗睡眠 / 唤醒事件发生时执行指定的处理函数时，可以通过调用 register_pm_notifier 注册到 pm_chain_head 来实现。相关实现代码如下所示：

```
static BLOCKING_NOTIFIER_HEAD(pm_chain_head);
int register_pm_notifier(struct notifier_block *nb)
{
    return blocking_notifier_chain_register(&pm_chain_head, nb);
}
EXPORT_SYMBOL_GPL(register_pm_notifier);
int unregister_pm_notifier(struct notifier_block *nb)
{
    return blocking_notifier_chain_unregister(&pm_chain_head, nb);
}
EXPORT_SYMBOL_GPL(unregister_pm_notifier);
int pm_notifier_call_chain_robust(unsigned long val_up, unsigned long val_down)
{
    int ret;
    ret = blocking_notifier_call_chain_robust(&pm_chain_head, val_up, val_down, NULL);
    return notifier_to_errno(ret);
}
int pm_notifier_call_chain(unsigned long val)
{
    return blocking_notifier_call_chain(&pm_chain_head, val, NULL);
}
```

当注册成功后，一旦系统发生低功耗事件，就会调用注册的回调函数。我们以 suspend_

prepare 为例看一下 PM Core 是如何处理 PM notifier 的：

```
static int suspend_prepare(suspend_state_t state)
{
    int error;
    if (!sleep_state_supported(state))
        return -EPERM;
    pm_prepare_console();
    error = pm_notifier_call_chain_robust(PM_SUSPEND_PREPARE, PM_POST_SUSPEND);
    if (error)
        goto Restore;
    trace_suspend_resume(TPS("freeze_processes"), 0, true);
    error = suspend_freeze_processes();
    trace_suspend_resume(TPS("freeze_processes"), 0, false);
    if (!error)
        return 0;
    suspend_stats.failed_freeze++;
    dpm_save_failed_step(SUSPEND_FREEZE);
    pm_notifier_call_chain(PM_POST_SUSPEND);
Restore:
    pm_restore_console();
    return error;
}
```

本节只介绍了关于 notifier 的 4 个使用场景，内核中使用 notifier 的场景还有很多，在实际应用中可以根据需要对 notifier.c 中的实现进行封装。

5.2　实现自己的 notifier 框架

在本节，我们主要通过数据结构设计、函数设计来定义如何实现自研的 notifier 机制。

5.2.1　动手前的思考

在 5.1 节，我们对 Linux 内核的 notifier 框架做了拆解分析，并对内核使用场景进行了举例说明，在了解了其工作机制和使用场景后，我们可以在其他操作系统中实现一套自己的 notifier 框架。在动手之前，我们同样来整理一下思路：

1）我们需要设计一个结构体，供用户在注册节点时使用。

2）我们还需要提供注册函数和去注册函数。

当注册完成后，我们需要提供调用接口，来遍历注册的 notifier 节点的回调函数。

5.2.2　设计与实现

1. 结构体设计

为了方便起见，我们使用系统提供的链表接口（假设系统中提供了类似于内核的带头双

向循环链表）。在这里我们不严格参考内核的实现，只支持裸上下文的接口：在回调用户注
册的回调函数时，上下文类型由用户自行设计，可以是原子上下文，也可以是任务上下文，
相关设计实现代码段如下所示：

```
typedef int (*notifier_func)(unsigned long action, void *data);
struct notifier_block {
    notifier_func notifier_call;
    list_head entry;
    void *data;
    int priority; //我们也设计为数值越大优先级越高，当然反着来也可以
};
struct notifier_node {
    struct notifier_block block;
};
```

其中 *data 为要传递给 notifier_call 的参数，priority 为该节点的优先级。

2. 主要函数设计

（1）注册函数：notifier_register

对外函数，供其他模块调用，用于注册自己的 notifier 节点。

入参 *head 为要挂接的目的节点；入参 *node 为操作的模块的节点。该函数无返回值。

相关设计实现代码段如下所示：

```
void notifier_register(struct notifier_node *head, struct notifier_node *node)
{
    ...
    list_for_each_entry(pos, head, entry) {
        if(pos->priority < node->priority) {
            list_add(node, pos); //插到pos前边
        }
    }
    ...
}
```

（2）去注册函数：notifier_unregister

对外函数，为注册 notifier 的模块提供退出机制，从链表中删除其节点即可。

入参 *node 为操作的模块的节点。该函数无返回值。

相关设计实现代码段如下所示：

```
void notifier_unregister(struct notifier_node *node)
{
    ...
    list_del_init(node->entry);
    ...
}
```

（3）遍历链表回调函数：notifier_call

notifier 模块内部函数，回调所有注册 notifier 的模块的回调函数。

入参 *head 表示要操作的目标通知链；入参 action 表示当前对应的操作，并传递给 notifier 回调函数。执行成功返回 0，否则返回执行过程中任何一个执行失败的回调函数的错误码。

相关设计实现代码段如下所示：

```
int notifier_call(struct notifier_node *head, unsigned long action)
{
    ...
    list_for_each_entry(pos, head, entry) {
        if(pos->notifier_call) {
            ret = pos->notifier_call(action, pos->data);
            if (ret) {
                return -ERROR_CODE;
            }
        }
    }
    ...
    return 0;
}
```

到现在为止，基础的 notifier 框架就介绍完了，所有需要 notifier 提供底层实现的模块都可以基于这个进行封装，比如 pm_notifier 等。

5.3　本章小结

在本章，我们学习了 Linux 内核的 notifier 机制，包括主要数据结构、主要接口和使用场景等。在理解了其工作机制后，我们也设计了自己的 notifier 机制，相比 Linux 的实现，我们的实现可能更简单，因为在其他操作系统中，使用场景可能并没有 Linux 这么复杂。在下一章，我们将学习 DPM 框架的设计实现。

Chapter 6 第6章

DPM 框架设计与实现

DPM 是低功耗子系统的一个重要组成部分，它一方面为系统中的设备提供低功耗处理的注册函数，另一方面为 PM Core 提供调用函数，从而实现在睡眠/唤醒流程中对各个设备注册回调函数的调用处理，保证各个设备在经过睡眠/唤醒后能正常工作。在本章中，我们首先会对 Linux 内核中的 DPM 框架进行分析，在掌握其工作机制后，我们又实现了一套简化版的 DPM 机制，以应用到其他操作系统中，支持其他系统对设备的低功耗业务处理。

6.1　Linux DPM 的设计与实现

在本节，我们主要对 Linux 内核中 DPM 的实现机制进行分析，包括架构设计概览、模块功能详解、配置信息解析、主要数据结构、主要函数介绍以及函数工作时序等。

6.1.1　架构设计概览

DPM 在低功耗软件栈中的位置如图 6-1 所示，为 PM Core 的配套机制。

6.1.2　模块功能详解

Linux 内核中运行着各式各样的外设，如 DMA、Timer 等，如果在系统进入睡眠时这部分外设对应的电源域会掉电，那么系统需要保存这些外设的一些寄存器配置或者其他配置，如果在系统唤醒时对应的电源域又会上电，那么系统需要恢复睡眠时做的配置。内核中给这些外设提供保存恢复功能的机制就是 DPM 机制。各个驱动模块在初始化时会注册

DPM 的 ops 回调函数，然后 PM Core 在走睡眠 / 唤醒流程时，会调用 DPM 的 suspend 和 resume 函数，回调注册到 DPM 的各个外设驱动的保存恢复函数。

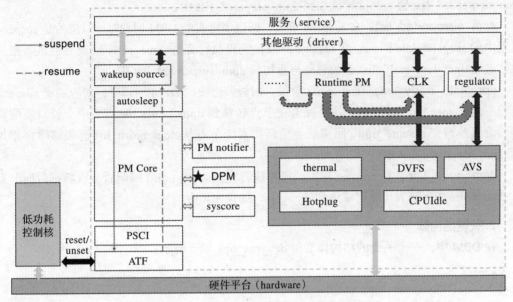

图 6-1　DPM 在低功耗软件栈中的位置

6.1.3　配置信息解析

1）该功能受宏 CONFIG_PM_SLEEP 和 CONFIG_PM 控制，如果需要使能该功能，必须将 CONFIG_PM_SLEEP 和 CONFIG_PM 设置为 y。

2）相关实现在 drivers\base\power\main.c 文件中，函数声明在文件 include\linux\pm.h 中。

6.1.4　主要数据结构

1. 关键变量

DPM 中有 5 个关键的链表变量，如下所示：

```
LIST_HEAD(dpm_list);
static LIST_HEAD(dpm_prepared_list);
static LIST_HEAD(dpm_suspended_list);
static LIST_HEAD(dpm_late_early_list);
static LIST_HEAD(dpm_noirq_list);
```

dpm_list：注册 DPM 的 dev 设备，注册时会首先添加到该链表中。在 suspend 阶段，回调该链表的 DPM 回调时，对应的是 suspend 流程中的 prepare 回调。在 resume 阶段，流程执行完 complete 回调后会重新把对应节点从 dpm_prepared_list 链表移除再添加到 dpm_list 中。

dpm_prepared_list：在 suspend 阶段，回调该链表的 DPM 回调时，对应的是 suspend 流程中的 suspend 回调。在 resume 阶段，流程执行完 resume 回调会重新把对应节点从 dpm_suspended_list 链表移除再添加到 dpm_prepared_list 中。

dpm_suspended_list：在 suspend 阶段，回调该链表的 DPM 回调时，对应的是 suspend 流程中的 suspend_late 回调。在 resume 阶段，流程执行完 resume_early 回调后会重新把对应节点从 dpm_late_early_list 链表移除再添加到 dpm_suspended_list 中。

dpm_late_early_list：在 suspend 阶段，回调该链表的 DPM 回调时，对应的是 suspend 流程中的 suspend_noirq 回调，执行完会把节点转移到 dpm_noirq_list 链表中。针对唤醒流程，流程执行完 resume_noirq 回调后会重新把对应节点从 dpm_noirq_list 链表移除再添加到 dpm_late_early_list 中。

dpm_noirq_list：在 resume 阶段，流程执行完 resume_noirq 回调后会重新把对应节点从 dpm_noirq_list 链表移除再添加到 dpm_late_early_list 中。

2. 关键结构体

在 DPM 中，一个关键的结构体变量 dev_pm_ops 如下所示：

```
struct dev_pm_ops {
    int (*prepare)(struct device *dev);
    void (*complete)(struct device *dev);
    int (*suspend)(struct device *dev);
    int (*resume)(struct device *dev);
    int (*freeze)(struct device *dev);
    int (*thaw)(struct device *dev);
    int (*poweroff)(struct device *dev);
    int (*restore)(struct device *dev);
    int (*suspend_late)(struct device *dev);
    int (*resume_early)(struct device *dev);
    int (*freeze_late)(struct device *dev);
    int (*thaw_early)(struct device *dev);
    int (*poweroff_late)(struct device *dev);
    int (*restore_early)(struct device *dev);
    int (*suspend_noirq)(struct device *dev);
    int (*resume_noirq)(struct device *dev);
    int (*freeze_noirq)(struct device *dev);
    int (*thaw_noirq)(struct device *dev);
    int (*poweroff_noirq)(struct device *dev);
    int (*restore_noirq)(struct device *dev);
    int (*runtime_suspend)(struct device *dev);
    int (*runtime_resume)(struct device *dev);
    int (*runtime_idle)(struct device *dev);
};
```

注意该结构体的回调函数支持两种保存恢复机制对应的回调，分别是 suspend to nand(Hibernation) 和我们常用的 suspend to RAM。因为在嵌入式系统中，我们几乎看不到

suspend to nand，所以针对 Hibernation 特有的回调，这里不做过多解释说明。这些回调包括：freeze、freeze_late、thaw、thaw_early、poweroff、poweroff_late、restore、restore_early、freeze_noirq、thaw_noirq、poweroff_noirq、restore_noirq。

下面我们对本文关心的回调进行解释说明。

suspend 阶段：分别对应 4 个优先级的回调处理，处理顺序是 prepare、suspend、suspend_late、suspend_noirq。

resume 阶段：分别对应 4 个优先级的回调处理，与 suspend 阶段一一对应，处理顺序是 resume_noirq、resume_early、resume、complete。suspend 和 resume 的工作调用关系将在 6.1.6 节中介绍。

runtime 阶段：runtime_suspend、runtime_resume、runtime_idle，这 3 个回调支持设备在系统运行过程中，对本设备单独进行睡眠和唤醒阶段的 runtime 处理流程，不依赖于低功耗睡眠 / 唤醒主流程。关于 Runtime PM 的机制介绍，我们放到第 8 章讲解。

6.1.5　主要函数介绍

DPM 接口函数分为 3 类。

第 1 类：提供给 PM Core 调用的接口函数，处理所有注册 DPM 的回调函数，包括 dpm_suspend_start、dpm_suspend_end、dpm_resume_start、dpm_resume_end 等。

第 2 类：提供给设备调用的接口函数，包括 device_pm_sleep_init、device_pm_add、device_pm_remove、device_pm_move_before、device_pm_move_after、device_pm_move_last、device_pm_check_callbacks 等。

第 3 类：为支撑以上两类函数的正常工作而封装的本模块内部使用的接口函数，包括 dpm_prepare、dpm_suspend、dpm_suspend_late、dpm_suspend_noirq、dpm_resume_noirq、dpm_resume_early、dpm_resume、dpm_complete、dpm_watchdog_set、dpm_watchdog_handler、dpm_watchdog_clear 等。

下面我们对 DPM 的关键函数进行剖析，注意是关键函数，这里不会剖析每一个函数。

1. dpm_suspend_start

该函数的主要功能是支持 PM Core 调用对设备进行 suspend 处理，函数中封装了两级回调，分别是 prepare 和 suspend。

函数原型如下：

```
int dpm_suspend_start(pm_message_t state)
```

入参 state 表示要进入的低功耗状态。该函数返回 0 时表示执行成功，返回其他值时表示执行失败。

dpm_suspend_start 的具体实现代码如下：

```
int dpm_suspend_start(pm_message_t state)
{
    ktime_t starttime = ktime_get();
    int error;
    error = dpm_prepare(state);
    if (error) {
        suspend_stats.failed_prepare++;
        dpm_save_failed_step(SUSPEND_PREPARE);
    } else
        error = dpm_suspend(state);
    dpm_show_time(starttime, state, error, "start");
    return error;
}
```

如果过程中有函数返回失败，则记录下 DPM 维测信息。

2. dpm_suspend_end

该函数的主要功能是支持 PM Core 调用对设备进行 suspend 处理，与 dpm_suspend_start 配套使用，函数中封装了两级回调，分别是 suspend_late 和 suspend_noirq。

函数原型如下：

```
int dpm_suspend_end(pm_message_t state)
```

入参 state 表示要进入的低功耗状态。该函数返回 0 时表示执行成功，返回其他值时表示执行失败。

dpm_suspend_end 的具体实现代码如下：

```
int dpm_suspend_end(pm_message_t state)
{
    ktime_t starttime = ktime_get();
    int error;
    error = dpm_suspend_late(state);
    if (error)
        goto out;
    error = dpm_suspend_noirq(state);
    if (error)
        dpm_resume_early(resume_event(state));
out:
    dpm_show_time(starttime, state, error, "end");
    return error;
}
```

如果过程中有函数返回失败，则记录下 DPM 维测信息。

3. dpm_reume_start

该函数的主要功能是支持 PM Core 调用对设备进行 resume 处理，函数中封装了两级回调，分别是 resume_noirq 和 resume_early。

函数原型如下：

```
void dpm_resume_start(pm_message_t state)
```

入参 state 表示要对应的低功耗状态。该函数无返回值。

dpm_resume_start 的具体实现代码如下：

```
void dpm_resume_start(pm_message_t state)
{
    dpm_resume_noirq(state);
    dpm_resume_early(state);
}
```

4. dpm_reume_end

该函数的主要功能是支持 PM Core 调用对设备进行 resume 处理，与 dpm_resume_start 配套使用，函数中封装了两级回调，分别是 resume 和 complete。

函数原型如下：

```
void dpm_resume_end(pm_message_t state)
```

入参 state 表示要对应的低功耗状态。该函数无返回值。

dpm_resume_end 的具体实现代码如下：

```
void dpm_resume_end(pm_message_t state)
{
    dpm_resume(state);
    dpm_complete(state);
}
```

5. device_pm_add

该函数的主要功能是在设备初始化时给设备提供注册 DPM 的途径，把与设备相关的低功耗回调函数处理注册到 dpm_list 中。

函数原型如下：

```
void device_pm_add(struct device *dev)
```

入参 *dev 表示需要注册 DPM 的设备。该函数无返回值。

device_pm_add 的具体实现代码如下：

```
void device_pm_add(struct device *dev)
{
    /* Skip PM setup/initialization. */
    if (device_pm_not_required(dev))
        return;

    pr_debug("Adding info for %s:%s\n",
        dev->bus ? dev->bus->name : "No Bus", dev_name(dev));
    device_pm_check_callbacks(dev);
    mutex_lock(&dpm_list_mtx);
    if (dev->parent && dev->parent->power.is_prepared)
```

```
        dev_warn(dev, "parent %s should not be sleeping\n",
                dev_name(dev->parent));
    list_add_tail(&dev->power.entry, &dpm_list);
    dev->power.in_dpm_list = true;
    mutex_unlock(&dpm_list_mtx);
}
```

6. device_pm_remove

该函数的主要功能是在删除设备时同步删除注册到 dpm_list 中的回调函数。
函数原型如下：

```
void device_pm_remove(struct device *dev)
```

入参 *dev 表示需要去注册 DPM 的设备。该函数无返回值。
device_pm_remove 的具体实现代码如下：

```
void device_pm_remove(struct device *dev)
{
    if (device_pm_not_required(dev))
        return;
    pr_debug("Removing info for %s:%s\n",
            dev->bus ? dev->bus->name : "No Bus", dev_name(dev));
    complete_all(&dev->power.completion);
    mutex_lock(&dpm_list_mtx);
    list_del_init(&dev->power.entry);
    dev->power.in_dpm_list = false;
    mutex_unlock(&dpm_list_mtx);
    device_wakeup_disable(dev);
    pm_runtime_remove(dev);
    device_pm_check_callbacks(dev);
}
```

7. dpm_watchdog_set

DPM 模块内部函数，该函数的主要功能是在执行设备的低功耗保存恢复回调接口时设
置看门狗，防止执行超时导致系统异常。
函数原型如下：

```
static void dpm_watchdog_set(struct dpm_watchdog *wd, struct device *dev)
```

入参 *wd 表示要启动的看门狗，入参 *dev 表示需要看护的 DPM 设备。
dpm_watchdog_set 的具体实现代码如下：

```
static void dpm_watchdog_set(struct dpm_watchdog *wd, struct device *dev)
{
    struct timer_list *timer = &wd->timer;
    wd->dev = dev;
    wd->tsk = current;
    timer_setup_on_stack(timer, dpm_watchdog_handler, 0);
```

```
    /* 对于suspend和resume流程使用同样的超时值 */
    timer->expires = jiffies + HZ * CONFIG_DPM_WATCHDOG_TIMEOUT;
    add_timer(timer);
}
```

8. dpm_watchdog_clear

DPM 模块内部函数，该函数的主要功能是删除 dpm_watchdog_set 启动的看门狗。
函数原型如下：

```
static void dpm_watchdog_clear(struct dpm_watchdog *wd)
```

入参 *wd 表示要停止的看门狗。该函数无返回值。
dpm_watchdog_clear 的具体实现代码如下：

```
static void dpm_watchdog_clear(struct dpm_watchdog *wd)
{
    struct timer_list *timer = &wd->timer;

    del_timer_sync(timer);
    destroy_timer_on_stack(timer);
}
```

9. dpm_watchdog_handler

DPM 模块内部函数，该函数的主要功能是删除 dpm_watchdog_set 启动的看门狗。
函数原型如下：

```
static void dpm_watchdog_handler(struct timer_list *t)
```

入参 *t 表示看门狗对应的定时器。该函数无返回值。
dpm_watchdog_handler 的具体实现代码如下：

```
static void dpm_watchdog_handler(struct timer_list *t)
{
    struct dpm_watchdog *wd = from_timer(wd, t, timer);

    dev_emerg(wd->dev, "**** DPM device timeout ****\n");
    show_stack(wd->tsk, NULL, KERN_EMERG);
    panic("%s %s: unrecoverable failure\n",
        dev_driver_string(wd->dev), dev_name(wd->dev));
}
```

6.1.6　函数工作时序

上文分析了 Linux DPM 的主要结构体以及主要函数实现，下面分析这些结构体和函数
之间的执行时序关系。
前提条件：
CONFIG_PM_SLEEP 特性开关打开，使能 DPM 功能。

1. DPM 内部链表 suspend 流程执行成功时序

1）链表原始状态：系统初始化后，dpm_list 双向循环链表维护了所有注册的 DPM 节点，如图 6-2 所示。

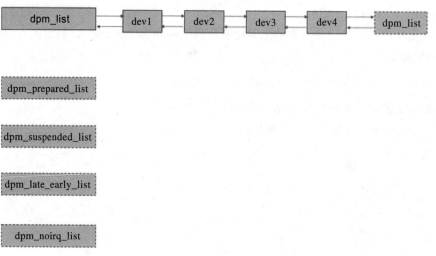

图 6-2　dpm_list 原始状态

2）第一次遍历：执行 prepare 回调，我们假设所有回调都返回正确值，都满足睡眠条件，执行完毕后，dpm_list 上的节点都转移到 dpm_prepared_list 上，如图 6-3 所示。

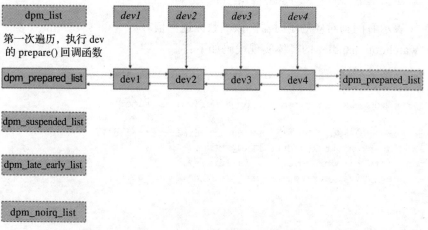

图 6-3　prepare 执行后链表状态

3）第二次遍历：执行 suspend 回调，我们假设所有回调都返回正确值，都满足睡眠条件，执行完毕后，dpm_prepared_list 上的节点都转移到 dpm_suspended_list 上，如图 6-4 所示。

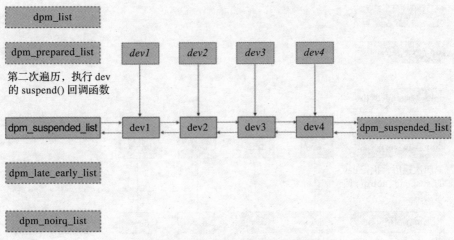

图 6-4 suspend 执行后链表状态

4）第三次遍历：执行 suspend_late 回调，我们假设所有回调都返回正确值，都满足睡眠条件，执行完毕后，dpm_suspended_list 上的节点都转移到 dpm_late_early _list 上，如图 6-5 所示。

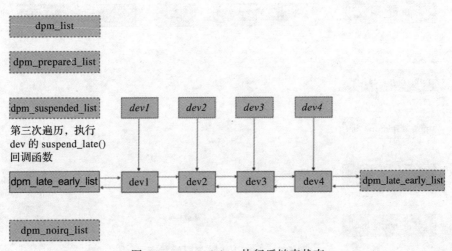

图 6-5 suspend_late 执行后链表状态

5）第四次遍历：执行 suspend_noirq 回调，我们假设所有回调都返回正确值，都满足睡眠条件，执行完毕后，dpm_late_early_list 上的节点都转移到 dpm_noirq_list 上，如图 6-6 所示。

2. DPM 内部链表 suspend 流程执行失败时序

执行每一级的回调时都有可能失败，失败的处理方法比较类似，都是在失败后恢复之前操作对应的逆操作，在这里我们以执行过程中第 3 个节点执行 prepare 失败为例进行讲解。

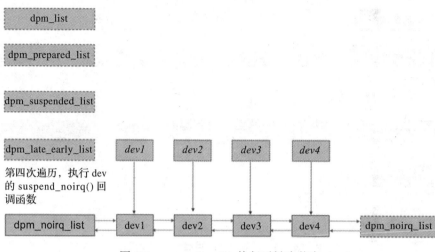

图 6-6 suspend_noirq 执行后链表状态

1）链表原始状态：系统初始化后，dpm_list 双向循环链表维护了所有注册的 DPM 节点，如图 6-7 所示。

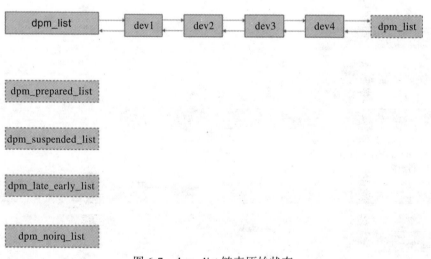

图 6-7 dpm_list 链表原始状态

2）prepare 执行失败：在第一次遍历执行 prepare 回调时，dev3 由于自身原因阻止了 suspend 回调，同时 prepare 回调失败，其节点本身也不会从 dpm_list 链表转移到 dpm_prepared_list 中，如图 6-8 所示。

3）prepare 执行失败后的恢复操作：dev3 由于自身原因阻止了 suspend 回调，同时 prepare 回调失败，这个时候我们需要对已经执行过 prepare 回调的节点 dev1 和 dev2 做恢复动作，节点会从 dpm_prepared_list 链表转移到 dpm_list 中，如图 6-9 所示。

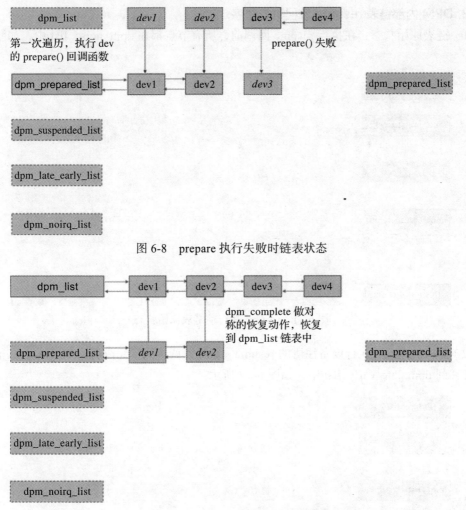

图 6-8　prepare 执行失败时链表状态

图 6-9　prepare 执行失败后恢复的链表状态

4）其他级别的 suspend 回调如果失败，恢复机制如同以上示例，这里不一一举例。suspend 与 resume 的对应关系如图 6-10 所示。

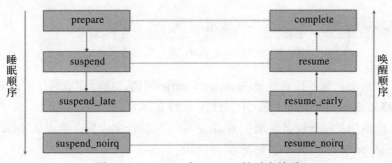

图 6-10　suspend 与 resume 的对应关系

3. DPM 内部链表 resume 流程执行时序

1）链表原始状态：在执行 resume 回调前，所有节点都在 dpm_noirq_list 中，如图 6-11 所示。

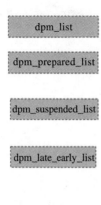

图 6-11　resume 执行前链表原始状态

2）第一次遍历：执行设备注册的 resume_noirq 回调，执行完成后，节点从 dpm_noirq_list 转移到 dpm_late_early_list 中，如图 6-12 所示。

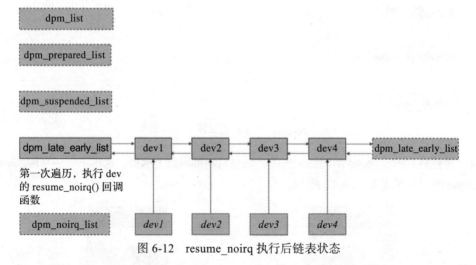

图 6-12　resume_noirq 执行后链表状态

3）第二次遍历：执行设备注册的 resume_early 回调，执行完成后，节点从 dpm_late_early_list 转移到 dpm_suspended_list 中，如图 6-13 所示。

4）第三次遍历：执行设备注册的 resume 回调，执行完成后，节点从 dpm_suspended_list 转移到 dpm_prepared_list 中，如图 6-14 所示。

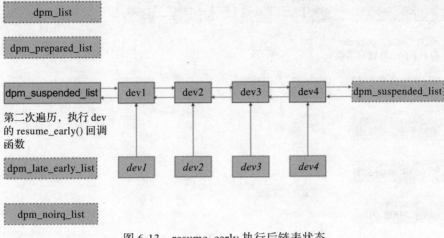

图 6-13 resume_early 执行后链表状态

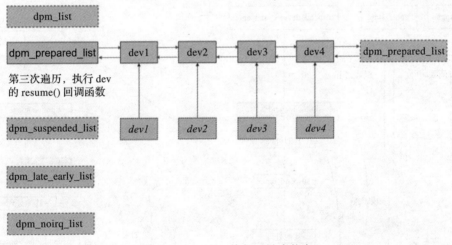

图 6-14 resume 执行后链表状态

5）第四次遍历：执行设备注册的 complete 回调，执行完成后，节点从 dpm_prepared_list 转移到 dpm_list 中，如图 6-15 所示。

4. PM Core 与 DPM 工作时序

PM Core 与 DPM 的工作时序如图 6-16 所示。

1）在函数 suspend_devices_and_enter 的执行过程中，首先会调用 dpm_suspend_start 函数执行 DPM 回调，该函数包括 dpm_prepare 和 dpm_suspend 两个级别的回调。dpm_suspend_start 函数或者其后面的任何一个函数调用返回失败时都需要恢复 DPM，这可以通过调用 dpm_resume_end 来实现，该函数包括 dpm_resume 和 dpm_complete 实现（分别与 dpm_suspend 和 dpm_prepare 对应）。

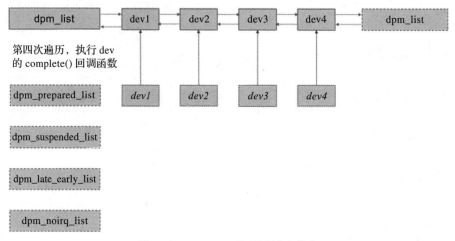

图 6-15 complete 执行后链表状态

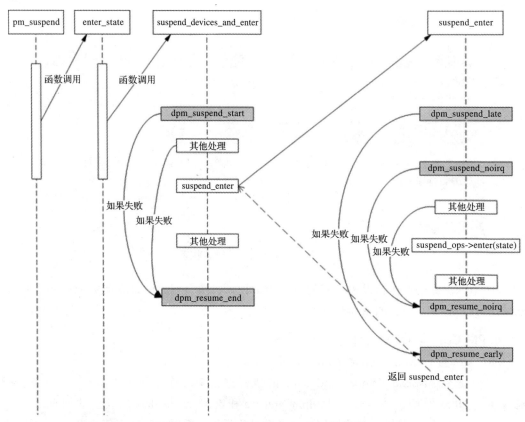

图 6-16 PM Core 与 DPM 的工作时序

2）当函数调用进入 suspend_enter 时，会进一步调用 dpm_suspend_late 和 dpm_suspend_ noirq 级别的回调函数，一旦这两个回调失败，或者其后面的任何处理失败，都会恢复之前

suspend 对应的处理，对应的 resume 处理函数分别是 dpm_resume_noirq 和 dpm_resume_early。

6.2 实现自己的 DPM 框架

在本节，我们主要通过数据结构设计、函数设计来阐述自研 DPM 的实现过程。

6.2.1 动手前的思考

在 6.1 节我们学习了 Linux 内核的 DPM 实现机制和工作原理，该框架最重要的是 suspend 与 resume 流程的 4 个级别的回调实现以及 5 个链表对回调函数的处理。下面我们实现一套稍微简单一些的 DPM 框架，同样可以实现对 device 设备的低功耗处理。

1）首先我们需要设计一个结构体，该结构体支持 suspend 和 resume 不同实现级别的回调函数。

2）我们还需要 5 个链表来针对不同级别的回调进行处理。

3）分别对 device 设备和 PM Core 提供接口。

6.2.2 设计与实现

1. 关键结构体 / 变量设计

首先我们需要定义一个结构体来操作 DPM 相关信息。

```
struct dpm_ s {
    char* name;
    list_head entry;
    spinlock lock;
    int dpm_suspend_cnt;
    int dpm_resume_cnt;
    int dpm_suspend_success_cnt;
    int prepare(void *);
    int suspend_early(void*);
    int suspend(void*);
    int suspend_late(void*);
    void resume_early(void*);
    void resume(void*);
    void resume_late(void*);
    void complete(void*);
};
```

各参数说明如下：

name：注册 DPM 对应的设备的名字。

dpm_suspend_cnt：进入 DPM suspend 回调的次数。

dpm_resume_cnt：进入 DPM resume 回调的次数。

dpm_suspend_success_cnt：DPM suspend 回调执行成功的次数。

DPM suspend 阶段的回调函数：prepare、suspend_early、suspend、suspend_late。

DPM resume 阶段的回调函数：resume_early、resume、resume_late、complete。

> **注意** 在 suspend 阶段，如果前后节点在 suspend 回调时有互相依赖关系，一定不能注册同级别的 suspend 回调，DPM 处理流程不能保证同级别回调的处理顺序；同理，适用于 resume 阶段的回调处理。如果 dev2 依赖于 dev1 的 suspend 回调执行后才能执行自己的 suspend 回调，那么 dev1 可以注册 prepare 回调，dev2 可以注册 suspend_ early 回调。

其次我们需要定义 5 个链表来进行不同级别回调函数执行后节点的维护。

```
list_head dpm_list;
list_head prepared_list;
list_head suspend_early_list;
list_head suspend_ list;
list_head suspend_late_list;
```

dpm_list：注册的 DPM 维护链表，执行完 resume 流程的 complete 回调也会把对应 DPM 节点重新加入该链表。

prepared_list：在 suspend 阶段执行完 prepare 回调或 resume 阶段执行完 resume_late 后存放 DPM 节点的链表。

suspend_early_list：在 suspend 阶段执行完 suspend_early 回调或 resume 阶段执行完 resume 后存放 DPM 节点的链表。

suspend_list：在 suspend 阶段执行完 suspend 回调或 resume 阶段执行完 resume_early 后存放 DPM 节点的链表。

suspend_late_list：在 suspend 阶段执行完 suspend_late 回调后存放 DPM 节点的链表。

2. 关键函数设计

（1）device_pm_add

支持将 device 注册到 dpm_list 接口中，以便在低功耗流程中调用到其注册的 suspend 和 resume 回调函数。

入参 *dev 为需要操作的低功耗设备指针。返回 0 表示执行成功，返回其他值表示执行失败。

相关设计实现代码段如下所示：

```
int device_pm_add(struct device_pm_ s *dev) {
    if(!dev) {
        return -1;
    }
    list_add_tail(dev->entry,dpm_list);
```

```
    return 0;
}
```

（2）device_pm_remove

支持将 device 注册到 dpm_list 接口中，从系统中移除或者卸载 device 时，也需要删除对应的节点。

入参 *dev 为需要操作的低功耗设备指针。返回 0 表示执行成功，返回其他值表示执行失败。

相关设计实现代码段如下所示：

```
int device_pm_remove(struct device_pm_ s *dev) {
    if(!dev) {
        return -1;
    }
    list_del(dev->entry,dpm_list);
}
```

（3）dpm_suspend_process

供 PM Core 在 suspend 阶段调用，在处理过程中，如果 suspend 调用失败，需要对已经执行过的节点做逆处理。

该函数没有入参和返回值。

相关设计实现代码段如下所示。

```
int dpm_suspend_process(void) {
    int ret = 0;
    ret = dpm_prepare();
    if (ret) {
        dpm_complete();
        return ret;
    }
    ret = dpm_suspend_early();
    if(ret) {
        dpm_resume_late();
        dpm_complete();
        return ret;
    }
    ret = dpm_suspend();
    if (ret) {
        dpm_resume();
        dpm_resume_late();
        dpm_complete();
        return ret;
    }
    ret = dpm_suspend_late();
    if(ret) {
        dpm_resume_early();
        dpm_resume();
        dpm_resume_late();
        dpm_complete();
```

```
    }
    return ret;
}
```

（4）dpm_resume_process

供 PM Core 在 resume 阶段调用执行各个 device 注册的各个级别的 resume 回调，resume 阶段不允许失败。

该函数没有入参和返回值。

相关设计实现代码段如下所示。

```
void dpm_resume_process(void) {
    dpm_resume_early();
    dpm_resume();
    dpm_resume_late();
    dpm_complete();
}
```

（5）DPM 内部 suspend 流程处理函数

供 DPM 内部 dpm_suspend_process 函数调用，每个函数的具体功能分析如下。

```
static inline int dpm_prepare(void) {
    //遍历dpm_list链表，处理每一个注册节点的prepare回调函数，处理完成后，把链表节点转移到
      prepared_list链表中
    //返回prepare回调返回值。注意，如果有任何一个prepare返回失败，则退出该流程
}
static inline int dpm_suspend_early(void) {
    //遍历prepared_list链表，处理每一个注册节点的suspend_early回调函数，处理完成后，把链表
      节点转移到suspend_early_list链表中
    //返回suspend_early回调返回值。注意，如果有任何一个suspend_early返回失败，则退出该流程
}
static inline int dpm_suspend (void) {
    //遍历suspend_early_list链表，处理每一个注册节点的suspend回调函数，处理完成后，把链表
      节点转移到suspend_list链表中
    //返回suspend回调返回值。注意，如果有任何一个suspend返回失败，则退出该流程
}
static inline int dpm_suspend_late (void) {
    //遍历suspend_list链表，处理每一个注册节点的suspend_late回调函数，处理完成后，把链表节
      点转移到suspend_late_list链表中
    //返回suspen_late回调返回值。注意，如果有任何一个suspen_late返回失败，则退出该流程
}
```

（6）DPM 内部 resume 流程处理函数

供 DPM 内部 dpm_resume_process 函数调用。注意，resume 阶段回调函数不允许失败，这样就会迫使开发人员自行设计好实现的完备性。

```
static inline void dpm_resume_early(void) {
    //遍历suspend_late_list链表，处理每一个注册节点的resume_early回调函数，处理完成后，把
      链表节点转移到suspend_ list链表中
}
static inline void dpm_resume(void) {
```

```
    //遍历suspend_ list链表，处理每一个注册节点的resume回调函数，处理完成后，把链表节点转移
        到suspend_early_list链表中
}
static inline int dpm_resume_late (void) {
    //遍历suspend_early_list链表，处理每一个注册节点的resume_late回调函数，处理完成后，把
        链表节点转移到prepared_list链表中
}
static inline int dpm_complete (void) {
    //遍历prepared_list链表，处理每一个注册节点的complete回调函数，处理完成后，把链表节点转
        移到dpm_list链表中
}
```

6.3　补充说明

在 DPM 的处理过程中，有一个阶段叫 noirq，比如 suspend_noirq、resume_noirq。noirq 不就是没有中断的意思吗？而 syscore 又是在锁中断上下文中调用的，那么这个阶段和锁中断上下文的 syscore 有什么差异呢？

我们来看一下它们在实际调用中的位置，如图 6-17 所示。

```
static int suspend_enter(suspend_state_t state, bool *wakeup)
{
    int error;
    error = platform_suspend_prepare(state);
    if (error)
        goto ↓Platform_finish;
    error = dpm_suspend_late(PMSG_SUSPEND);
    if (error) {
        pr_err("late suspend of devices failed\n");
        goto ↓Platform_finish;
    }
    error = platform_suspend_prepare_late(state);
    if (error)
        goto ↓Devices_early_resume;
    error = dpm_suspend_noirq(PMSG_SUSPEND);
    if (error) {
        pr_err("noirq suspend of devices failed\n");
        goto ↓Platform_early_resume;
    }
    error = platform_suspend_prepare_noirq(state);
    if (error)
        goto ↓Platform_wake;
    if (suspend_test(TEST_PLATFORM))
        goto ↓Platform_wake;
    if (state == PM_SUSPEND_TO_IDLE) {
        s2idle_loop();
        goto ↓Platform_wake;
    }
    error = suspend_disable_secondary_cpus();
    if (error || suspend_test(TEST_CPUS))
        goto ↓Enable_cpus;
    arch_suspend_disable_irqs();
    BUG_ON(!irqs_disabled());
    system_state = SYSTEM_SUSPEND;
    error = syscore_suspend();
    if (!error) {
        wakeup = pm_wakeup_pending();
        if (!(suspend_test(TEST_CORE) || *wakeup)) {
            trace_suspend_resume(TPS("machine_suspend"),
                state, true);
            error = suspend_ops->enter(state);
```

图 6-17　suspend_noirq 与 syscore 在 PM Core 中的调用位置

可以看到在 dpm_suspend_noirq 与 syscore_suspend 中间调用了 arch_suspend_disable_irqs() 函数，表示屏蔽中断，即 cpsr 的 i 位被 disable 掉，这样就能保证 CPU 不再响应任何中断，也能保证 syscore_suspend 及后续流程都是在没有中断的上下文中执行的。

接下来继续分析 dpm_suspend_noirq，如图 6-18 所示。

```c
int dpm_suspend_noirq(pm_message_t state)
{
    int ret;

    cpuidle_pause();

    device_wakeup_arm_wake_irqs();
    suspend_device_irqs();

    ret = dpm_noirq_suspend_devices(state);
    if(ret)
        dpm_resume_noirq(resume_event(state));

    return ret;
}
```

图 6-18　dpm_suspend_noirq 实现

在 dpm_suspend_noirq 函数体实现中，只是把没有设置为 IRQF_NO_SUSPEND 的中断全部 disable 了，而有唤醒能力的中断还是可以正常执行的。这也是 dpm_suspend_noirq 与 syscore_suspend 的差异点所在。dpm_suspend_noirq 函数执行流程图如图 6-19 所示。

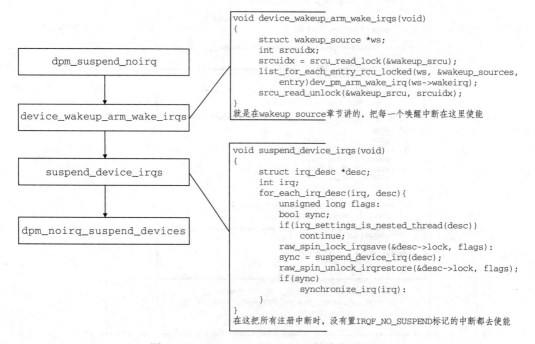

图 6-19　dpm_suspend_noirq 函数执行流程图

resume 流程和 suspend 流程是对称的，syscore_resume 流程是在完全屏蔽中断的上下文中执行的，所以查询本次是谁唤醒系统时可以在这个阶段做维测信息。

6.4　本章小结

本章我们一起学习了 Linux 内核中 DPM 的实现原理和关键函数实现，该机制主要提供三类接口：第一类是供 device 调用的接口，以便各个设备在初始化时能注册自己的低功耗接口，用来在睡眠和唤醒时保存 / 恢复自己的状态；第二类是供 PM Core 框架调用的接口，真正在睡眠 / 唤醒流程中调用到设备注册的低功耗保存 / 恢复接口；第三类就是自己模块内部使用的接口，用来支撑第一类和第二类接口的工作。DPM 的工作原理就是利用链表操作，来分别执行不同级别的回调函数。注意，如果设备之间的保存 / 恢复有依赖关系，一定要通过不同级别的回调来区分处理。不能注册同一级别的回调，因为 DPM 机制不能保证同一级别的回调顺序。了解了 DPM 的原理和实现机制后，我们也实现了自己的 DPM 框架供大家参考。

syscore 框架设计与实现

syscore 可以理解为一个简化版的 DPM，与 DPM 不同的是，它工作在屏蔽中断的上下文中，且只提供一个级别的回调函数。在本章中，我们先对 Linux 内核的 syscore 实现机制进行分析，然后采用类似思想实现一套属于自己的 syscore 框架。

7.1 Linux syscore 的设计与实现

在本节，我们主要对 Linux 内核中 syscore 的实现机制进行分析，包括架构设计概览、模块功能详解、配置信息解析、主要结构体介绍、主要函数介绍等。

7.1.1 架构设计概览

syscore 在低功耗软件栈中的位置如图 7-1 所示，为 PM Core 的配套机制。

7.1.2 模块功能详解

上文提到，syscore 是一个简化的 DPM，它没有回调函数的优先级划分，只有一级回调，也没有 notifier 那样的优先级区分，完全按照注册的顺序，它是在 PM Core 屏蔽中断的上下文环境下运行的，是系统进入平台睡眠状态的最后一环 DPM 处理。

7.1.3 配置信息解析

1）接口声明在 include\linux\syscore_ops.h 中，相关实现在 drivers\base\syscore.c 中。

2）函数的实现受宏 CONFIG_PM_SLEEP 的控制，要使用该功能，需要把这个宏打开。

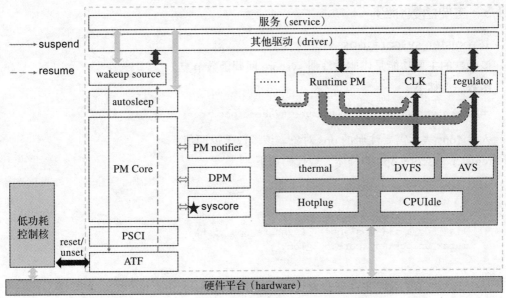

图 7-1　syscore 在低功耗软件栈中的位置

7.1.4　主要结构体介绍

与 syscore 相关的结构体主要就一个，即结构体 syscore_ops：

```
struct syscore_ops {
    struct list_head node;
    int (*suspend)(void);
    void (*resume)(void);
    void (*shutdown)(void);
};
```

各参数说明如下：

node：在加入 syscore 链表时使用，节点名称。

*suspend：供用户注册指定的 suspend 回调函数，由 PM Core 在 suspend 流程中调用。

*resume：供用户注册指定的 resume 回调函数，由 PM Core 在 resume 流程中调用。

*shutdown：供用户注册指定的 shutdown 回调函数，由内核系统在 halt、restart、poweroff 场景下调用。

这里还要介绍一下 syscore 的全局链表：

```
static LIST_HEAD(syscore_ops_list);
```

所有注册的回调函数全部以节点的形式挂接到这个链表中，执行回调就是对这个链表进行遍历并执行每个节点的回调函数。

7.1.5 主要函数介绍

1. register_syscore_ops

该函数的主要功能是供驱动注册 syscore 回调函数节点。

函数原型如下:

```
void register_syscore_ops(struct syscore_ops *ops)
```

入参 *ops 表示需要注册的 ops 对象。该函数无返回值。

register_syscore_ops 的具体实现代码如下:

```
void register_syscore_ops(struct syscore_ops *ops)
{
    mutex_lock(&syscore_ops_lock);
    list_add_tail(&ops->node, &syscore_ops_list);
    mutex_unlock(&syscore_ops_lock);
}
```

是不是很简单? 就是把注册对象加入全局链表 syscore_ops_list 中。

2. unregister_syscore_ops

该函数的主要功能是供驱动去注册 syscore 回调函数节点。

函数原型如下:

```
void unregister_syscore_ops(struct syscore_ops *ops)
```

入参 *ops 表示需要去注册的 ops 对象。该函数无返回值。

unregister_syscore_ops 的具体实现代码如下:

```
void unregister_syscore_ops(struct syscore_ops *ops)
{
    mutex_lock(&syscore_ops_lock);
    list_del(&ops->node);
    mutex_unlock(&syscore_ops_lock);
}
```

把注册对象从全局链表 syscore_ops_list 中删除。

3. syscore_suspend

该函数的主要功能是提供遍历执行注册的 ops 中的 suspend 回调函数,该函数被 PM Core 调用。

函数原型如下:

```
int syscore_suspend(void)
```

该函数无参数。返回 0 时表示执行成功,返回其他值时表示执行失败。

syscore_suspend 的具体实现代码如下:

```
int syscore_suspend(void)
{
    struct syscore_ops *ops;
    int ret = 0;
    trace_suspend_resume(TPS("syscore_suspend"), 0, true);
    pm_pr_dbg("Checking wakeup interrupts\n");
    /* Return error code if there are any wakeup interrupts pending. */
    if (pm_wakeup_pending())
        return -EBUSY;
    WARN_ONCE(!irqs_disabled(),
        "Interrupts enabled before system core suspend.\n");
    list_for_each_entry_reverse(ops, &syscore_ops_list, node)
        if (ops->suspend) {
            pm_pr_dbg("Calling %pS\n", ops->suspend);
            ret = ops->suspend();
            if (ret)
                goto err_out;
            WARN_ONCE(!irqs_disabled(),
                "Interrupts enabled after %pS\n", ops->suspend);
        }
    trace_suspend_resume(TPS("syscore_suspend"), 0, false);
    return 0;
err_out:
    pr_err("PM: System core suspend callback %pS failed.\n", ops->suspend);
    list_for_each_entry_continue(ops, &syscore_ops_list, node)
        if (ops->resume)
            ops->resume();
    return ret;
}
```

可以看到，因为 syscore 的执行要在完全屏蔽中断的上下文中进行，所以系统会检查一下当前是否真的把中断屏蔽了。在执行 suspend 回调时是倒着遍历链表的，当有回调返回错误时，需要对已经执行过 suspend 回调的节点进行 resume 回调，如上述代码中 err_out 分支所示。

4. syscore_resume
该函数的主要功能是提供遍历执行注册的 ops 中的 resume 回调函数，该函数被 PM Core 调用。

函数原型如下：

```
void syscore_resume(void)
```

该函数无参数且无返回值。

syscore_resume 的具体实现代码如下：

```
void syscore_resume(void)
{
    struct syscore_ops *ops;
```

```
trace_suspend_resume(TPS("syscore_resume"), 0, true);
WARN_ONCE(!irqs_disabled(),
    "Interrupts enabled before system core resume.\n");

list_for_each_entry(ops, &syscore_ops_list, node)
    if (ops->resume) {
        pm_pr_dbg("Calling %pS\n", ops->resume);
        ops->resume();
        WARN_ONCE(!irqs_disabled(),
            "Interrupts enabled after %pS\n", ops->resume);
    }
trace_suspend_resume(TPS("syscore_resume"), 0, false);
}
```

可以看到，因为 syscore 的执行要在完全屏蔽中断的上下文中进行，所以系统首先也会检查一下当前是否真的把中断屏蔽了。在执行 resume 回调时是顺着遍历链表的，注意 resume 回调没有返回值需要处理。

5. syscore_shutdown

该函数的主要功能是提供遍历执行注册的 ops 中的 shutdown 回调函数，该函数被 reboot、halt、poweroff 等模块调用。

函数原型如下：

```
void syscore_shutdown(void)
```

该函数无参数且无返回值。

syscore_shutdown 的具体实现代码如下：

```
void syscore_shutdown(void)
{
    struct syscore_ops *ops;

    mutex_lock(&syscore_ops_lock);

    list_for_each_entry_reverse(ops, &syscore_ops_list, node)
        if (ops->shutdown) {
            if (initcall_debug)
                pr_info("PM: Calling %pS\n", ops->shutdown);
            ops->shutdown();
        }

    mutex_unlock(&syscore_ops_lock);
}
```

可以看到，在执行 shutdown 回调时是逆序遍历链表的，注意 shutdown 回调没有返回值需要处理。

（1）shutdown 的使用场景——kernel_restart

在 kernel_restart 执行时，会调用 syscore_shutdown 函数，用于执行注册的 shutdown 回调。

```
void kernel_restart(char *cmd)
{
    kernel_restart_prepare(cmd);
    migrate_to_reboot_cpu();
    syscore_shutdown();
    if (!cmd)
        pr_emerg("Restarting system\n");
    else
        pr_emerg("Restarting system with command '%s'\n", cmd);
    kmsg_dump(KMSG_DUMP_SHUTDOWN);
    machine_restart(cmd);
}
```

（2）shutdown 的使用场景——kernel_halt

在 kernel_halt 执行时，也会调用 syscore_shutdown 函数，用于执行注册的 shutdown 回调。

```
void kernel_halt(void)
{
    kernel_shutdown_prepare(SYSTEM_HALT);
    migrate_to_reboot_cpu();
    syscore_shutdown();
    pr_emerg("System halted\n");
    kmsg_dump(KMSG_DUMP_SHUTDOWN);
    machine_halt();
}
```

（3）shutdown 的使用场景——kernel_power_off

在 kernel_power_off 执行时，也会调用 syscore_shutdown 函数，用于执行注册的 shutdown 回调。

```
void kernel_power_off(void)
{
    kernel_shutdown_prepare(SYSTEM_POWER_OFF);
    if (pm_power_off_prepare)
        pm_power_off_prepare();
    migrate_to_reboot_cpu();
    syscore_shutdown();
    pr_emerg("Power down\n");
    kmsg_dump(KMSG_DUMP_SHUTDOWN);
    machine_power_off();
}
```

无论是 kernel_restart、kernel_halt，还是 kernel_power_off，都是要在内核结束正常运行之前，把相关的 shutdown 回调执行一遍，你可以在回调中保存日志、关闭模块电源等等。

7.2　实现自己的 syscore 框架

在本节，我们主要从结构体设计和函数设计来介绍如何实现自己的 syscore 框架。

7.2.1 动手前的思考

在 Linux 内核中，syscore 的执行与 DPM 的执行的一个最重要的差异点是 syscore 是在系统屏蔽中断的上下文中执行的，所以 syscore 相当于给各个模块提供了一种在屏蔽中断上下文环境下执行 suspend 和 resume 的回调机制。在其他的实时操作系统中，我们的处理可能不像 Linux 内核那么复杂，可能在一开始进入低功耗场景时就已经屏蔽了中断，通过 DPM 完全可以胜任所有场景，所以引入 syscore 的 suspend 和 resume 回调机制是一个非必选项（如果大家在实际的开发中有需求，当然也可以引入）。

1）我们需要一个结构体，来方便大家进行回调函数的维护。

2）我们还需要一个注册和去注册函数，方便注册需要的模块。

3）我们需要给其他模块提供一个函数来调用和执行注册的所有 shutdown、suspend、resume 回调函数的函数。

7.2.2 设计与实现

1. 结构体设计

首先我们需要定义一个结构体来维护和操作 syscore ops 相关信息。

相关定义代码段如下所示：

```
struct my_syscore_ops {
    struct list_head node;
    void (*shutdown)(void);
    void (*suspend)(void);
    void (*resume)(void);
};
```

各参数说明如下。

node：结构体的链表节点。

*shutdown：供用户注册指定的 shutdown 回调函数，由系统在 halt、restart、poweroff 场景下调用。

*suspend：供用户注册指定的 suspend 回调函数，由系统在 suspend 场景下调用。

*resume：供用户注册指定的 resume 回调函数，由系统在 resume 场景下调用。

这里还要定义一个 syscore 模块的全局链表，用于记录注册的 ops：

```
static LIST_HEAD(my_syscore_ops_list);
```

2. 函数设计

（1）注册函数 register_syscore_ops

模块提供的对外注册函数，供其他模块注册 syscore。

入参表示要注册的 ops 指针。该函数没有返回值。

相关设计实现代码段如下所示：

```
void register_syscore_ops(struct syscore_ops *ops)
{
    spin_lock_irqsave(…);
    list_add_tail(&ops->node, &syscore_ops_list);
    spin_unlock_irqrestore(…);
}
```

（2）去注册函数 unregister_syscore_ops

模块提供的对外去注册函数，供其他模块去注册 syscore。

入参表示要去注册的 ops 指针。该函数没有返回值。

相关设计实现代码段如下所示：

```
void unregister_syscore_ops(struct syscore_ops *ops)
{
    spin_lock_irqsave(…);
    list_del(&ops->node);
    spin_unlock_irqrestore(…);
}
```

（3）syscore_shutdown

执行模块注册的 shutdown 回调函数，供维测模块或者系统重启模块进行调用，在系统要复位之前，需要调用本函数来执行相关组件的 shutdown 回调函数。

该函数没有入参也没有返回值。

相关设计实现代码段如下所示：

```
void syscore_shutdown(void)
{
    struct syscore_ops *ops;
    spin_lock_irqsave(…);
    list_for_each_entry (ops, &syscore_ops_list, node) {
        if (ops->shutdown) {
            ops->shutdown();
        }
    }
    spin_unlock_irqrestore(…);
}
```

（4）syscore_suspend

执行模块注册的 suspend 回调函数，供 PM Core 在系统 suspend 流程中进行调用，来执行相关组件的 suspend 回调函数。

该函数没有入参也没有返回值。

相关设计实现代码段如下所示：

```
void syscore_suspend(void)
{
```

```
    struct syscore_ops *ops;
    spin_lock_irqsave(…);
    list_for_each_entry_reverse (ops, &syscore_ops_list, node) {
        if (ops->suspend) {
            ops->suspend();
        }
    }
    spin_unlock_irqrestore(…);
}
```

（5）syscore_resume

执行模块注册的 resume 回调函数，供 PM Core 在系统 resume 流程中进行调用，来执行相关组件的 resume 回调函数。

该函数没有入参也没有返回值。

相关设计实现代码段如下所示：

```
void syscore_resume(void)
{
    struct syscore_ops *ops;
    spin_lock_irqsave(…);
    list_for_each_entry (ops, &syscore_ops_list, node) {
        if (ops->resume) {
            ops->resume();
        }
    }
    spin_unlock_irqrestore(…);
}
```

这里的实现没有考虑模块之间的依赖关系，如果模块之间有依赖关系，则尽量使用 DPM 机制，如果必须使用 syscore 机制，可以在结构体中添加优先级字段以应对该场景。大家在使用的过程中，如果发现功能不完备，可以灵活扩充，但设计的原则是够用就行，尽量不画蛇添足。

7.3 本章小结

在本章我们学习了内核的 syscore 机制，对其结构体和函数实现进行了剖析。我们也采用类似思想实现了一套 syscore 机制，大家在使用时如果发现功能不完善，可以自行进行功能的扩充。在下一章，我们将会对 Linux 的 RPM 机制进行分析。

第 8 章 *Chapter 8*

RPM 框架设计与实现

RPM 是 Runtime Power Management 的简称，即运行时电源管理，可以理解为一套非用即关机制，不依赖于系统的睡眠 / 唤醒机制，在系统处于运行状态时，也可以对特定模块做上下电处理。通常 RPM 的 suspend 和 resume 回调函数会调用 clk 和 regulator 提供的函数，以便对时钟和电源做动态的开关管理从而达到降低功耗的目的。在本章中，我们首先会对 Linux 的 RPM 机制进行剖析，在掌握其工作机制后，再实现一套类似的 RPM 机制应用到其他非 Linux 的操作系统中。RPM 是一个非常优秀的降低功耗的机制，建议对功耗敏感的系统都使能该机制。

8.1　Linux RPM 的设计与实现

在本节，我们主要聚焦对 Linux 内核中 RPM 的实现机制进行分析，包括架构设计概览、模块功能详解、配置信息解析、主要结构体介绍、主要函数介绍等方面。

8.1.1　架构设计概览

RPM 在低功耗软件栈中的位置如图 8-1 所示。

8.1.2　模块功能详解

在 Linux 内核中，除了前边章节讲解的 PM Core 及其配套模块组成的系统级的睡眠机制外，还有一种就是不依赖于系统睡眠 / 唤醒即可动态打开和关闭本模块与 CPU 或者 RAM 交互通信的机制，那就是 RPM。在本章，我们会对该机制做实现上的分析，并借鉴该机制实现定制化的 RPM 机制。

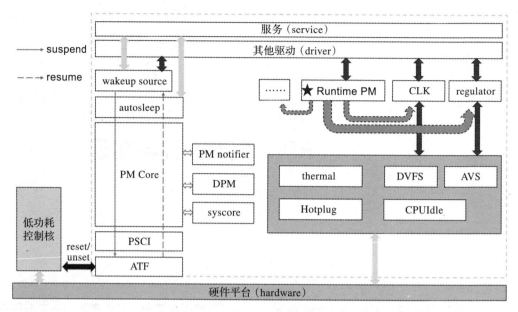

图 8-1 RPM 在低功耗软件栈中的位置

如果 PM Core 对应的 suspend 回调被执行的话（该设备的 prepare、suspend、suspend_late、suspend_noirq 的一个或者几个），那么它需要对该设备的 suspend 动作做全功能实现，不需要再执行该设备的 runtime_suspend() 回调函数（其实从 PM Core 的视角来看，可能实现 runtime suspend 回调是多余的，因为其本身就把 suspend 功能全部执行了，但是从系统优化角度来看，为了实现降低功耗的目的，当系统处于 Runtime 阶段时，我们也想把关闭不工作的设备的电源使其不再工作，这就是 RPM 存在的理由）。

1）当 subsystem-level suspend 回调被执行后，PM Core 会认为该设备的状态为 suspended（RPM 状态实际上也是 suspended），但是该状态并不意味着该设备就进入了低功耗状态（low power state），而更多意味着它不再处理数据，不再与 CPU 或者 RAM 进行任何访问和通信，直到该设备对应的 resume 回调被执行。

2）如果该设备的 suspend 回调返回了 -EBUSY 或者 -EAGAIN，那么该设备的 RPM 状态依然为 active，意味着该设备当前及后续必须保持全功能工作状态。

3）如果该设备的 suspend 回调返回了不同于 -EBUSY 或者 -EAGAIN 的错误码，PM Core 会认为发生了致命错误（fatal error），具体的实现由设备代码逻辑进行处理。

特别需要指出的是，如果设备在特定环境下唤醒能力，但是此时 device_can_wakeup() 函数却返回了 false，那么 ->runtime_suspend() 应该返回 -EBUSY。相反，如果 device_can_wakeup() 函数返回了 true，那么该设备在执行 suspend 回调并进入低功耗状态后，针对此设备的唤醒能力应该被使能（比如对应的唤醒中断）。通常来讲，在 runtime 阶段进入低功耗状态的设备都应该使能远程唤醒功能（remote wakeup）。

如果 subsystem-level resume 回调被执行，它应该对设备的 resume 回调做全功能的实现，也就是说唤醒流程中一旦执行了 subsystem-level resume 回调，那么系统醒来后就没有必要再执行 ->runtime_resume() 回调（从 PM Core 视角看，该功能也是没必要实现的，理由同 suspend，但是 runtime 机制确实在动态管理功耗优化方面做出了自己应有的贡献，而这是 PM Core 这个系统级的 suspend/resume 所缺乏的）。一旦 subsystem-level resume 回调被执行完成，则设备的 RPM 状态为 active。

当设备的引用计数（usage counter）与子设备的引用计数都为 0，意味着当前设备处于 idle 状态，那么 idle 回调就会被执行。

idle 回调的实现取决于设备的实现，但是推荐的动作是在 idle 回调中检查设备是否满足 suspend 条件，如果满足，就发起 suspend 请求。

使用约束：

1）回调是排他性的：即 ->runtime_suspend() 不能与 ->runtime_resume() 并发执行，或者针对同一个设备有两个及以上的 ->runtime_suspend() 实例同时运行。但是，无论是 ->runtime_suspend() 还是 ->runtime_resume()，都可以与 ->runtime_idle() 同时执行（实际上只要 ->runtime_suspend() 或者 ->runtime_resume() 有任何一个被执行，该设备对应的 ->runtime_idle() 实际上并不会真正被执行）。

2）->runtime_idle() 与 ->runtime_suspend() 只能针对状态为 active 的设备进行操作。

3）->runtime_idle() 与 ->runtime_suspend() 只能在设备的引用计数为 0，状态为 active 的子设备为 0，或者 power.ignore_children 被置位时，才能被执行。

4）->runtime_resume() 只能针对状态为 suspended 的设备执行。

5）针对同一设备，如果 ->runtime_suspend() 将要被执行或者有一个挂起的请求来执行该回调，那么对此设备来讲，->runtime_idle() 将不会被执行。

6）针对同一设备，只要有请求执行或者调度执行 ->runtime_suspend()，那么针对该设备 ->runtime_idle() 的任何挂起请求都会被取消。

7）针对同一设备，如果 ->runtime_resume() 将要被执行或者有一个挂起请求来执行它，那么所有其他的回调都不会被执行（这很容易理解，当前设备还没有被唤醒，还不能工作）。

8）针对同一设备，一个 ->runtime_resume() 请求执行会取消掉其他回调的挂起请求或预置请求。

系统开始运行时，所有设备的 RPM 都被禁用，直到为设备模块显式调用 pm_runtime_enable()。

此外，所有设备的初始 RPM 状态都是 suspended，但是这并不意味着设备的实际物理状态就是 suspended。因此如果这个设备的初始化实际物理状态是 active，那么其 RPM 状态应该被改为 active，这可以通过在调用 pm_runtime_enable() 之前调用 pm_runtime_set_active() 来实现。

在这里我们首先明确了设备在初始化时调用 RPM 函数的一个时序：pm_runtime_set_

active()->pm_runtime_enable()。

但是，如果设备有一个父设备并且父设备的 RPM 是使能的，那么针对该设备调用 pm_runtime_set_active() 将会影响到其父设备，无论其父设备的 power.ignore_children 是否被置位。也就是说，只要子设备状态是 active，父设备就无法在 runtime 状态下进入 suspend，即使子设备的 RPM 是未使能的（比如针对子设备的 pm_runtime_enable() 还没有被调用或者 pm_runtime_disable() 被调用了）。基于这个原因考虑，一旦针对某个设备的 pm_runtime_set_active() 被调用，就需要尽可能快地调用 pm_runtime_enable() 接口函数来使能，否则该设备的 RPM 状态就应该通过调用 pm_runtime_set_suspended() 来改回 suspended 状态。

如果设备默认的初始化 RPM 状态是 suspended，且与实际的物理状态匹配，那么在模块的初始化 ->probe() 回调中应该调用 pm_runtime_resume() 来唤醒该设备。

该函数需要在调用 pm_runtime_enable() 之前调用。顺序为 pm_runtime_resume()->pm_runtime_enable()。

一旦设备的 ->probe() 执行完毕，那么针对该设备的 runtime 机制就期望设备能进入 suspended 状态，等用的时候再使能。因此在 probe 回调执行完毕时，驱动程序通常会通过调用 pm_request_idle() 来请求执行 idle 回调。使用 runtime autosuspend 特性的设备通常需要在 ->probe() 返回前通过调用 pm_runtime_mark_last_busy 来更新下最后运行的时间点。

此外，驱动程序也会避免 RPM 与 __device_release_driver() 中的 bus notifier 回调出现竞态，这主要是因为一些子系统会使用 notifier 来移除可能影响到 RPM 功能的操作。怎么实现呢？主要是通过在 driver_sysfs_remove() 和 BUS_NOTIFY_UNBIND_DRIVER notifications 调用之前调用 pm_runtime_get_sync() 来实现，前提是设备状态是 suspended，且在执行这些函数时设备不会再次被挂起。

为了允许各类驱动程序通过在 ->remove() 函数中调用 pm_runtime_suspend() 来把设备状态改为 suspended，设备的驱动程序会通过在 __device_release_driver() 中执行 BUS_NOTIFY_UNBIND_DRIVER 通知链后调用 pm_runtime_put_sync() 来达到这个目的。这就要求各类驱动程序需保证它们的 ->remove() 回调避免与 RPM 产生直接的竞争。

驱动程序的 ->remove() 应该回滚 ->probe() 中关于 RPM 所做的处理，比如调用 pm_runtime_disable()、pm_runtime_dont_use_autosuspend() 等。

8.1.3 RPM 与 system sleep 的关系

RPM 与 system sleep（比如 suspend-to-RAM 和 suspend-to-disk）的交互关系主要体现在以下两个场景。

场景一：如果当 system sleep 开始时，设备的状态是 active，那么所有交互都顺其自然了，system sleep 会直接调用设备注册的 suspend 和 resume 回调函数。但是如果 system sleep 开始时，设备状态是 suspended 呢？设备针对 RPM 和 system sleep 可能有不同的唤醒设置，比如远程唤醒功能可能会在 runtime suspend 中使能，但是需要在 system sleep 时关闭。所以当这种情况发生时，设备的系统级别的 suspend 可能就需要全权负责改变其唤醒设置，通常做法是先唤醒这个设备再重新令其入睡。如果再在 runtime suspend 和 system sleep 之间遇到同样的场景，我们也可以使用同样方法来处理。

场景二：在 system resume 期间，最简单的方法就是把所有的设备都恢复到全功能状态。这么做的主要原因在于（包括但不限于）：

❑ 设备可能需要切换电源级别，或者唤醒设置等。

❑ remote wakeup 事件可能在固件上已经丢失。

❑ 设备的子节点可能需要这个设备上电来对自己进行 resume 操作。

PM Core 尽其最大努力来降低 RPM 和 system suspend/resume 回调之间的竞态的手段主要有：

1）在 system suspend 阶段，在执行 .prepare 回调函数前针对每个设备执行 pm_runtime_get_noresume()，并且在 .suspend 回调前针对每个设备执行 pm_runtime_barrier()。除此之外，PM Core 会在执行 .suspend_late 回调前，针对每个设备调用 __pm_runtime_disable()（第二个参数传入 false）。

2）在 system resume 阶段，在执行 .resume_early 和 .complete 回调后会立刻分别针对每个设备调用 pm_runtime_enable() 和 pm_runtime_put()。

8.1.4 No-Callback 设备解析

有一些所谓的设备只是逻辑上的子设备，并不能自行进行电源管理，所以针对这些设备，驱动是没必要执行 RPM 回调的，如果回调确实存在，->runtime_suspend() 与 ->runtime_resume() 将会永远返回 0，->runtime_idle() 也只是简单地对 ->runtime_suspend() 进行调用。

当 power.no_callbacks 这个成员变量被置位时，Runtime 框架将不会调用设备对应的 ->runtime_idle()、->runtime_suspend()，或 ->runtime_resume()，并且认为该设备的 suspend 和 resume 回调永远是成功的，而且处于 idle 的设备就应该被挂起。

结果就是，Runtime 框架不会告知这些设备当前的供电状态的变化。取而代之的是这些设备的父设备的驱动需要在父设备电源状态变化时告知这些子设备。

8.1.5 autosuspend 与 automatically-delayed suspends 分析

改变设备的电源状态并不是无代价的，它需要时间和精力。一个设备只有被认为在一段时间之内应该待在某个低功耗状态时才会被改变为该目标状态。一个常见的做法是一段时间未使用的设备很可能在最近的未来也保持未使用，根据此建议，直到设备在一段时间内处于 inactive 状态时驱动程序才允许设备在运行时挂起。即使该做法不是最佳的，但是其在防止设备在低功耗状态和上电状态之间频繁切换时仍然起到了一定的作用。

autosuspend 并不意味着设备被自动挂起，而是意味着 runtime suspend 将会自动被延时执行，直到设置的期望的 inactivity 时间耗尽（由定时器实现）。

inactivity 是基于 power.last_busy 这个域来决策的。在处理完 I/O 事件后驱动程序应该调用 pm_runtime_mark_last_busy() 来更新这个域，通常是在调用 pm_runtime_put_autosuspend() 的前一步执行。inactivity 的周期时长与具体的策略有关。可以通过调用 pm_runtime_set_autosuspend_delay() 来设置一个初始值，但是设备注册完成后，这个时长就需要用户空间来控制，可以通过修改 /sys/devices/…/power/autosuspend_delay_ms 来实现。

为了使用 autosuspend，子系统或者驱动必须要调用 pm_runtime_use_autosuspend()，之后就需要使用 *_autosuspend() 一系列函数来取代 non-autosuspend 函数：

❏ 将 pm_runtime_suspend 替换为 pm_runtime_autosuspend。

❏ 将 pm_schedule_suspend 替换为 pm_request_autosuspend。

❏ 将 pm_runtime_put 替换为 pm_runtime_put_autosuspend。

❏ 将 pm_runtime_put_sync 替换为 pm_runtime_put_sync_autosuspend。

如果 ->runtime_suspend() 回调返回 -EAGAIN 或者 -EBUSY，并且下一个 autosuspend 的延时时间即将到来，PM Core（此处的 PM Core 对应的是 runtime 框架）将会自动对 autosus-pend 进行重新调度。->runtime_suspend() 回调不能自己进行重新调度，因为在设备的 suspend 过程中（回调正在执行过程中），不会有任何一种 suspend 请求会被接受。

此外，power.autosuspend_delay 可以随时被用户空间修改。如果一个驱动对此比较关注，它可以在其 ->runtime_suspend() 回调中调用 pm_runtime_autosuspend_expiration() 来获取 autosuspend 下一次的超时时间，如果该函数返回值不为 0，那么 ->runtime_suspend() 回调就应该返回 -EAGAIN。

8.1.6 配置信息解析

1）该功能受宏 CONFIG_PM 控制，如果需要使能该功能，必须将 CONFIG_PM 设置为 y。

2）相关实现在 drivers\base\power\runtime.c 文件中。

3）相关函数声明及结构体定义在 include\linux\pm_runtime.h、include\linux\pm.h 两个头文件中。

8.1.7 主要结构体介绍

1. dev_pm_ops 结构体
结构体定义如下所示：

```
struct dev_pm_ops {
    ...
    int (*runtime_suspend)(struct device *dev);
```

```
    int (*runtime_resume)(struct device *dev);
    int (*runtime_idle)(struct device *dev);
};
```

结构体 dev_pm_ops 中的回调分三部分，第一部分供 Hibernation 特性使用，第二部分供 system sleep 使用，第三部分供 RPM 使用，即代码中列出的 runtime_suspend、runtime_resume、runtime_idle。

runtime_suspend：该回调用于让设备进入一个状态，在该状态下设备将不会再与 CPU 或者 RAM 通信，但是这并不意味着当前状态就是低功耗状态，因为设备可能还处于上电状态（比如本设备仅仅是一个子设备，没有独立电源域）。如果该设备是一个父设备，且所有子节点也已经是挂起状态，那么父设备在此回调中就应该进行掉电操作，这也是 RPM 设计的初衷，但是掉电前需要使能该设备对应的唤醒功能（比如中断唤醒功能）。执行完该回调，设备的状态应为 suspended。

runtime_resume：runtime_suspend 对应的恢复操作，执行完该回调后，设备应该处于全功能状态，对应的状态为 active。

runtime_idle：在该回调中检查是否满足进入 runtime_suspend 的条件，如果满足就可以请求进入 suspended 状态，否则返回对应的错误码，系统状态不做改变。

2. rpm_status 枚举

枚举定义如下所示：

```
enum rpm_status {
    RPM_ACTIVE = 0,
    RPM_RESUMING,
    RPM_SUSPENDED,
    RPM_SUSPENDING,
};
```

该枚举类型提供设备的 RPM 状态。

RPM_ACTIVE：如果设备处于该状态，意味着设备是全功能状态，也意味着 ->runtime_resume 执行完成。

RPM_RESUMING：设备的 ->runtime_resume 回调正在执行中。

RPM_SUSPENDED：设备的 ->runtime_suspend() 回调已执行完毕，设备当前状态是 suspended，不能与 CPU 或者 RAM 通信。

RPM_SUSPENDING：设备的 ->runtime_suspend() 回调正在执行中。

3. rpm_request 枚举

枚举定义如下所示：

```
enum rpm_request {
    RPM_REQ_NONE = 0,
    RPM_REQ_IDLE,
    RPM_REQ_SUSPEND,
```

```
    RPM_REQ_AUTOSUSPEND,
    RPM_REQ_RESUME,
};
```

该枚举呈现的是设备对 RPM 发起的请求类型。

RPM_REQ_NONE：表示当前什么也不做。

RPM_REQ_IDLE：表示请求进入 idle 状态，会导致 ->runtime_idle() 回调被执行。

RPM_REQ_SUSPEND：表示请求进入 suspended 状态，会导致 ->runtime_suspend() 回调被执行。

RPM_REQ_AUTOSUSPEND：表示请求进入 suspended 状态，会导致 ->runtime_suspend() 回调被执行，但是会在 power.autosuspend_delay 设置的超时时间到来后执行。

RPM_REQ_RESUME：会导致 ->runtime_resume() 回调被执行。

4. dev_pm_info 结构体

该结构体中维护着 RPM 所使用的绝大多数控制变量和维测变量，结构体定义如下所示：

```
struct dev_pm_info {
    ...
#ifdef CONFIG_PM_SLEEP
    bool                no_pm_callbacks:1;
    ...
#else
    unsigned int        should_wakeup:1;
#endif
#ifdef CONFIG_PM
    struct hrtimer      suspend_timer;
    u64                 timer_expires;
    struct work_struct  work;
    wait_queue_head_t   wait_queue;
    atomic_t            usage_count;
    atomic_t            child_count;
    unsigned int        request_pending:1;
    unsigned int        no_callbacks:1;
    enum rpm_request    request;
    enum rpm_status     runtime_status;
    int                 autosuspend_delay;
    ...
#endif
};
```

因为内核实现的 RPM 有一些零碎，这里只对一些关键的成员变量做一下说明。

suspend_timer：设置设备超时时间的定时器，可以使用的场景包括 RPM 中的自动挂起场景等。

timer_expires：suspend_timer 的超时时间。

usage_count：该设备的引用计数。

child_count：该设备的子设备个数。

work：设备处理低功耗相关操作的工作队列，比如可以根据请求，让设备进入 runtime suspend、runtime_idle、runtime_resume 等处理流程中。

request_pending：当前是否有正在等待处理的请求。

use_autosuspend：是否启用自动挂起功能。

request：当前的请求事务，可以是 RPM_REQ_IDLE、RPM_REQ_SUSPEND、RPM_REQ_AUTOSUSPEND、RPM_REQ_RESUME、RPM_REQ_NONE 中的任何一个。

runtime_status：当前设备运行时的状态，可以是 RPM_ACTIVE、RPM_RESUMING、RPM_SUSPENDING、RPM_SUSPENDED 中的任何一个。

8.1.8　主要函数介绍

1. 函数分类

RPM 对外接口，从功能上（或者从调用效果上）主要分为三类。

第一类，同步接口函数，调用完立刻生效，如表 8-1 所示。

表 8-1　RPM 同步接口函数

序 号	函 数	作 用
1	pm_runtime_idle	执行 runtime_idle 回调函数，如果满足条件会进入 runtime_suspend 处理过程。不会对设备的引用计数做任何处理
2	pm_runtime_suspend	同步执行设备的 runtime_suspend 回调函数，无论是否成功会返回对应的返回码，不会对设备的引用计数做任何处理。执行完成后，设备的运行状态是 suspended，涉及状态的切换为 suspending->suspended
3	pm_runtime_resume	同步执行设备的 runtime_resume 回调函数，无论是否成功都会返回对应的返回码，不会对设备的引用计数做任何处理
4	pm_runtime_get_sync	同步执行设备的 runtime_resume 回调函数，无论是否成功都会返回对应的返回码，比 pm_runtime_resume 多的一道处理是会对设备的引用计数加一
5	pm_runtime_resume_and_get	同步执行 device 的 runtime_resume 回调函数，无论是否成功都会返回对应的返回码，比 pm_runtime_get_sync 多的一道处理是在 __pm_runtime_resume 返回失败时，会把对应的引用计数再减去
6	pm_runtime_put_sync	执行 runtime_idle 回调函数，如果满足条件则进入 runtime_suspend 处理过程。比 pm_runtime_idle 多的一道处理是会对设备的引用计数做减一
7	pm_runtime_put_sync_suspend	比 pm_runtime_suspend 多的一道处理是会对设备的引用计数做减一，如果减一后引用计数为 0，则同步执行设备的 runtime_suspend 回调函数，无论是否成功都会返回对应的返回码。执行完成后，设备的运行状态是 suspended，涉及状态的切换为 active->suspending->suspended
8	pm_runtime_set_active	设置 runtime_status 为 active
9	pm_runtime_set_suspended	设置 runtime_status 为 suspended
10	pm_runtime_disable	去使能设备的 RPM 功能，通过对 disable_depth 累加实现，此函数生效后，调用其他功能函数不会产生对应效果。只有当 disable_depth 值为 0 后才能使设备的 RPM 功能生效

第二类，异步接口函数，调用完不会立刻生效，而是触发对应的任务执行来达到目的，动作生效有一定的延后行，如表 8-2 所示。

表 8-2　RPM 异步接口函数

序　号	函　数	作　用
1	pm_request_idle	异步接口函数，通过使能 work 来执行对应的 runtime_idle 回调处理，不会对设备的引用计数做任何处理
2	pm_request_resume	异步接口函数，通过使能 work 来执行对应的 runtime_resume 回调处理，不会对设备的引用计数做任何处理
3	pm_runtime_get	异步接口函数，比 pm_request_resume 多的一道处理是会对设备的引用计数做加一操作
4	pm_runtime_put	异步接口函数，比 pm_request_idle 多的一道处理是会对设备的引用计数做减一操作，减一后如果是 0，则通过 work 来执行对应的 runtime_idle 回调处理，如果不为 0 则直接返回

第三类，autosuspend 接口函数，从发起请求到挂起，通常通过定时器设置一定的缓冲时间来达到对应目的，如表 8-3 所示。

表 8-3　autosuspend 接口函数

序　号	函　数	作　用
1	pm_request_autosuspend	异步接口函数，通过定时器超时执行对应的 runtime_suspend 回调处理，不会对设备的引用计数做任何处理
1	pm_runtime_put_autosuspend	异步接口函数，比 pm_request_autosuspend 多的一道处理是对设备的引用计数做减一处理，减一后引用计数不为 0 则直接返回
2	pm_runtime_put_sync_autosuspend	同步接口函数，与 pm_runtime_put_sync_suspend 不同的是该接口函数触发定时器运行 runtime_suspend
3	pm_runtime_use_autosuspend	使能 autosuspend 功能
4	pm_runtime_dont_use_autosuspend	去使能 autosuspend 功能

关于 RPM 的这些接口，建议大家查阅源码，因为接口实在太多了，而且实现上显得有些啰嗦，通过查看源码你会发现，这些接口是对底层的核心函数进行简单封装，只是入参不同而已，我们实在没有必要对上述所有函数一一拆解，所以下面仅对核心函数进行进一步的解析，这些核心函数支撑了上述三类对外接口。

2. __pm_runtime_idle

这个函数支撑了上述函数列表中的 pm_runtime_idle、pm_request_idle、pm_runtime_put、pm_runtime_put_sync 四个函数，只是第二个入参不同而已。可能涉及的 bit 位：

```
/* RPM flag参数 bits */
#define RPM_ASYNC        0x01    /*请求是异步的 */
```

```
#define RPM_NOWAIT      0x02    /* 不用等待并发状态的改变*/
#define RPM_GET_PUT     0x04    /* 增加或减少引用计数*/
#define RPM_AUTO        0x08    /* 使用autosuspend_delay */
```

该函数为 runtime_idle 回调的入口函数，如果入参 flag 中标记 RPM_GET_PUT，设备的引用计数首先会减一，如果减一后的值大于 0，立刻返回，说明不满足 suspend 条件。如果减一后为 0，则继续尝试 suspend。需要注意的是，这个接口函数可能会让出 CPU，所以不建议在原子上下文或者中断中调用。

函数原型如下：

```
int __pm_runtime_idle(struct device *dev, int rpmflags)
```

入参 *dev 表示需要回调 runtime_idle 回调的设备。

入参 rpmflags 是 RPM 标记，含义如下。

❑ RPM_ASYNC：异步处理，启动 dev->power.work 去做业务处理。

❑ RPM_AUTO：使用 autosuspend_delay 的值做延时处理，超时后调用 rpm_suspend。

❑ RPM_GET_PUT：只是增加了对引用计数做加 / 减 1 的操作，其他处理与上述处理一致。

❑ RPM_NOWAIT：不等待任何状态的改变，执行完立刻返回。

返回 0 时表示执行成功，返回其他值表示执行失败。

__pm_runtime_idle 的具体实现代码如下：

```
int __pm_runtime_idle(struct device *dev, int rpmflags)
{
    unsigned long flags;
    int retval;
    if (rpmflags & RPM_GET_PUT) {
        if (!atomic_dec_and_test(&dev->power.usage_count)) {
            trace_rpm_usage_rcuidle(dev, rpmflags);
            return 0;
        }
    }
    might_sleep_if(!(rpmflags & RPM_ASYNC) && !dev->power.irq_safe);
    spin_lock_irqsave(&dev->power.lock, flags);
    retval = rpm_idle(dev, rpmflags);
    spin_unlock_irqrestore(&dev->power.lock, flags);
    return retval;
}
```

可以看到该函数还调用了一层封装接口函数，即 rpm_idle，该函数才是最核心的实现逻辑：

```
static int rpm_idle(struct device *dev, int rpmflags)
{
    int (*callback)(struct device *);
    int retval;
```

```
trace_rpm_idle_rcuidle(dev, rpmflags);
retval = rpm_check_suspend_allowed(dev);                    // 说明1
if (retval < 0)
    ;  /*错误状态*/
else if (dev->power.runtime_status != RPM_ACTIVE)          // 说明2
    retval = -EAGAIN;
else if (dev->power.request_pending &&
    dev->power.request > RPM_REQ_IDLE)                      // 说明3
    retval = -EAGAIN;
else if (dev->power.idle_notification)                      // 说明4
    retval = -EINPROGRESS;
if (retval)
    goto out;
/*挂起的请求需要取消掉*/
dev->power.request = RPM_REQ_NONE;
if (dev->power.no_callbacks)                                // 说明5
    goto out;
if (rpmflags & RPM_ASYNC) {                                 // 说明6
    dev->power.request = RPM_REQ_IDLE;
    if (!dev->power.request_pending) {
        dev->power.request_pending = true;
        queue_work(pm_wq, &dev->power.work);                // 说明7
    }
    trace_rpm_return_int_rcuidle(dev, _THIS_IP_, 0);
    return 0;
}
dev->power.idle_notification = true;
callback = RPM_GET_CALLBACK(dev, runtime_idle);
if (callback)
    retval = __rpm_callback(callback, dev);                 // 说明8
dev->power.idle_notification = false;
wake_up_all(&dev->power.wait_queue);                        // 说明9
out:
    trace_rpm_return_int_rcuidle(dev, _THIS_IP_, retval);
    return retval ? retval : rpm_suspend(dev, rpmflags | RPM_AUTO);   // 说明10
}
```

说明 1：调用函数 rpm_check_suspend_allowed 来判断当前是否满足 suspend 的条件，判断项包括当前设备引用计数、子设备数、runtime_status，如果返回值不为 0（当 runtime_status＝RPM_SUSPENDED 的返回值是 1 时，说明设备已经挂起），则会跳转到 out，见说明 10。

说明 2：idle 的处理流程仅对设备状态是 active 时有效。

说明 3：如果当前有高于 idle 的请求，则退出，因为其他的请求比 idle 优先级高。

说明 4：检查当前 idle 处理流程是否在进行中，如果在进行中，则退出。

说明 5：如果当前没有回调函数需要处理，也跳转到说明 10。

说明 6：如果是异步请求，则跳转到 dev->power.work 进行处理。

说明 7：触发 dev->power.work 进行调度处理。

说明 8：执行 runtime_idle 回调。

说明 9：处理完 runtime_idle 回调后，唤醒当前本设备上的所有等待队列，并根据当前 runtime 状态继续后续处理。

说明 10：retval 如果为非 0 则直接退出，如果为 0 表示满足 suspend 入口条件，进行 rpm_suspend 处理，注意此处的 rpm_suspend 是触发的 autosuspend 型的 suspend 功能。

3. __pm_runtime_suspend

这个函数支撑了上述函数列表中的 pm_runtime_suspend、pm_runtime_autosuspend、pm_request_autosuspend、pm_runtime_put_autosuspend、pm_runtime_put_sync_suspend、pm_runtime_put_sync_autosuspend 六个函数，只是第二个入参不同而已。可能涉及的 bit 位：

```
/* RPM 参数的 bit 表示*/
#define RPM_ASYNC          0x01      /* 请求是异步的 */
#define RPM_GET_PUT        0x04      /* 增加或减少引用计数 */
#define RPM_AUTO           0x08      /* 使用 autosuspend_delay */
```

该函数是 runtime_suspend 回调的入口函数，如果入参 flag 中标记 RPM_GET_PUT，设备的引用计数首先会减一，如果减一后的值大于 0，立刻返回，说明不满足 suspend 条件。如果减一后为 0，则继续尝试 suspend。需要注意的是，这个接口函数可能会让出 CPU，所以不建议在原子上下文或者中断中调用。

函数原型如下：

```
int __pm_runtime_suspend(struct device *dev, int rpmflags)
```

入参 *dev 表示需要执行 runtime_suspend 回调的设备。

入参 rpmflags 是 RPM 标记，含义如下。

❑ RPM_ASYNC：异步处理，启动 dev->power.work 去做业务处理。

❑ RPM_AUTO：使用 autosuspend_delay 的值做延时处理，超时后调用 rpm_suspend。

❑ RPM_GET_PUT：只是增加了对引用计数做加 / 减 1 的操作，其他处理与上述处理一致。

入参还可以是上述类型的组合。返回 0 时表示执行成功，返回其他值时表示执行失败。

__pm_runtime_suspend 的具体实现代码如下：

```
int __pm_runtime_suspend(struct device *dev, int rpmflags)
{
    unsigned long flags;
    int retval;
    if (rpmflags & RPM_GET_PUT) {
        if (!atomic_dec_and_test(&dev->power.usage_count)) {
            trace_rpm_usage_rcuidle(dev, rpmflags);
            return 0;
        }
    }
    might_sleep_if(!(rpmflags & RPM_ASYNC) && !dev->power.irq_safe);
    spin_lock_irqsave(&dev->power.lock, flags);
    retval = rpm_suspend(dev, rpmflags);
    spin_unlock_irqrestore(&dev->power.lock, flags);
```

```
        return retval;
    }
```

函数入口处首先判断入参 rpmflags 是否标记 RPM_GET_PUT，如果是，则需要将引用
计数减一，减一后不为 0 说明当前还有人在引用此设备，不满足 suspend 条件。另外，如果
入参要求异步执行，则接下来可能会让出 CPU，所以不能在原子上下文调用，比如中断中。
可以看到该函数还调用了一层封装接口函数，即 rpm_suspend，该函数也是 __pm_runtime_
suspend 最核心的实现逻辑，代码片段如下：

```
static int rpm_suspend(struct device *dev, int rpmflags)
    __releases(&dev->power.lock) __acquires(&dev->power.lock)
{
    ...
 repeat:
    retval = rpm_check_suspend_allowed(dev);                 //说明1
    if (retval < 0)
        goto out; /* Conditions are wrong. */
    if (dev->power.runtime_status == RPM_RESUMING && !(rpmflags & RPM_ASYNC))
        retval = -EAGAIN;                                    //说明2
    if (retval)
        goto out;
    if ((rpmflags & RPM_AUTO)                                //说明3
        && dev->power.runtime_status != RPM_SUSPENDING) {
        u64 expires = pm_runtime_autosuspend_expiration(dev);
        if (expires != 0) {
            ...
            dev->power.timer_autosuspends = 1;
            goto out;
        }
    }
    pm_runtime_cancel_pending(dev);
    if (dev->power.runtime_status == RPM_SUSPENDING) {  //说明4
        ...
    }
    if (dev->power.no_callbacks)
        goto no_callback; /* Assume success. */
    if (rpmflags & RPM_ASYNC) {                              //说明5
        ...
        goto out;
    }
    __update_runtime_status(dev, RPM_SUSPENDING);
    callback = RPM_GET_CALLBACK(dev, runtime_suspend);
    dev_pm_enable_wake_irq_check(dev, true);                 //说明6
    retval = rpm_callback(callback, dev);                    //说明7
    if (retval)
        goto fail;
 no_callback:
    __update_runtime_status(dev, RPM_SUSPENDED);
    pm_runtime_deactivate_timer(dev);
```

```
    if (dev->parent) {
        parent = dev->parent;
        atomic_add_unless(&parent->power.child_count, -1, 0);
    }
    wake_up_all(&dev->power.wait_queue);
    ...
 out:
    trace_rpm_return_int_rcuidle(dev, _THIS_IP_, retval);
    return retval;
fail:
    ...
}
```

说明 1：入口处的判断与 rpm_idle 保持一致，要检查当前是否满足 suspend 条件。

说明 2：如果 runtime_status == RPM_RESUMING，表示正在唤醒过程中，同时如果入参不是异步的，那么只能先做返回处理。

说明 3：如果 rpmflags & RPM_AUTO 并且当前并没有在睡眠状态中，需要等定时器超时后自行处理。

说明 4：如果当前 runtime_status == RPM_SUSPENDING，说明正在执行 suspend 处理，要等待处理完成。

说明 5：如果是异步请求，则触发 dev->power.work 运行进行处理。

说明 6：使能对应的唤醒中断。

说明 7：执行 runtime_suspend 回调。

4. __pm_runtime_resume

这个函数支撑了上述函数列表中的 pm_runtime_resume、pm_request_resume、pm_runtime_get、pm_runtime_get_sync、pm_runtime_resume_and_get 五个函数，只是第二个入参不同而已。可能涉及的 bit 位：

```
/* RPM 标记的bit位 */
#define RPM_ASYNC        0x01    /* 请求是异步的 */
#define RPM_GET_PUT      0x04    /* 增加或减少引用计数 */
```

该函数是 runtime_resume 回调的入口函数，如果入参 flag 中标记 RPM_GET_PUT，则设备的引用计数首先会加一。需要注意的是，这个函数可能会让出 CPU，所以不建议在原子上下文或者中断中调用。

函数原型如下：

```
int __pm_runtime_resume(struct device *dev, int rpmflags)
```

入参 *dev 表示需要执行 runtime_resume 回调的设备。

入参 rpmflags 是 RPM 标记，含义如下。

❑ RPM_ASYNC：异步处理，启动 dev->power.work 去做业务处理。

❑ RPM_GET_PUT：只是增加了对引用计数做加 / 减 1 的操作，其他处理与上述处理一致。

入参还可以是上述类型的组合。返回 0 时表示执行成功，返回其他值时表示执行失败。
__pm_runtime_resume 的具体实现代码如下：

```
int __pm_runtime_resume(struct device *dev, int rpmflags)
{
    unsigned long flags;
    int retval;
    might_sleep_if(!(rpmflags & RPM_ASYNC) && !dev->power.irq_safe &&
            dev->power.runtime_status != RPM_ACTIVE);
    if (rpmflags & RPM_GET_PUT)
        atomic_inc(&dev->power.usage_count);
    spin_lock_irqsave(&dev->power.lock, flags);
    retval = rpm_resume(dev, rpmflags);
    spin_unlock_irqrestore(&dev->power.lock, flags);
    return retval;
}
```

实现会对引用计数做加 1 的操作。然后调用 rpm_resume 来执行 runtime_resume 回调。
同样，核心逻辑是在 rpm_resume 中实现。

```
static int rpm_resume(struct device *dev, int rpmflags)
    __releases(&dev->power.lock) __acquires(&dev->power.lock)
{
    ...
 repeat:
    ...    //运行检查，如果当前不满足条件，直接退出
    if (retval)
        goto out;
    ...
    if (dev->power.runtime_status == RPM_ACTIVE) {              //说明1
        retval = 1;
        goto out;
    }
    if (dev->power.runtime_status == RPM_RESUMING
        || dev->power.runtime_status == RPM_SUSPENDING) {       //说明2
        ...
        goto repeat;
    }
    if (dev->power.no_callbacks && !parent && dev->parent) {    //说明3
        ...
    }
    if (rpmflags & RPM_ASYNC) {                                 //说明4
        dev->power.request = RPM_REQ_RESUME;
        if (!dev->power.request_pending) {
            dev->power.request_pending = true;
            queue_work(pm_wq, &dev->power.work);
        }
        retval = 0;
        goto out;
    }
```

```
    if (!parent && dev->parent) {                              //说明5
        /*
         * 增加父设备的引用计数，如果有必要就使其恢复
         */
        ...
    }
skip_parent:
    if (dev->power.no_callbacks)
        goto no_callback;
    __update_runtime_status(dev, RPM_RESUMING);
    callback = RPM_GET_CALLBACK(dev, runtime_resume);
    dev_pm_disable_wake_irq_check(dev);                        //说明6
    retval = rpm_callback(callback, dev);                      //说明7
    if (retval) {                                              //说明8
        __update_runtime_status(dev, RPM_SUSPENDED);
        pm_runtime_cancel_pending(dev);
        dev_pm_enable_wake_irq_check(dev, false);
    } else {                                                   //说明9
 no_callback:
        __update_runtime_status(dev, RPM_ACTIVE);
        pm_runtime_mark_last_busy(dev);
        if (parent)
            atomic_inc(&parent->power.child_count);
    }
    wake_up_all(&dev->power.wait_queue);
    if (retval >= 0)
        rpm_idle(dev, RPM_ASYNC);
out:
    if (parent && !dev->power.irq_safe) {
        spin_unlock_irq(&dev->power.lock);
        pm_runtime_put(parent);
        spin_lock_irq(&dev->power.lock);
    }
    trace_rpm_return_int_rcuidle(dev, _THIS_IP_, retval);
    return retval;
}
```

说明 1：如果当前 runtime_status == RPM_ACTIVE，说明已经唤醒过了，直接退出。

说明 2：如果当前 runtime_status == RPM_RESUMING 或者 runtime_status == RPM_SUSPENDING，说明正在执行 resume 或者 suspend 回调，需要等待执行完再操作。

说明 3：看一下是否需要唤醒父设备。

说明 4：如果需要异步处理，需要触发 dev->power.work 来运行。

说明 5：增加父设备的引用计数，如果父设备当前不是 active 状态，需要唤醒父设备。

说明 6：关闭对应的唤醒中断。

说明 7：执行 runtime_resume 回调函数。

说明 8：如果 runtime_resume 执行失败，我们需要将设备状态恢复为 RPM_SUSPENDED，同时继续使能唤醒中断。

说明 9：如果 runtime_resume 执行成功，需要设置设备的状态为 RPM_ACTIVE，同时更新 last_busy 时间。

8.1.9 RPM 与 PM Core 工作时间段对比

从图 8-2 中我看可以看到，RPM 主要是在系统运行（running）的时间段工作（running 对应的任何时间段都有可能运行 RPM），以便在系统没有睡眠时也能对设备做到非用即关来达到节省功耗的目的。而 PM Core 则涵盖了系统 suspend 和 resume 阶段，这两个阶段即系统的睡眠和唤醒阶段，不做实际的业务处理。在系统没有异常重启的时间内，系统会重复这两个过程。

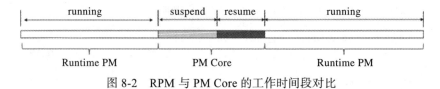

图 8-2　RPM 与 PM Core 的工作时间段对比

8.1.10 RPM 的函数工作时序

1. 状态机切换

图 8-3 展示了 RPM 的状态切换关系。

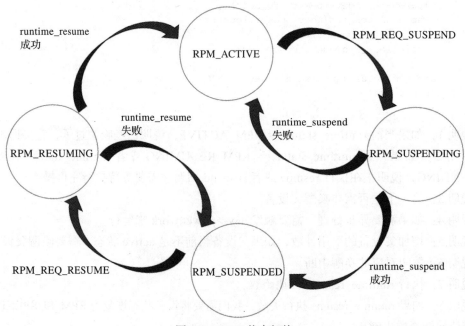

图 8-3　RPM 状态切换

一个设备的 RPM 状态切换流程如下。

1）RPM_ACTIVE->RPM_SUSPENDING：当设备处于全功能状态时，状态为 RPM_ACTIVE，随着工作结束，当有 RPM_REQ_SUSPEND 请求发过来给 RPM 进行处理，框架在判断满足 suspend 条件时，执行设备的 runtime_suspend 回调，从开始执行到执行完成之前对应的状态就是 RPM_SUSPENDING。

2）RPM_SUSPENDING ->RPM_ACTIVE：当 runtime_suspend 执行失败时，设备的状态返回到 RPM_ACTIVE。

3）RPM_SUSPENDING -> RPM_SUSPENDED：当 runtime_suspend 执行成功时，设备的状态切换到 RPM_SUSPENDED。

4）RPM_SUSPENDED -> RPM_RESUMING：当唤醒事件到来时，设备会向 RPM 框架发送 RPM_REQ_RESUME 请求，此时会调用设备的 runtime_resume 回调函数来执行。在开始执行到执行结束之前的这个时间段，设备的状态为 RPM_RESUMING。

5）RPM_RESUMING -> RPM_SUSPENDED：如果 runtime_resume 回调函数执行失败，则设备状态返回到 RPM_SUSPENDED。

6）RPM_RESUMING -> RPM_ACTIVE：如果 runtime_resume 回调函数执行成功，则设备状态切换到 RPM_ACTIVE。

2. 在初始化中调用时序

在本部分以及接下来的第 3 部分，我们以内核中的 ak8974.c 代码实现为例，说明 RPM 功能的使用与其函数之间的交互关系。该文件为日本某公司使用的一款芯片的 IIO 驱动。ak8974.c 的初始化代码如下：

```
static int ak8974_probe(struct i2c_client *i2c, const struct i2c_device_id *id)
{
    ...
    pm_runtime_get_noresume(&i2c->dev);
    pm_runtime_set_active(&i2c->dev);
    pm_runtime_enable(&i2c->dev);
    ak8974->map = devm_regmap_init_i2c(i2c, &ak8974_regmap_config);
    if (IS_ERR(ak8974->map)) {
        dev_err(&i2c->dev, "failed to allocate register map\n");
        pm_runtime_put_noidle(&i2c->dev);
        pm_runtime_disable(&i2c->dev);
        return PTR_ERR(ak8974->map);
    }
    ret = ak8974_set_power(ak8974, AK8974_PWR_ON);
    if (ret) {
        goto disable_pm;
    }
    ...
    pm_runtime_set_autosuspend_delay(&i2c->dev,AK8974_AUTOSUSPEND_DELAY);
    pm_runtime_use_autosuspend(&i2c->dev);
    pm_runtime_put(&i2c->dev);
```

```
    return 0;
    ...
disable_pm:
    pm_runtime_put_noidle(&i2c->dev);
    pm_runtime_disable(&i2c->dev);
    ak8974_set_power(ak8974, AK8974_PWR_OFF);
    regulator_bulk_disable(ARRAY_SIZE(ak8974->regs), ak8974->regs);
    return ret;
}
```

1）在 probe 函数中，我们可以看到初始化的调用时序是如何开启 RPM 之路的：首先调用函数 pm_runtime_put_noidle 来对设备的引用计数做加一操作，表示后续本设备的所有操作都要通过判断引用计数来做决策。

2）然后修改设备的状态为 active 状态，通过调用接口函数 pm_runtime_set_active 来实现。

3）当前序动作都做完后，才能使能设备的 runtime 功能：pm_runtime_enable。

4）如果过程中有任何地方失败，则需要把 runtime 前序所做的操作恢复为原始状态。

5）本驱动使用的是 autosuspend 功能，所以在函数退出前，我们要触发 autosuspend，首先我们要通过 pm_runtime_set_autosuspend_delay 来设置睡眠前的延迟时间。

6）通过调用 pm_runtime_use_autosuspend 来启动 autosuspend。

7）通过调用 pm_runtime_put 来请求进入 idle 状态。

经过如上操作，本驱动基于 autosuspend 的 RPM 就工作起来了。

3. active 与 suspended 状态切换时序

ak8974.c 文件中实现了 runtime_suspend 和 runtime_resume 回调，并注册到了 ak8974_dev_pm_ops 回调函数结构体变量中：

```
static int __maybe_unused ak8974_runtime_suspend(struct device *dev)
{
    struct ak8974 *ak8974 =
        iio_priv(i2c_get_clientdata(to_i2c_client(dev)));
    ak8974_set_power(ak8974, AK8974_PWR_OFF);
    regulator_bulk_disable(ARRAY_SIZE(ak8974->regs), ak8974->regs);
    return 0;
}
static int __maybe_unused ak8974_runtime_resume(struct device *dev)
{
    struct ak8974 *ak8974 =
        iio_priv(i2c_get_clientdata(to_i2c_client(dev)));
    int ret;
    ret = regulator_bulk_enable(ARRAY_SIZE(ak8974->regs), ak8974->regs);
    if (ret)
        return ret;
    msleep(AK8974_POWERON_DELAY);
    ret = ak8974_set_power(ak8974, AK8974_PWR_ON);
```

```
    if (ret)
        goto out_regulator_disable;
    ret = ak8974_configure(ak8974);
    if (ret)
        goto out_disable_power;
    return 0;
out_disable_power:
    ak8974_set_power(ak8974, AK8974_PWR_OFF);
out_regulator_disable:
    regulator_bulk_disable(ARRAY_SIZE(ak8974->regs), ak8974->regs);
    return ret;
}

static const struct dev_pm_ops ak8974_dev_pm_ops = {
    SET_SYSTEM_SLEEP_PM_OPS(pm_runtime_force_suspend, pm_runtime_force_resume)
    SET_RUNTIME_PM_OPS(ak8974_runtime_suspend, ak8974_runtime_resume, NULL)
};
```

接下来 RPM 操作的 runtime_suspend 和 runtime_resume 回调函数就对应驱动注册的 ak8974_runtime_resume 和 ak8974_runtime_suspend 这两个回调函数。其工作时序关系如图 8-4 所示。

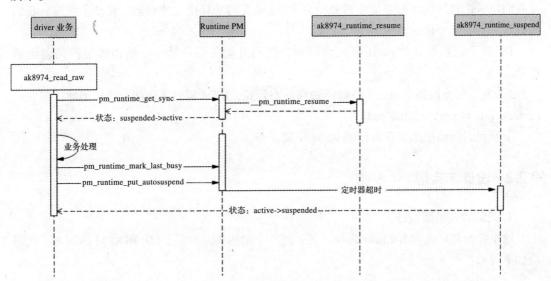

图 8-4　ak8974 中 runtime_suspend 和 runtime_resume 调用时序

1）当业务到来需要读取数据时，如果此时设备状态是 suspended 状态，那么需要 RPM 执行设备的 runtime_resume 回调激活设备。

2）执行完设备对应的 runtime_resume 回调，设备处于全功能工作状态，对应 runtime_status 为 active。

3）当数据读取完成后，由于本设备使用的运行时策略是 autosuspend，所以会首先调用

pm_runtime_mark_last_busy 来更新最后工作时间。

4）然后调用 pm_runtime_put_autosuspend 来激活定时器，定时器超时后，执行 runtime_suspend 回调，执行成功后，对应的 runtime_status 为 suspended。

8.2 实现自己的 RPM 框架

在本节，我们通过实现结构体、函数等功能，来搭建自己的 RPM 机制。

8.2.1 动手前的思考

在 8.1 节我们对 Linux 内核的 RPM 实现机制及交互时序做了学习，如果自己交付的设备及驱动程序是在 Linux 系统中，那么我们直接使用 Linux 现有机制即可，但是如果我们是在另一个系统做开发，同时这个系统中没有 RPM，所以我们只能自己实现一套类似的机制，而这样的系统通常是实时操作系统（RTOS），因为非实时系统通常使用 Linux。

实时系统的一个关键点就是实时，所有的任务基本上全部按照优先级运行。接下来假设我们在一个自研的实时系统中需要一套 RPM 来支持功耗优化的功能。在动手之前，我们先梳理一下必须要做的事情：

1）为了记录设备的 runtime 回调函数，我们可能需要设计一个结构体维护回调函数指针。

2）为了支持设备驱动在运行时能做到动态开关，RPM 需要提供两个接口函数，即 pm_runtime_put 与 pm_runtime_get。

下面我们就动手来实现自己的 RPM 框架。

8.2.2 设计与实现

1. 关键数据类型设计

这里我们最好也参考 Linux 内核，统一用一个结构体来维护 DMP 和 RPM 的回调，代码段如下所示：

```
struct device_pm_ s {
    ...
    int suspend(void*);
    int suspend_late(void*);
    void resume_early(void*);
    void resume(void*);
    void resume_late(void*);
    void complete(void*);
    int (*runtime_suspend)( struct device_pm_ s *dev);
    int (*runtime_resume)( struct device_pm_ s *dev);
```

```
    int usage_counter;
    int runtime_status;
};
```

同时我们也需要一个状态枚举来记录设备的运行时状态，设计实现如下所示：

```
enum runtime_status {
    RUNTIME_SUSPENDED,
    RUNTIME_ACTIVE,
};
```

2. 关键函数设计

（1）pm_runtime_put

当引用计数减 1 后为 0 时，调用设备对应的 runtime_suspend 回调函数。

入参 *dev 为要执行处理的 struct device_pm_ s 类型的设备。返回 0 时表示执行成功，返回其他值时表示执行失败。

设计实现代码段如下所示：

```
int pm_runtime_put(struct device_pm_ s *dev) {
    int ret;
    if(!dev) {
        return -1;
    }
    if(--dev->usage_counter > 0) {
        return 0;
    }
    ret = dev->runtime_suspend(dev);
    if (!ret) {
        dev->runtime_status = RUNTIME_SUSPENDED;
    }
    return ret;
}
```

（2）pm_runtime_get

引用计数加 1，如果加 1 后为 1，则说明是第一次调用，这个时候需要调用设备对应的 runtime_resume 回调函数。

入参 *dev 为要执行处理的 struct device_pm_ s 类型的设备。返回 0 时表示执行成功，返回其他值时表示执行失败。

设计实现代码段如下所示：

```
int pm_runtime_get(struct device_pm_ s *dev) {
    ret = 0;
    if(!dev) {
        return -1;
    }
    if(dev->usage_counter == 0) {
        ret = dev->runtime_resume(dev);
```

```
    }
    if (ret == 0) {
        dev->usage_counter++;
        dev->runtime_status = RUNTIME_ACTIVE;
    }
    return ret;
}
```

以上是我们实现的一个极简的 RPM 功能，大家可以在实际使用时对功能进行扩展。

8.2.3 实现进阶第一步

在 8.2.2 节我们实现了简单的 RPM 框架，但是由于实现过于简单，对于有父子设备关系、延时执行 RPM 的场景，其实是无法覆盖的，在这一节我们将针对提出的这两个问题，做更深一步的设计与实现。

1）为了实现对父子设备关系的兼容，我们需要在结构体中增加父设备的指针，用于维护子设备的链表及其配套的维测记录（伪码实现）：

```
int pm_runtime_get(struct device_pm_ s *dev) {
    ret = 0;
    if(!dev) {
        return -1;
    }
    if(dev->usage_counter == 0) {
        ret = dev->runtime_resume(dev);
    }
    if (ret == 0) {
        dev->usage_counter++;
        dev->runtime_status = RUNTIME_ACTIVE;
    }
    return ret;
}
```

各参数说明如下。

parent：指向父设备节点。

as_parent：作为父设备，所有以本设备为父设备的子设备都挂在这个链表上。

as_child：作为子设备，通过本节点挂接到父设备的 as_parent 链表上。

children_cnt：以本设备为父设备的子设备总数。

active_children_cnt：当前还处于 active 状态的子设备的个数。

2）接下来我们需要设置一个函数，允许每个设备设置自己的父设备（伪码实现）：

```
int runtime_dev_set_parent(struct device_pm_ s *child, struct device_pm_ s*parent)
{
    if(!child || ! parent) {
        return error;
    }
```

```
        spin_lock_irqsave();
        list_add_tail(child->as_child, parent->as_parent);
        parent-> children_cnt++;
        child->parent = parent;
        spin_unlock_irqrestore();
        return 0;
};
```

3）接下来我们需要对 pm_runtime_put 进行改造，以支持父子设备关系：如果当前设备 suspend 执行成功后，父设备的 active_children_cnt 为 0，那么父设备也要进行 suspend 处理。

```
int pm_runtime_put(struct device_pm_ s *dev) {
    int ret;
    if(!dev) {
            return -1;
    }
    if(--dev->usage_counter > 0) {
            return 0;
    }
    //1）如果是父设备
    if(dev-> active_children_cnt == 0) {
        ret = dev->runtime_suspend(dev);
        if (!ret) {
            dev->runtime_status = RUNTIME_SUSPENDED;
        }
    }
    //2）如果是子设备，有义务触发父设备也进行suspend处理
    else {
        ret = dev->runtime_suspend(dev);
        if (!ret) {
            dev->parent->active_children_cnt--;
            dev->runtime_status = RUNTIME_SUSPENDED;
            pm_runtime_put(dev->parent);
        }
    }
    return ret;
}
```

4）接下来我们需要对 pm_runtime_get 进行改造，以支持父子设备关系：如果父设备还没有进行 resume 处理，那么在子设备进行 resume 前需要先对父设备进行 resume 处理。

```
int pm_runtime_get(struct device_pm_ s *dev) {
    ret = 0;
    if(!dev) {
        return -1;
    }
    //1）如果父设备没有进行resume处理，需要先对父设备进行resume处理
    if(dev->parent && (dev->parent-> runtime_status == RUNTIME_SUSPENDED))
    {
        ret = pm_runtime_get(dev->parent);
```

```
        if (ret) {
            return error;
        }
    }
    //2）如果没有父设备，那么对自己进行resume处理
    if(dev->usage_counter == 0) {
        ret = dev->runtime_resume(dev);
    }
    if (ret == 0) {
        dev->usage_counter++;
        dev->runtime_status = RUNTIME_ACTIVE;
        dev->parent->active_children_cnt++;
    }
    return ret;
}
```

至此，我们对 RPM 功能进行了扩展，支持了父子设备关系的场景。当然实现都是用伪码实现的，主要体现的是设计方法，具体的实现还需要综合考虑多方面因素，比如对共享资源的保护、函数的高内聚低耦合设计等。

8.2.4　实现进阶第二步

在 8.2.3 节我们经过功能扩展支持了父子设备的 RPM 机制，但可能还不支持 autosuspend，本节我们来实现 autosuspend。

1）首先我们首先需要在结构体中增加一个定时器，以达到延时执行 suspend 的目的。

```
struct device_pm_ s {
    ...
    int suspend(void*);
    int suspend_late(void*);
    void resume_early(void*);
    void resume(void*);
    void resume_late(void*);
    void complete(void*);
    int (*runtime_suspend)( struct device_pm_ s *dev);
    int (*runtime_resume)( struct device_pm_ s *dev);
    int usage_counter;
    int runtime_status;
    struct device_pm_ s *parent;
    struct list_head as_parent;
    struct list_head as_child;
    int children_cnt;
    int active_children_cnt;
    struct timer_list suspend_timer;
    int delay_ms;
    bool use_autosuspend;
};
```

加粗部分各参数说明如下。

❑ suspend_timer：autosuspend 设置延时时间用的定时器。

❑ delay_ms：定时器的延时时间。

❑ use_autosuspend：标记是否使用 autosuspend 功能。

2）我们要设计一个函数供使用者调用，来显式地表明自己要使用 autosuspend 功能（默认为 false，即不使用）。

```
int runtime_dev_use_autosuspend(struct device_pm_ s *dev, bool use_autosuspend_flag)
{
    if(!dev) {
        return error;
    }
    dev-> use_autosuspend = use_autosuspend_flag;
    return 0;
};
```

3）我们要设计一个定时器，在定时器回调中调用 pm_runtime_put 函数来请求执行 runtime_suspend。

```
int autosuspend_timer_func(void *data)
{
    int ret;
    struct device_pm_ s *dev = (struct device_pm_ s *)data;
    ret = pm_runtime_put(dev);
    if(ret) {
        print_err("suspend error\n");
        add_timer(dev->suspend_timer); //继续计时，当然也可以在打印异常后就停止计时，具体
                                       由实现逻辑决定
    }
};

void autosuspend_delay_set(u32 ms)
{
    ...
    dev->suspend_timer.delay_ms = ms;
    ...
}
void  dev_init()
{
    ...
    dev->suspend_timer.func =  autosuspend_timer_func;
    runtime_dev_use_autosuspend(dev, true);
    autosuspend_delay_set(10);
    ...
}
```

4）准备条件做完了，现在我们就可以提供 autosuspend 函数了，注意 autosuspend 只对 suspend 有意义，如果在 resume 阶段，一般都是要立刻生效的。

```
int pm_runtime_put_autosuspend(struct device_pm_ s *dev)
{
    if(!dev) {
        return error;
    }
    add_timer(dev->suspend_timer);//其他设置在初始化时已设置好，这个地方直接启动timer即可
    return 0;
};
```

到这里我们的 autosuspend 功能以见雏形，当然在实际的使用中还需要做微调，希望这里的实现能给大家带来一些帮助。

8.2.5　实现进阶第三步

在 8.2.3 节、8.2.4 节我们解决了父子设备依赖问题以及对 autosuspend 功能的实现，但是我们还缺少一个功能，那就是异步 RPM 机制。在本节我们将实现一个简单的异步机制。

1）我们需要创建一个枚举类型，以方便异步请求函数之间的信息传递。

```
enum REQUEST_TYPE {
    REQUEST_SUSPEND,
    REQUEST_RESUME
};
```

2）对结构体进行改造，需要加入异步 RPM 相关的控制变量。

```
struct device_pm_ s {
    ...
    int suspend(void*);
    int suspend_late(void*);
    void resume_early(void*);
    void resume(void*);
    void resume_late(void*);
    void complete(void*);
    int (*runtime_suspend)( struct device_pm_ s *dev);
    int (*runtime_resume)( struct device_pm_ s *dev);
    int usage_counter;
    int runtime_status;
    struct device_pm_ s *parent;
    struct list_head as_parent;
    struct list_head as_child;
    int children_cnt;
    int active_children_cnt;
    struct timer_list suspend_timer;
    int delay_ms;
    bool use_autosuspend;
    struct task  *work;
    enum REQUEST_TYPE request_type;
    struct semaphore  sync_sem;
};
```

加粗部分各参数说明如下。

❑ work：异步处理任务，在该任务中触发调用执行 runtime_suspend 和 runtime_resume 回调。

❑ request_type：用于异步触发函数和异步处理任务之间的请求信息的传递，以便任务知道是处理 suspend 还是 resume。

❑ sync_sem：异步触发函数和异步处理任务之间用于同步的信号量。

3）我们需要实现 work 对应的处理函数，在函数处理中，我们要判断任务被触发后到底是执行 suspend 还是 resume。同时我们需要在模块初始化函数中创建对应的任务。具体函数实现代码段如下所示：

```
int work_func(void *data)
{
    int ret;
    struct device_pm_ s *dev = (struct device_pm_ s *)data;
    while(1) {
        down(&dev->sync_sem);
        switch(dev->request_type) {
            case REQUEST_SUSPEND:
                ret = pm_runtime_put(dev);
                …
                break;
            case REQUEST_RESUME:
                ret = pm_runtime_get(dev);
                …
                break;
            default:
                …
                break;
        }
    }
}
void  dev_init()
{
    …
    dev->suspend_timer.func =  autosuspend_timer_func;
    runtime_dev_use_autosuspend(dev, true);
    autosuspend_delay_set(10);
    dev->work = task_create(…, work_func, dev);
    …
}
```

4）接下来，我们要实现异步的请求函数。up 接口函数释放同步信号量后，会触发任务运行，在任务中决策该执行哪个回调流程。注意我们这里的实现是伪码实现，关于对共享资源的保护、函数的实现完善请大家在具体使用时补充。

```
int pm_runtime_put_async(struct device_pm_ s *dev) {
    int ret;
```

```
        if(!dev) {
            return -1;
        }
        dev->request_type = REQUEST_SUSPEND;
        up(dev->sync_sem);
        return 0;
    }
    int pm_runtime_get_async(struct device_pm_ s *dev) {
        int ret;
        if(!dev) {
            return -1;
        }
        dev->request_type = REQUEST_RESUME;
        up(dev->sync_sem);
        return 0;
    }
```

8.3 本章小结

RPM 可以实现在系统运行期间对部分设备的动态开关管理，以达到降低功耗的目的，推荐那些独立供电的设备使用 RPM 机制来做电源管理控制，只有这样才能真正降低功耗，否则没有任何意义。在本章，我们花了很多精力来分析 Linux 内核中 RPM 框架的实现，对其使用场景做了阐述，并实现了自己的 RPM，大家可以在不同的平台中对自研 RPM 进行功能扩展。

thermal 框架设计与实现

thermal 是一套温度控制机制，不属于系统睡眠 / 唤醒的范畴。该机制可以通过对监控设备的温度的获取，采用既定手段对温度进行控制。在采用的温控手段中，通常离不开对电源电压、工作频率的调节，这在一定程度上也对系统功耗产生了一定影响，所以在本章我们也对 thermal 做一个介绍。当然，在掌握了 Linux thermal 的实现机制后，我们依然会实现一套简化版的 thermal 机制供其他操作系统借鉴使用。

9.1 Linux thermal 的设计与实现

在本节，我们主要聚焦对 Linux 内核中 thermal 的实现机制进行分析，包括架构设计概览、模块功能详解、基本术语概念、配置信息解析、thermal_core 解析等。

9.1.1 架构设计概览

thermal 在低功耗软件栈中的位置如图 9-1 所示，属于非睡眠形式的动态功耗方式。

9.1.2 模块功能详解

thermal 模块主要负责温度控制，在温度低时进行升温，在温度高时进行降温，甚至复位系统。Linux 内核有个通用的思想就是抽象分层，比如把子系统所有资源和信息综合在一起的一层叫 core 层，对不同设备的物理操作在的层叫 device 层，对设备操作的屏蔽层叫 driver 层，策略的选择和计算所在的层叫 governor 层。同样 thermal 子系统也采用了该思想：核心为 thermal_core，可以获取温度的设备抽象为 thermal_zone_device，如 Temperature

Sensor 等；可以控制温度的设备抽象为 thermal_cooling_device，如风扇、CPU、DDR、GPU 等；温控策略抽象为 thermal_governor，比如 step_wise、bang_bang 等。thermal_core 可以把这几部分综合起来形成一套完整的工作框架，如图 9-2 所示。

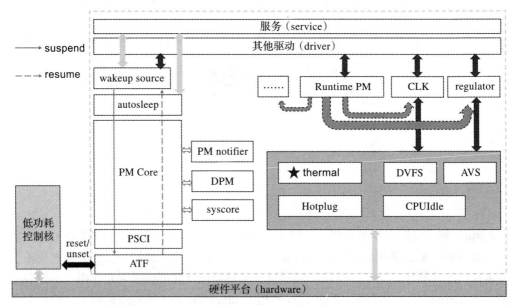

图 9-1　thermal 在低功耗软件栈中的位置

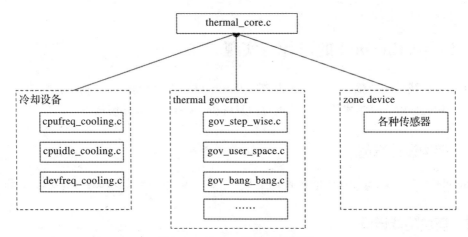

图 9-2　thermal 机制工作框架

thermal_cooling_device 对应系统实施冷却措施的驱动，是温控的执行者。冷却设备（cooling device）维护一个冷却（cooling）等级，即状态（state），一般状态越高，系统的冷却需求越高，所采取的冷却措施也可能更激进。冷却设备根据不同等级的冷却需求进行冷却行为。冷却设备只根据 state 进行冷却操作，是实施者，而 state 的计算由 thermal governor 完成。结构体 cpufreq_cooling_device 和 devfreq_cooling_device 作为对 thermal_cooling_device 的扩展，分别在 cpufreq_cooling.c 和 devfreq_cooling.c 中使用。

9.1.3　基本术语概念

thermal 相关概念关系示意图如图 9-3 所示，下面先介绍几个术语的概念来帮助大家理解。

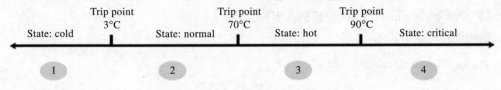

图 9-3　thermal 相关概念关系示意图

1）trip point：可以理解为一个阈值，每一个温度区间的阈值可以理解为一个 trip point。

2）cooling state：可以认为是温控调节的下一个目标的索引，假设以频率调整为例，state = 1 对应 100 MHz，state = 2 表示 200 MHz，即通过该值可以找到目标频率，其他方法与此类似。

3）zone device state：表示 zone device 当前温度的状态。比如我们可以把 state 分为 4 种状态，即 cold、normal、hot、critical，它们分别对应的温度区间如下。

❑ Cold：temperature≤3℃，对应温控策略通常为升压提频，以达到升温的目的。

❑ Normal：temperature＞3℃ && temperature≤70℃，对应策略通常为持续监控，电压和频率暂不做调整。

❑ Hot：temperature＞70℃ && temperature≤90℃，对应策略为降压降频，同时监控周期缩短，以便更及时地采样温度数据。

❑ Critical：temperature＞90℃，对应策略一般为重启系统。

9.1.4　配置信息解析

1）相关实现文件全部归档在 drivers\thermal 目录下。

2）模块特性是否打开受 CONFIG_THERMAL 宏控制。

9.1.5　thermal_core 解析

thermal_core 作为 thermal 的核心部分，负责把 governor\cool device\zone_device 关联在一起，因此 thermal_core 就需要提供注册函数和作为记录的全局变量来记录注册的信息，三者的关系如图 9-2 所示。

1. zone_device 注册相关实现

（1）关键结构体

1）thermal_zone_device 结构体。该结构体是 zone_device 的控制结构体，比较重要的几个变量如下所示。

- ❑ temperature：记录当前温度。
- ❑ last_temperature：记录上一次采样时的温度。
- ❑ prev_low_trip：上一次温控的低温触发点。
- ❑ prev_high_trip：上一次温控的高温触发点。

结构体定义如下所示：

```
struct thermal_zone_device {
    int id;
    char type[THERMAL_NAME_LENGTH];
    struct device device;
    struct attribute_group trips_attribute_group;
    struct thermal_attr *trip_temp_attrs;
    struct thermal_attr *trip_type_attrs;
    struct thermal_attr *trip_hyst_attrs;
    enum thermal_device_mode mode;
    void *devdata;
    int trips;
    unsigned long trips_disabled; /* bitmap for disabled trips */
    unsigned long passive_delay_jiffies;
    unsigned long polling_delay_jiffies;
    int temperature;
    int last_temperature;
    int emul_temperature;
    int passive;
    int prev_low_trip;
    int prev_high_trip;
    atomic_t need_update;
    struct thermal_zone_device_ops *ops;
    struct thermal_zone_params *tzp;
    struct thermal_governor *governor;
    void *governor_data;
    struct list_head thermal_instances;
    struct ida ida;
    struct mutex lock;
    struct list_head node;
    struct delayed_work poll_queue;
    enum thermal_notify_event notify_event;
};
```

2）thermal_zone_device_ops 结构体。thermal_zone_device 的操作函数结构体列举如下。

- ❑ get_trip_temp：获取 trip 的温度。
- ❑ set_trip_temp：设置 trip 的温度。

❑ get_crit_temp：获取高温的温度。

❑ get_trend：获取温度趋势。

结构体定义如下所示：

```
struct thermal_zone_device_ops {
    int (*bind) (struct thermal_zone_device *, struct thermal_cooling_device *);
    int (*unbind) (struct thermal_zone_device *, struct thermal_cooling_device *);
    int (*get_temp) (struct thermal_zone_device *, int *);
    int (*set_trips) (struct thermal_zone_device *, int, int);
    int (*change_mode) (struct thermal_zone_device *, enum thermal_device_mode);
    int (*get_trip_type) (struct thermal_zone_device *, int, enum thermal_trip_type *);
    int (*get_trip_temp) (struct thermal_zone_device *, int, int *);
    int (*set_trip_temp) (struct thermal_zone_device *, int, int);
    int (*get_trip_hyst) (struct thermal_zone_device *, int, int *);
    int (*set_trip_hyst) (struct thermal_zone_device *, int, int);
    int (*get_crit_temp) (struct thermal_zone_device *, int *);
    int (*set_emul_temp) (struct thermal_zone_device *, int);
    int (*get_trend) (struct thermal_zone_device *, int, enum thermal_trend *);
    int (*notify) (struct thermal_zone_device *, int, enum thermal_trip_type);
}
```

3）thermal_governor 结构体。记录当前设备所对应的 governor 实现，如下所示。

❑ bind_to_tz：绑定到 thermal zone。

❑ unbind_from_tz：与 thermal zone 解绑。

❑ throttle：调节温度的回调函数。

具体实现时可以根据实际需求来实现对应的回调函数。

结构体定义如下所示：

```
struct thermal_governor {
    char name[THERMAL_NAME_LENGTH];
    int (*bind_to_tz)(struct thermal_zone_device *tz);
    void (*unbind_from_tz)(struct thermal_zone_device *tz);
    int (*throttle)(struct thermal_zone_device *tz, int trip);
    struct list_head        governor_list;
}
```

4）thermal_instance 结构体。在 thermal_zone_device 中还有一个 thermal_instances 链表头节点，用于维护相关的每一个实例，在每次调节温度时，会根据对应的 trip 进行温度调节。

结构体定义如下所示：

```
struct thermal_instance {
    int id;
    char name[THERMAL_NAME_LENGTH];
    struct thermal_zone_device *tz;
    struct thermal_cooling_device *cdev;
    int trip;
    bool initialized;
```

```
    unsigned long upper;           /* 这个 trip point 的最高冷却状态*/
    unsigned long lower;           /* 这个trip point 的最低冷却状态*/
    unsigned long target;          /* 期望的冷却状态*/
    char attr_name[THERMAL_NAME_LENGTH];
    struct device_attribute attr;
    char weight_attr_name[THERMAL_NAME_LENGTH];
    struct device_attribute weight_attr;
    struct list_head tz_node;      /* tz->thermal_instances 中的节点*/
    struct list_head cdev_node;    /* cdev->thermal_instances中的节点 */
    unsigned int weight;           /* 冷却设备的权重 */
};
```

（2）函数实现

1）thermal_zone_device_register：zone_device 注册函数，注册时需要调用该接口来注册到全局链表 thermal_tz_list 中。

该函数主要实现以下功能：

❑ 给 zone_device 赋值 critical 对应接口，在温度过高时，由 critical 接口负责重启系统。

❑ 关联上匹配的 governor 实现。

❑ 把该 zone_device 添加到 thermal_tz_list 中。

❑ 给该 zone_device 绑定上相关的 cooling_device。

❑ 创建 zone_device 的温度监控任务。

该函数会返回一个创建好的 struct thermal_zone_device 类型的指针。

函数主要实现逻辑如下所示：

```
struct thermal_zone_device *
thermal_zone_device_register(const char *type, int trips, int mask, void *devdata,
    struct thermal_zone_device_ops *ops, struct thermal_zone_params *tzp, int
    passive_delay, int polling_delay)
{
    ...
    tz = kzalloc(sizeof(*tz), GFP_KERNEL);
    if (!tz) return ERR_PTR(-ENOMEM);
    ...
    strlcpy(tz->type, type, sizeof(tz->type));
    tz->ops = ops;
    tz->tzp = tzp;
    tz->devdata = devdata;
    tz->trips = trips;
    tz->passive_delay = passive_delay;
    tz->polling_delay = polling_delay;
    ...
    mutex_lock(&thermal_governor_lock);
    if (tz->tzp)
        governor = __find_governor(tz->tzp->governor_name);
    else
        governor = def_governor;
    result = thermal_set_governor(tz, governor);
```

```
    ...
    mutex_unlock(&thermal_governor_lock);
    ...
    mutex_lock(&thermal_list_lock);
    list_add_tail(&tz->node, &thermal_tz_list);
    mutex_unlock(&thermal_list_lock);
    bind_tz(tz);
    INIT_DELAYED_WORK(&tz->poll_queue, thermal_zone_device_check);
    thermal_zone_device_reset(tz);
    ...
    return tz;
unregister:
    device_del(&tz->device);
release_device:
    ...
free_tz:
    ...
}
```

2）thermal_zone_device_unregister：zone_device 去注册函数，去注册时需要调用该函数来注册。该函数实现的主要功能如下：

❑ 将设备从 thermal_tz_list 中删除。

❑ 将对应任务删除。

❑ 将对应的 governor 实现置空。

该函数没有返回值。

具体实现代码段如下所示：

```
void thermal_zone_device_unregister(struct thermal_zone_device *tz)
{
    int i, tz_id;
    const struct thermal_zone_params *tzp;
    struct thermal_cooling_device *cdev;
    struct thermal_zone_device *pos = NULL;
    if (!tz) return;
    tzp = tz->tzp;
    tz_id = tz->id;
    mutex_lock(&thermal_list_lock);
    list_for_each_entry(pos, &thermal_tz_list, node)
        ... //在thermal_tz_list中找到tz
    }
    list_del(&tz->node);
    /* Unbind all cdevs associated with 'this' thermal zone */
    list_for_each_entry(cdev, &thermal_cdev_list, node) {
        if (tz->ops->unbind) {
            tz->ops->unbind(tz, cdev);
            continue;
        }
        if (!tzp || !tzp->tbp)
```

```
        break;
    ...
    }
    mutex_unlock(&thermal_list_lock);
    cancel_delayed_work_sync(&tz->poll_queue);
    thermal_set_governor(tz, NULL);
    ...
    mutex_destroy(&tz->lock);
    device_unregister(&tz->device);
    thermal_notify_tz_delete(tz_id);
}
```

2. cooling_device 注册相关实现

（1）关键结构体

1）thermal_cooling_device_ops 结构体。该结构体主要维护 cooling_device 的操作回调处理，结构体定义如下：

```
struct thermal_cooling_device_ops {
    int (*get_max_state) (struct thermal_cooling_device *, unsigned long *);
    int (*get_cur_state) (struct thermal_cooling_device *, unsigned long *);
    int (*set_cur_state) (struct thermal_cooling_device *, unsigned long);
    int (*get_requested_power)(struct thermal_cooling_device *, u32 *);
    int (*state2power)(struct thermal_cooling_device *, unsigned long, u32 *);
    int (*power2state)(struct thermal_cooling_device *, u32, unsigned long *);
};
```

通过分析 __thermal_cooling_device_register 函数的实现源码可知，前三个回调是每一个 cooling_device 必须要实现的回调函数，即 get_max_state、get_cur_state、set_cur_state。这几个回调都与 zone_device 绑定，需要有获取和设置 zone_device 的目标状态的处理函数。

2）thermal_cooling_device 结构体。该结构体主要维护 cooling_device 的相关属性，结构体定义如下：

```
struct thermal_cooling_device {
    int id;
    char *type;
    struct device device;
    struct device_node *np;
    void *devdata;
    void *stats;
    const struct thermal_cooling_device_ops *ops;
    bool updated; /* true if the cooling device does not need update */
    struct mutex lock; /* protect thermal_instances list */
    struct list_head thermal_instances;
    struct list_head node;
};
```

ops：与 cooling_device 对应的回调函数指针。

thermal_instances：与 thermal_zone_device 中的一致。

（2）函数实现

1）thermal_cooling_device_register：cooling_device 注册函数。cooling_device_ops 有 3 个非常重要的函数，分别是 get_max_state、get_cur_state、set_cur_state，分别用于获取最大状态、获取当前状态、设置当前状态。关于 state，前边第一节已经介绍了，这里不再赘述。该接口函数实现的主要功能有：

❑ 添加该设备到 thermal_cdev_list 中。

❑ 绑定 cooling_device 与 zone_device。

❑ 调用 thermal_zone_device_update 来更新温度并做对应处理。

具体实现如下所示：

```
static struct thermal_cooling_device *
__thermal_cooling_device_register(struct device_node *np, const char *type, void
    *devdata, const struct thermal_cooling_device_ops *ops)
{
    ...
    if (!ops || !ops->get_max_state || !ops->get_cur_state ||
        !ops->set_cur_state)
        return ERR_PTR(-EINVAL);
    cdev = kzalloc(sizeof(*cdev), GFP_KERNEL);
    if (!cdev)
        return ERR_PTR(-ENOMEM);
    ...
    mutex_init(&cdev->lock);
    INIT_LIST_HEAD(&cdev->thermal_instances);
    cdev->np = np;
    cdev->ops = ops;
    cdev->updated = false;
    cdev->device.class = &thermal_class;
    cdev->devdata = devdata;
    thermal_cooling_device_setup_sysfs(cdev);
    dev_set_name(&cdev->device, "cooling_device%d", cdev->id);
    ...
    mutex_lock(&thermal_list_lock);
    list_add(&cdev->node, &thermal_cdev_list);
    mutex_unlock(&thermal_list_lock);
    bind_cdev(cdev);//与zone_device绑定
    mutex_lock(&thermal_list_lock);
    list_for_each_entry(pos, &thermal_tz_list, node)
        if (atomic_cmpxchg(&pos->need_update, 1, 0))
            thermal_zone_device_update(pos, THERMAL_EVENT_UNSPECIFIED);
    mutex_unlock(&thermal_list_lock);
    return cdev;
}
struct thermal_cooling_device *
thermal_cooling_device_register(const char *type, void *devdata, const struct
    thermal_cooling_device_ops *ops)
{
```

```
        return __thermal_cooling_device_register(NULL, type, devdata, ops);
}
```

2）thermal_cooling_device_unregister：与 thermal_cooling_device_register 互为逆操作。
实现的主要功能有：

❑ 从 hermal_cdev_list 中删除该设备。

❑ 与 zone_device 解绑。

相关实现代码段如下所示：

```
void thermal_cooling_device_unregister(struct thermal_cooling_device *cdev)
{
    ...
    mutex_lock(&thermal_list_lock);
    list_for_each_entry(pos, &thermal_cdev_list, node)
        ...//在thermal_cdev_list中找到cdev
    }
    list_del(&cdev->node);
    /* Unbind all thermal zones associated with 'this' cdev */
    list_for_each_entry(tz, &thermal_tz_list, node) {
        if (tz->ops->unbind) {
            tz->ops->unbind(tz, cdev);
            continue;
        }
        if (!tz->tzp || !tz->tzp->tbp)
            continue;
        tzp = tz->tzp;
        for (i = 0; i < tzp->num_tbps; i++) {
            if (tzp->tbp[i].cdev == cdev) {
                __unbind(tz, tzp->tbp[i].trip_mask, cdev);
                tzp->tbp[i].cdev = NULL;
            }
        }
    }
    mutex_unlock(&thermal_list_lock);
    ida_simple_remove(&thermal_cdev_ida, cdev->id);
    device_del(&cdev->device);
    thermal_cooling_device_destroy_sysfs(cdev);
    put_device(&cdev->device);
}
```

3. governors 注册相关实现

（1）thermal_register_governors

thermal 的 governor 实现都是通过 THERMAL_GOVERNOR_DECLARE 定义到 __thermal_
table_entry_ 空间内，然后在 thermal_core 初始化时通过调用 thermal_register_governors 来
注册到 thermal_governor_list 链表中。

调用时序：thermal_init->thermal_register_governors-> thermal_set_governor（与 zone_device

关联上）。

该函数返回 0 时表示执行成功，返回其他值时表示失败。

实现代码段如下所示：

```
static int __init thermal_register_governors(void)
{
    int ret = 0;
    struct thermal_governor **governor;
    for_each_governor_table(governor) {
        ret = thermal_register_governor(*governor);
        if (ret) {
            pr_err("Failed to register governor: '%s'", (*governor)->name);
            break;
        }
        pr_info("Registered thermal governor '%s'", (*governor)->name);
    }
    if (ret) {
        struct thermal_governor **gov;
        for_each_governor_table(gov) {
            if (gov == governor)
                break;
            thermal_unregister_governor(*gov);
        }
    }
    return ret;
}
```

（2）thermal_register_governor

该函数的功能为遍历 governor_table，对每一个 governor 实现通过调用 thermal_register_ governor 注册到 thermal_governor_list 中，同时通过调用 thermal_set_governor 绑定到对应的 zone_device 上。

函数返回 0 时表示执行成功，返回其他值时表示执行失败。

thermal_register_governor 的实现如下：

```
int thermal_register_governor(struct thermal_governor *governor)
{
    int err;
    const char *name;
    struct thermal_zone_device *pos;
    if (!governor)
        return -EINVAL;
    mutex_lock(&thermal_governor_lock);
    err = -EBUSY;
    if (!__find_governor(governor->name)) {
        bool match_default;
        err = 0;
        list_add(&governor->governor_list, &thermal_governor_list);
        match_default = !strncmp(governor->name, DEFAULT_THERMAL_GOVERNOR THERMAL_
            NAME_LENGTH);
```

```
        if (!def_governor && match_default)
            def_governor = governor;
    }
    mutex_lock(&thermal_list_lock);
    list_for_each_entry(pos, &thermal_tz_list, node) {
        if (pos->governor)
            continue;
        name = pos->tzp->governor_name;
        if (!strncasecmp(name, governor->name, THERMAL_NAME_LENGTH)) {
            int ret;
            ret = thermal_set_governor(pos, governor);
            if (ret)
                dev_err(&pos->device, "Failed to set governor %s for thermal zone %s:
                    %d\n", governor->name, pos->type, ret);
        }
    }
    mutex_unlock(&thermal_list_lock);
    mutex_unlock(&thermal_governor_lock);
    return err;
}
```

（3）thermal_unregister_governors

把 governors 与对应的 zone_device 解除绑定关系。

该函数没有返回值。

具体实现代码段如下所示：

```
void thermal_unregister_governor(struct thermal_governor *governor)
{
    struct thermal_zone_device *pos;
    if (!governor)
        return;
    mutex_lock(&thermal_governor_lock);
    if (!__find_governor(governor->name))
        goto exit;
    mutex_lock(&thermal_list_lock);
    list_for_each_entry(pos, &thermal_tz_list, node) {
        if (!strncasecmp(pos->governor->name, governor->name, THERMAL_NAME_LENGTH))
            thermal_set_governor(pos, NULL);
    }
    mutex_unlock(&thermal_list_lock);
    list_del(&governor->governor_list);
exit:
    mutex_unlock(&thermal_governor_lock);
}
static void __init thermal_unregister_governors(void)
{
    struct thermal_governor **governor;
    for_each_governor_table(governor)
        thermal_unregister_governor(*governor);
}
```

9.1.6　关于 critical 事件和非 critical 事件的处理流程

在温控中关于 critical 事件的处理通常是复位系统。critical 事件与非 critical 事件的处理流程的区别：critical 事件通常会复位整个系统，而非 critical 事件则会按照设定的算法进行温度的控制调节。无论是处理 critical 事件还是非 critical 事件，如果处理完调用函数后返回到 handle_thermal_trip 函数中，则该函数会继续调用 monitor_thermal_zone 来监控温度，如图 9-4 所示。

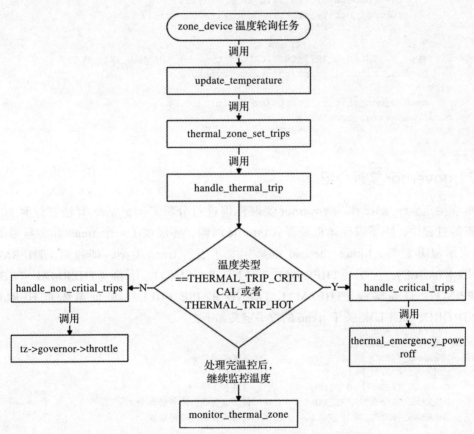

图 9-4　critical 事件和非 critical 事件的处理流程

相关实现代码段如下所示：

```
static void handle_thermal_trip(struct thermal_zone_device *tz, int trip)
{
    enum thermal_trip_type type;
    int trip_temp, hyst = 0;
    if (test_bit(trip, &tz->trips_disabled))
        return;

    tz->ops->get_trip_temp(tz, trip, &trip_temp);
```

```
        tz->ops->get_trip_type(tz, trip, &type);
        if (tz->ops->get_trip_hyst)
            tz->ops->get_trip_hyst(tz, trip, &hyst);

        if (tz->last_temperature != THERMAL_TEMP_INVALID) {
            if (tz->last_temperature < trip_temp &&
                tz->temperature >= trip_temp)
                thermal_notify_tz_trip_up(tz->id, trip);
            if (tz->last_temperature >= trip_temp &&
                tz->temperature < (trip_temp - hyst))
                thermal_notify_tz_trip_down(tz->id, trip);
        }

        if (type == THERMAL_TRIP_CRITICAL || type == THERMAL_TRIP_HOT)
            handle_critical_trips(tz, trip, type);
        else
            handle_non_critical_trips(tz, trip);
        monitor_thermal_zone(tz);
    }
```

9.1.7 governor 实现介绍

本节挑选 step_wise 作为 governor 实现样例进行分析。step_wise 算法在计算目标冷却状态的过程中，除了需要知道是否有 throttle 回调，还添加了一个 trend 作为参考条件。trend 表示温升趋势，Linux Thermal 框架定义了五种 trend 类型，即稳定（THERMAL_TREND_STABLE）、上升（THERMAL_TREND_RAISING）、下降（THERMAL_TREND_DROPPING）、最高温线（THERMAL_TREND_RAISE_FULL）、最低温线（THERMAL_TREND_DROP_FULL）。关于 trend 的枚举定义如下：

```
enum thermal_trend {
    THERMAL_TREND_STABLE,          /* 温度是稳定的 */
    THERMAL_TREND_RAISING,         /* 温度在上升 */
    THERMAL_TREND_DROPPING,        /* 温度在下降 */
    THERMAL_TREND_RAISE_FULL,      /* 请求最高级的冷却动作 */
    THERMAL_TREND_DROP_FULL,       /* 请求最低级的冷却动作 */
};
```

step_wise governor 对于 cooling_state 的策略如下。

1. 当前温度大于当前 trip point 时

1）如果趋势是 THERMAL_TREND_RAISING，那就选择比当前 trip point 高一级的 cooling_state 作为目标状态进行调整。

2）如果趋势是 THERMAL_TREND_DROPPING，什么也不做。

3）如果趋势是 THERMAL_TREND_RAISE_FULL，表示温度已经升到最高了，使用 instance->upper 作为目标状态。

4）如果趋势是 THERMAL_TREND_DROP_FULL，表示温度已经降到最低状态了，使用 instance->lower 作为目标状态。

2. 当前温度小于当前 trip point 时

1）如果趋势是 THERMAL_TREND_RAISING，什么也不用做。

2）如果趋势是 THERMAL_TREND_DROPPING，使用当前状态的下一级作为目标状态，如果已经是最低状态了，那么关闭 thermal_instance 。

3）如果趋势是 THERMAL_TREND_RAISE_FULL，什么也不做。

4）如果趋势是 THERMAL_TREND_DROP_FULL，使用低一个级别的状态作为目标状态，如果当前状态已经是最低级别了，那么关闭 thermal_instance。

step_wise governor 是指每个轮询周期逐级提高冷却状态，是一种相对温和的温控策略。其执行流程如图 9-5 所示。

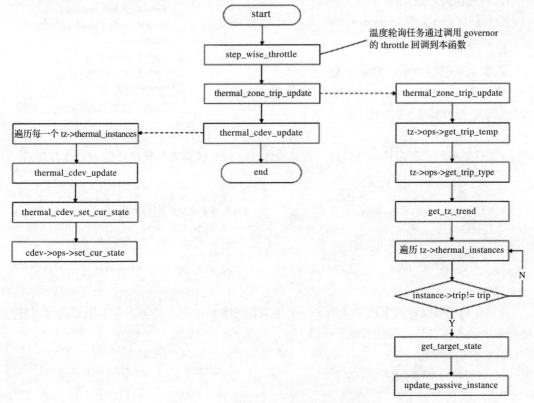

图 9-5　step_wise governor 执行流程

9.2　实现自己的 thermal 框架

在本节，我们从数据结构设计、函数设计等角度入手来实现自研的 thermal 框架。

9.2.1 动手前的思考

通过学习 9.1 节，我们基本了解了 thermal 框架的基本工作机制。在实际的场景中，不同的平台或者操作系统可能各有差异，我们可以采用类似的思想，实现一套更加简洁的机制来做定制化实现，同时也避免了开源的风险，那么具体需要怎么做呢？梳理之后，我们从以下几个角度入手：

1）我们需要一个 zone_device 的驱动，该驱动提供获取温度的接口函数。

2）我们还需要一个 cooling_device 的驱动，给 governor 提供温控的接口函数。

3）我们还需要一个 governor，用于根据获取到的温度，来计算不同的策略，然后调用 cooling_device 提供的接口函数来做相应的调整。

9.2.2 设计与实现

1. 首先创建对应文件

分别创建 core 文件、governor 文件、sensor 文件、cooling 文件，如图 9-6 所示。

2. 实现自己的 zone_device 驱动

我们以 thermal_sensor.c 为例，该文件保存的是传感器的驱动，负责获取 CPU 温度数据。

图 9-6 自研 thermal 对应文件

（1）数据类型设计

1）首先我们需要设计一个回调函数结构体，字段具体含义如代码片段中的注释所示：

```
struct zone_device_ops_s {
int (*get_temperature)(void);          //获取当前的温度
int (*get_temp_state)(void);           //根据温度获取当前的状态（cold/normal/hot/
                                         critical）
int (*get_trend)(void);                //获取温度趋势
void (*monitor_func)(void *data);      //监控任务
void (*critical)(struct zone_device_s *);  //当系统温度异常时采取的措施
};
```

2）我们还要设计两个枚举类型，一个用来标明当前的温升趋势，一个用来表示当前温度处于的状态。设计实现代码如下所示：

```
enum {
    THERMAL_TREND_RAISING,
    THERMAL_TREND_DROPPING,
    THERMAL_TREND_STABLE
};
enum {
    THERMAL_COLD,
    THERMAL_NORMAL,
    THERMAL_HOT,
    THERMAL_CRITICAL
};
```

3）我们还需要设计一个 zone_device 结构体，作为 zone device 的控制类型。主要成员变量的含义见代码中注释。相关设计实现代码如下所示：

```
struct zone_device_s {
char* zdev_name;
char* governor_name;                    //zone_device匹配对应的governor
struct zone_device_ops_s *ops;          //记录ops
list_head cooling_device_list_head;      //记录可以给该设备进行温度控制的cooling_device
list_head governor_list_head;            //记录对应的governor
list_head list;
volatile int monitor_time_ms;           //任务中监控温度时间间隔，以ms为单位
int last_temperature;
int trend;
};
```

4）数据结构设计好之后，我们需要定义一个变量，来作为操作驱动的一个对象。

```
struct zone_device_s g_sensor_zone_device;
```

（2）函数设计

函数设计包括获取当前温度、获取当前状态、获取温升趋势、初始化等函数设计，实现伪码如下所示：

```
static int get_sensor_cur_temperature(void) {
    int temp;
    temp = readl(temp_register_addr);
    temp = CHANGE_TEMP(temp) ;      //CHANGE_TEMP()函数由各个平台自己定义实现，把寄存器读
                                       出来的温度转换为参考温度
    return temp;
}
static int get_sensor_cure_state(void) {
    int temp;
    int state;
    temp =  get_sensor_cur_temperature();
    state = CHANGE_TO_STATE(temp);          //CHANGE_TO_STATE()函数把获取到的温度匹配到
                                               当前的状态区间，并返回该状态
    return state;
}
static int get_sensor_trend(void) {
    int temp;
    temp = get_sensor_cur_temperature();
    if(temp > g_sensor_zone_device.last_temperature){
        g_sensor_zone_device.last_temperature = temp;
        return THERMAL_TREND_RAISING;
    }
    if(temp < g_sensor_zone_device.last_temperature){
        g_sensor_zone_device.last_temperature = temp;
        return THERMAL_TREND_DROPPING;
    }
    else
```

```
                return THERMAL_TREND_STABLE;
    }
    static struct zone_device_ops_s sensor_ops = {
        . get_temperture = get_sensor_cur_temperature;
        . get_temp_state = get_sensor_ cure_state;
        . get_trend = get_sensor_trend;
    };
    static int sensor_init(void ) {
        //初始化g_sensor_zone_device;
        g_sensor_zone_device.ops = &sensor_ops;
        zone_device_register(&g_sensor_zone_device)。
    }
```

3. 实现自己的 cooling_device 驱动

（1）数据类型设计

数据类型设计包括回调函数结构体设计、cooling_device 结构体设计、全局变量 g_cooling_device 设计等。相关设计实现代码段如下所示：

```
#define MAX_STATE 5
struct freq_voltage_map {
    int freq;
    int v;
};
struct cooling_device_ops_s {
    int (*set_state)(int state);        //设置目标档位的索引
    int (*get_state)(void);             //获取当前档位
    int (*get_max_state);               //获取支持的最大档位
};
struct cooling_device_s {
char* cdev_name;
struct cooling_device_ops_s *ops;       //记录ops
list_head list;
int cur_state;
int max_state;
struct freq_voltage_map table[MAX_STATE]; //假设有MAX_STATE个档位，样例中MAX_STATE为5
};
    struct cooling_device_s g_cooling_device;
```

（2）函数设计

函数设计包括获取状态接口函数、设置状态接口函数、初始化接口函数等设计，相关设计实现伪代码段如下所示：

```
    static int get_freq_of_state(int state) {
        return g_cooling_device. voltage_map[state].freq;
    }
    static int cooling_device_get_state(void) {
        return g_cooling_device. cur_state ;
    }
    static int cooling_device_set_state(int state) {
```

```
    if(state  ==  g_cooling_device.cur_state)
        return 0;
    freq = get_freq_of_state(state);
    g_cooling_device.cur_state = state;
    dvfs_set_freq( g_cooling_device, freq);      //此处dvfs_set_freq仅为示意，表示要调
                                                 用调频模块的接口函数来设置工作目标频率

    return 0;
}
static int cooling_device_get_max_state(void){
    g_cooling_device.max_state = MAX_STATE - 1;
}
static struct cooling_device_ops_s ops = {
    .set_state = cooling_device_get_state;
    .get_state = cooling_device_set_state;
    .get_max_state = cooling_device_get_max_state;
};
static  int cooling_device_init(){
    g_cooling_device. voltage_map[1…. MAX_STATE]赋值初始化；
    g_cooling_device.ops = & ops;
    cooling_device_register(&g_cooling_device);
}
```

4. 实现自己的 step_wise 功能

（1）数据类型设计

主要涉及的结构体为 governor 结构体，相关定义如下：

```
strcut thermal_governor_s{
    int (*throttle)( zone_device_s *tz, int trip);
    char name[THERMAL_NAME_LENGTH];
    struct list_head   governor_list;
}
```

throttle 为温度控制入口函数指针；governor_list 为 governor 链表的维护变量，可以方便地加入和删除对应链表。

（2）函数设计

函数设计包括获取状态接口函数、设置状态接口函数、初始化接口函数等设计，相关设计实现伪代码段如下所示：

```
static int step_wise_throttle(struct zone_device_s *tz) {
    int tz_state;
    int cdev_state;
    int trend;
    …
    tz_state = tz->get_temp_state();
    cdev = GET_CDEV(tz->cooling_device_list_head); /*获取与tz绑定的冷却设备*/
    switch(tz_state) {
        case THERMAL_COLD:
            cdev_state = cdev-> get_max_state();
            cdev->set_state(cdev_state);
            break;
        case THERMAL_NORMAL:
```

```
            /*do nothing*/
            break;
    case THERMAL_HOT:
            trend = tz->ops->get_trend();
            if(trend == THERMAL_TREND_RAISING ) {
                cdev_state = cdev->get_state();
                cdev->set_state(cdev_state);
                DECREASE_MONITOR(tz->monitor_time_ms);  /*同步提升温度监控频率*/
            }
            break;
    case THERMAL_CRITICAL: /*当为critical时，逻辑实现上不会调用throttle，且在调用throttle
                            之前已经复位系统*/
            break;
    default : break;
    }
    return 0;
}
strcut thermal_governor_s thermal_gov_step_wise = {
    .name          = "step_wise",
    .throttle    = step_wise_throttle,
};
static int step_wise_init(void) {
    governor_register(&thermal_gov_step_wise);
}
```

（3）工作流程图

在我们自研的 step_wise 实现中，关于 critical 事件，由于所有温控算法的处理逻辑通常是一致的，即复位系统，因此会放到温度监控任务中统一处理。自研 step_wise 处理逻辑如图 9-7 所示。

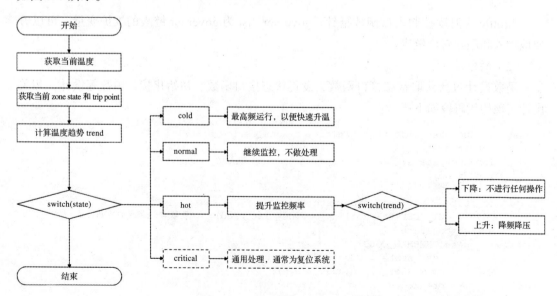

图 9-7　自研 step_wise 处理逻辑

5. 实现自己的 thermal_core 功能

thermal_core 的主要功能是把 cooling_device、zone_device、governor 关联起来。接下来我们来对 thermal_core 部分进行设计与实现。

（1）变量设计

1）需要定义一个 g_cooling_dev_list 来记录注册的 cooling_device。

2）需要定义一个 g_zone_dev_list 来记录注册的 zone_device。

3）需要定义一个 g_governor_list 来记录注册的 governor。

```
LIST_HEAD (g_cooling_dev_list);
LIST_HEAD (g_zone_dev_list);
LIST_HEAD (g_governor_list);
```

（2）函数设计

1）cooling_device_register 与 cooling_device_unregister。cooling_device_register 为 cooling device 相关注册函数，其入参表示要注册的 cooling_device。cooling_device_unregister 为 cooling_device 相关去注册函数，其入参表示要去注册的 cooling_device。

这两个函数执行成功时都会返回 0，如果返回其他值则表示失败。

相关设计实现伪代码段如下所示：

```
int cooling_device_register(struct cooling_device_s *cdev)
{
    list_add_tail(&g_cooling_dev_list, &cdev->list);
    BIND_TO_ZDEV(cdev);     /*BIND_TO_ZDEV把cdev绑定到对应的zone_device上,具体由使用者实现*/
}
int cooling_device_unregister(struct cooling_device_s *cdev)
{
    list_del_init(cdev->list);
    UNBIND_FROM_ZDEV(cdev); /*UNBIND_FROM_ZDEV表示与关联的zone_device解除绑定关系,具体由
                            使用者实现*/
    return 0;
}
```

2）zone_device_register 与 zone_device_unregister。zone_device_register 为 zone_device 相关注册函数，入参表示要注册的 zone_device。zone_device_unregister 为 zone_device 相关去注册函数，入参表示要去注册的 zone_device。

这两个函数执行成功时都会返回 0，其他值表示失败。

相关设计实现代码段如下所示：

```
int zone_device_register(struct zone_device_s *zdev)
{
    list_add_tail(&g_zone_dev_list, &zdev->list);
    BIND_TO_CDEV(zdev);     /*BIND_TO_CDEV 表示绑定zdev与cdev,具体由使用者实现*/
    BIND_TO_GOV(zdev);      /*BIND_TO_GOV 表示绑定zdev与governor,具体由使用者实现*/
    create_task(...,temperature_update_func); /*创建温度监控任务,任务函数为temperature_
                                              update_func*/
```

```
    cdev-> critical=temperature_critical();
    ...
    return 0;
}
int zone_device_unregister(struct zone_device_s *zdev)
{
    list_del_init(&zdev->list);
    UNBIND_FROM_CDEV(zdev);/*UNBIND_FROM_CDEV表示与绑定的cdev解除绑定关系, 从彼此的关联链
                            表中删除, 具体由使用者实现*/
    UNBIND_FROM_GOV(zdev);/*UNBIND_FROM_GOV表示与绑定的governor解除绑定关系, 从彼此的关
                          联链表中删除, 具体由使用者实现*/
    return 0;
}
```

3）governor_register 与 governor_unregister。governor_register 为 governor 相关注册函数，其入参表示要注册的 governor。governor_unregister 为 governor 相关去注册函数，其入参表示要去注册的 governor。

这两个函数执行成功时都会返回 0，如果返回其他值则表示失败。

相关设计实现伪代码段如下所示：

```
int governor_register(strcut thermal_governor_s *gov)
{
    list_add_tail(&g_governor_list, &gov->governor_list);
    BIND_TO_ZDEV(gov);      /*BIND_TO_ZDEV表示要去绑定到zdev上, 具体由使用者实现, 实现时要
                            遍历注册的g_zone_dev_list, 匹配到需要使用该governor的zdev,
                            并挂接到zdev的governor_list_head上*/
    return 0;
}
int governor_unregister(strcut thermal_governor_s *gov)
{
    list_del_init(&gov->governor_list);
    UNBIND_FROM_ZDEV(gov); /* UNBIND_FROM_ZDEV表示要找到与其关联的zone_device并解除两者的
                            绑定关系, 具体由使用者实现*/
    return 0;
}
```

4）temperature_update_func。温度查询和更新相关函数，入参 zdev 表示要查询和更新温度状态的设备。该函数无返回值。

相关设计实现伪代码段如下所示：

```
static void temperature_update_func(struct zone_device_s *zdev) {
    int state;
    strcut thermal_governor_s *gov;
    ...
    state = zdev->ops->get_temp_state();
    if(state == THERMAL_CRITICAL )
        return zdev->ops->critical(zdev);        //如果温度过高则直接复位系统
    gov = GET_ZDEV_GOVERNOR(zdev);               //获取zdev的governor
    gov->throttle(zdev);                         //触发温控回调函数执行
    ...
}
```

5）temperature_critical。高温相关函数设计，在超过高温阈值时调用，负责复位系统。入参 zdev 表示高温的设备。该函数无返回值。

相关设计实现如下所示：

```
static void temperature_critical(struct zone_device_s *zdev) {
    …;                    //可以补充相关维测等记录信息
    system_reset();       //system_reset()仅为示意，表示要复位系统
}
```

9.3　本章小结

在本章，我们学习了内核中 thermal 的实现机制，并对其数据结构和主要函数进行了分析。thermal_core 是这个框架的核心，它把 zone_device、cooling_device 和 governor 关联到了一起，这三部分配合共同实现了温度控制的功能，这种分层抽象的思想是我们应该学习的。在 9.2 节我们采用同样的思想实现了我们自己的 thermal 框架，只是实现的功能并不完整，大家在使用时需要自行对功能进行扩充、调试以及添加维测功能。

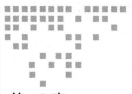

Chapter 10 第 10 章

CPU Hotplug 框架设计与实现

CPU Hotplug 是一个对 CPU 进行插拔的机制，通常情况下，是否对 CPU 进行插拔的策略是由用户态来做决策的，常见的决策因素包括系统负载、温度等，由于插拔核涉及任务与中断的迁移等操作，所以实际的实现动作由内核来完成。本章主要聚焦内核实现部分，在对 Linux 内核的实现机制进行剖析后，我们可以实现一套自己的 Hotplug 机制，在支持 CPU 单独供电的平台上使用。

10.1 Linux CPU Hotplug 的设计与实现

在本节，我们主要对 Linux 内核中 CPU Hotplug 的实现机制进行分析，包括架构设计概览、模块功能详解、配置信息解析、主要数据结构介绍等。

10.1.1 架构设计概览

CPU Hotplug 在低功耗软件栈中的位置如图 10-1 所示，属于非睡眠形式的动态功耗控制方式。

10.1.2 模块功能详解

CPU Hotplug 是内核为了支持 SMP 系统中 CPU 的动态插拔而引入的一套机制，该机制可以对 CPU 进行插拔动作以降低功耗。

下面介绍 Hotplug 可能会用上的一些术语。

❑ boot CPU：在多核系统中，通常就是 CPU0，负责启动相关的处理流程。

❑ secondary CPU：除了 boot CPU 之外的其他 CPU。

❑ cpu_online_mask：所有当前 online 的 CPU 的位图，当一个 CPU 可以参与系统调度以及响应外设中断后，调用 __cpu_up() 可以把对应 CPU 的 bit 位置位。调用 __cpu_disable() 接口可以把 CPU 对应 bit 位清零，但是之后需要把这个 CPU 上的服务和中断全部迁移到其他 online 的 CPU 上。

❑ cpu_present_mask：当前呈现在系统中的 CPU 的位图，online CPU 只是其子集。

❑ cpu_possible_mask：当前系统中物理存在的 CPU 的位图，在启动时就已经确定，表示在系统启动后的运行期间可以随时插入调度的 CPU。

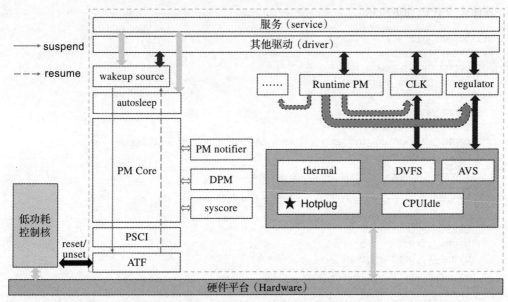

图 10-1 CPU Hotplug 在低功耗软件栈中的位置

它们之间的关系和差别总结如下。

❑ cpu_possible_mask：记录那些可以被使用的 CPU 集合。

❑ cpu_present_mask：记录当前使用的 CPU 集合。

❑ cpu_online_mask：记录可以被用于调度的 CPU 集合。

❑ cpu_active_mask：记录可以被用于迁移的 CPU 集合。

如果没有使能 CONFIG_HOTPLUG_CPU 特性宏，那么 present == possible, active == online。

如果使能 CONFIG_HOTPLUG_CPU 特性宏，那么 cpu_possible_mask 将会把 NR_CPUS 对应的 bitmap 全部置位。

10.1.3 配置信息解析

1）该功能受宏 CONFIG_HOTPLUG_CPU 控制，如果使能该功能，需要打开 CONFIG_

HOTPLUG_CPU。

2）相关实现在 kernel/cpu.c 中，相关函数声明在以下文件（包括但不限于）中：linux/cpu.h、linux/smp.h、linux/cpumask.h、linux/cpuhotplug.h 等。

10.1.4 主要数据结构介绍

1. cpuhp_state 枚举

该枚举定义 Hotplug 的状态，每次 plugin 和 plugout 都会按顺序遍历执行每一个状态对应的 startup 和 teardown 回调。

具体定义代码如下所示：

```
enum cpuhp_state {
    CPUHP_INVALID = -1,
    CPUHP_OFFLINE = 0,
    CPUHP_CREATE_THREADS,
    ...
    CPUHP_MIPS_SOC_PREPARE,
    CPUHP_BP_PREPARE_DYN,
    CPUHP_BP_PREPARE_DYN_END = CPUHP_BP_PREPARE_DYN + 20,
    CPUHP_BRINGUP_CPU,
    CPUHP_AP_IDLE_DEAD,
    CPUHP_AP_OFFLINE,
    CPUHP_AP_SCHED_STARTING,
    ...
    CPUHP_AP_ONLINE,
    CPUHP_TEARDOWN_CPU,
    CPUHP_AP_ONLINE_IDLE,
    CPUHP_AP_SMPBOOT_THREADS,
    ...
    CPUHP_AP_ACTIVE,
    CPUHP_ONLINE,
};
```

2. cpuhp_hp_states 数组

该数组记录了每个状态上对应的回调函数。每添加一个状态，都要指定对应的 startup 或者 teardown 回调函数，用于在 CPU 的 plugin 和 plugout 时做相应处理。

具体实现代码段如下所示：

```
static struct cpuhp_step cpuhp_hp_states[] = {
    [CPUHP_OFFLINE] = {
        .name            = "offline",
        .startup.single  = NULL,
        .teardown.single = NULL,
    },
#ifdef CONFIG_SMP
    [CPUHP_CREATE_THREADS]= {
```

```
        .name           = "threads:prepare",
        .startup.single = smpboot_create_threads,
        .teardown.single = NULL,
        .cant_stop      = true,
    },
    ...
    /* 将插入的CPU激活 */
    [CPUHP_BRINGUP_CPU] = {
        .name           = "cpu:bringup",
        .startup.single = bringup_cpu,
        .teardown.single = finish_cpu,
        .cant_stop      = true,
    },
    /* 在CPU杀掉自己之前的最后一个状态 */
    [CPUHP_AP_IDLE_DEAD] = {
        .name                   = "idle:dead",
    },
    [CPUHP_AP_OFFLINE] = {
        .name       = "ap:offline",
        .cant_stop= true,
    },
    /* 第一个状态是调度器控制，中断是被去使能的*/
    [CPUHP_AP_SCHED_STARTING] = {
        .name           = "sched:starting",
        .startup.single = sched_cpu_starting,
        .teardown.single = sched_cpu_dying,
    },
        ...
    /*
     *在控制处理器上处理，直到要插入的处理器能自己处理
     */
    [CPUHP_TEARDOWN_CPU] = {
        .name           = "cpu:teardown",
        .startup.single = NULL,
        .teardown.single = takedown_cpu,
        .cant_stop      = true,
    },
    ...
    /*
     * 动态注册的状态
     */
#ifdef CONFIG_SMP
    [CPUHP_AP_ACTIVE] = {
        .name           = "sched:active",
        .startup.single = sched_cpu_activate,
        .teardown.single = sched_cpu_deactivate,
    },
#endif
    /* CPU已经完全启动并运行 */
    [CPUHP_ONLINE] = {
        .name           = "online",
```

```
        .startup.single   = NULL,
        .teardown.single  = NULL,
    },
};
```

10.1.5 如何使用 CPU Hotplug

配置是通过 sysfs 的接口来控制的：

```
$ ls -lh /sys/devices/system/cpu
total 0
drwxr-xr-x  9 root root    0 Dec 25 10:21 cpu0
drwxr-xr-x  9 root root    0 Dec 25 10:21 cpu1
drwxr-xr-x  9 root root    0 Dec 25 10:21 cpu2
drwxr-xr-x  9 root root    0 Dec 25 10:21 cpu3
drwxr-xr-x  9 root root    0 Dec 25 10:21 cpu4
drwxr-xr-x  9 root root    0 Dec 25 10:21 cpu5
drwxr-xr-x  9 root root    0 Dec 25 10:21 cpu6
drwxr-xr-x  9 root root    0 Dec 25 10:21 cpu7
drwxr-xr-x  2 root root    0 Dec 25 10:21 hotplug
-r--r--r--  1 root root 4.0K Dec 25 10:21 offline
-r--r--r--  1 root root 4.0K Dec 25 10:21 online
-r--r--r--  1 root root 4.0K Dec 25 10:21 possible
-r--r--r--  1 root root 4.0K Dec 25 10:21 present
```

offline、online、possible、present 代表 CPU 掩码，每一个 CPU 的目录都包括 online 文件来控制 CPU 的开关状态，比如我想关闭 CPU1，可以这样操作：

```
$ echo 0 > /sys/devices/system/cpu/cpu1/online
smpboot: CPU 1 is now offline
```

一旦一个 CPU 被关闭，那么它将会被从 /proc/interrupts 与 /proc/cpuinfo 中移除，而且 TOP 命令也看不到这个 CPU，如果想要把 CPU1 重新加入系统中，我们可以这样操作：

```
$ echo 1 > /sys/devices/system/cpu/cpu1/online
smpboot: Booting Node 0 Processor 1 APIC 0x1
```

当一个 CPU 从逻辑上被关闭时，Hotplug 相关的所有状态所注册的 teardown 回调函数将会被顺序调用执行，从 CPUHP_ONLINE 开始，包括：

1）任务如果因为 suspend 操作而被冻结，cpuhp_tasks_frozen 将会被置为 true。

2）所有的进程将会被从要拔掉的 CPU 上迁移到一个新的 CPU 上，这个新的 CPU 一定是从 online CPU 中选出的。

3）所有绑定到本 CPU 的中断要迁移到新的 CPU 上。

4）一旦所有的服务都成功迁移，内核将会调用平台相关的 __cpu_disable() 函数来执行与平台相关的一些特定操作，还包括最后的 cache 刷新、tlb 刷新等动作。

10.1.6　CPU Hotplug 状态机

CPU Hotplug 使用了一个状态机来做运行控制，该状态机有一个从 CPUHP_OFFLINE 到 CPUHP_ONLINE 的线性空间。每一个状态都有一个 startup 回调函数和一个 teardown 回调函数。

当一个 CPU 接下来要被置为 online 时，那么 Hotplug 框架中从当前状态一直到 CPUHP_ONLINE 状态为止的所有状态的 startup 回调函数都会被遍历调用执行。

当一个 CPU 接下来要被置为 offline 时，那么 Hotplug 框架中从当前状态一直到 CPUHP_OFFLINE 状态的 teardown 回调函数都会被遍历调用执行，顺序与 online 操作相反。

每一个状态的 startup 回调函数和 teardown 回调函数并不是一定要实现的，任何一个都可以置为 NULL。

状态空间被分为 3 个阶段。

1. PREPARE 阶段

这一阶段涵盖的状态空间是从 CPUHP_OFFLINE 到 CPUHP_BRINGUP_CPU。这些状态的 startup 回调函数都是在 CPU 开始运行之前被调用执行的，对应的 teardown 回调函数是在 CPU 已经不再具有任何功能的阶段被调用执行。这个阶段的回调都是在控制 CPU 上被执行的，因为此时热插拔的 CPU 还不能正常运行。

startup 回调函数通常用于申请 CPU 运行必需的资源，而 teardown 回调函数则通常用于释放资源，或者在被拔掉的 CPU 不再具有运行功能后把挂起的 work 任务转移到其他 online CPU 上。

startup 回调函数是允许失败的，如果回调函数执行失败，那么 online 操作将被终止，CPU 会重新返回到之前的状态（通常是 CPUHP_OFFLINE 状态）。这一阶段的 teardown 回调函数不允许失败。

2. STARTING 阶段

这一阶段涵盖的状态空间是从 CPUHP_BRINGUP_CPU + 1 到 CPUHP_AP_ONLINE。

这一阶段状态的 startup 回调函数是在被插入的 CPU 的中断屏蔽状态下执行的（中断还未使能），注意是在要被插入的 CPU 上运行的。teardown 回调函数同样也是在中断屏蔽的上下文中执行（此时 offline 阶段已经去使能了中断）。这一阶段的回调函数都不允许失败，通常用于硬件初始化或者关闭。

3. ONLINE 阶段

这一阶段涵盖的状态空间是从 CPUHP_AP_ONLINE + 1 到 CPUHP_ONLINE。

这一阶段状态的 startup 回调函数和 teardown 回调函数同样也都是在要插拔的 CPU 上运行的，只是一个对应 online 流程，一个对应 offline 流程。所有的回调函数都是在任务上下文中执行的，运行这些回调的线程是绑定到每个 CPU 上的线程，这个时候可以响应中断，同时也使能了抢占功能。

这一阶段的回调也允许失败，失败后返回到上一个状态中。

图 10-2 是 Hotplug 三个状态的顺序关系。

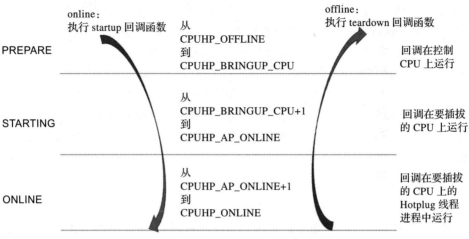

图 10-2　Hotplug 三个状态的顺序关系

10.1.7　CPU online/offline 运行流程示意

一个成功的 online 运行流程如下：

```
[CPUHP_OFFLINE]
[CPUHP_OFFLINE + 1]->startup()    -> success
[CPUHP_OFFLINE + 2]->startup()    -> success
[CPUHP_OFFLINE + 3]               -> skipped because startup == NULL
...
[CPUHP_BRINGUP_CPU]->startup()    -> success
=== End of PREPARE section
[CPUHP_BRINGUP_CPU + 1]->startup()-> success
...
[CPUHP_AP_ONLINE]->startup()      -> success
=== End of STARTUP section
[CPUHP_AP_ONLINE + 1]->startup() -> success
...
[CPUHP_ONLINE - 1]->startup()     -> success
[CPUHP_ONLINE]
```

一个成功的 offline 运行流程如下：

```
[CPUHP_ONLINE]
[CPUHP_ONLINE - 1]->teardown()    -> success
...
[CPUHP_AP_ONLINE + 1]->teardown()-> success
=== Start of STARTUP section
[CPUHP_AP_ONLINE]->teardown()     -> success
...
[CPUHP_BRINGUP_ONLINE - 1]->teardown()
```

```
...
=== Start of PREPARE section
[CPUHP_BRINGUP_CPU]->teardown()
[CPUHP_OFFLINE + 3]->teardown()
[CPUHP_OFFLINE + 2]                    -> skipped because teardown == NULL
[CPUHP_OFFLINE + 1]->teardown()
[CPUHP_OFFLINE]
```

一个失败的 online 运行流程如下：

```
[CPUHP_OFFLINE]
[CPUHP_OFFLINE + 1]->startup()   -> success
[CPUHP_OFFLINE + 2]->startup()   -> success
[CPUHP_OFFLINE + 3]              -> skipped because startup == NULL
...
[CPUHP_BRINGUP_CPU]->startup()   -> success
=== End of PREPARE section
[CPUHP_BRINGUP_CPU + 1]->startup()-> success
...
[CPUHP_AP_ONLINE]->startup()       -> success
=== End of STARTUP section
[CPUHP_AP_ONLINE + 1]->startup() -> success
...
[CPUHP_AP_ONLINE + N]->startup() -> fail
[CPUHP_AP_ONLINE + (N - 1)]->teardown()
...
[CPUHP_AP_ONLINE + 1]->teardown()
=== Start of STARTUP section
[CPUHP_AP_ONLINE]->teardown()
...
[CPUHP_BRINGUP_ONLINE - 1]->teardown()
...
=== Start of PREPARE section
[CPUHP_BRINGUP_CPU]->teardown()
[CPUHP_OFFLINE + 3]->teardown()
[CPUHP_OFFLINE + 2]                    -> skipped because teardown == NULL
[CPUHP_OFFLINE + 1]->teardown()
[CPUHP_OFFLINE]
```

一个失败的 offline 运行流程如下：

```
[CPUHP_ONLINE]
[CPUHP_ONLINE - 1]->teardown()   -> success
...
[CPUHP_ONLINE - N]->teardown()    -> fail
[CPUHP_ONLINE - (N - 1)]->startup()
...
[CPUHP_ONLINE - 1]->startup()
[CPUHP_ONLINE]
```

在遵循上述处理规则的情况下，如果出现递归失败就不能很好地处理了：

```
[CPUHP_ONLINE]
[CPUHP_ONLINE - 1]->teardown()   -> success
```

```
...
[CPUHP_ONLINE - N]->teardown()    -> fail
[CPUHP_ONLINE - (N - 1)]->startup()-> success
[CPUHP_ONLINE - (N - 2)]->startup()-> fail
```

CPU Hotplug 状态机将会停在这里并且不会再尝试回滚操作，因为此时状态将处于一个死循环的场景：

```
[CPUHP_ONLINE - (N - 1)]->teardown() -> success
[CPUHP_ONLINE - N]->teardown()       -> fail
[CPUHP_ONLINE - (N - 1)]->startup()  -> success
[CPUHP_ONLINE - (N - 2)]->startup()  -> fail
[CPUHP_ONLINE - (N - 1)]->teardown() -> success
[CPUHP_ONLINE - N]->teardown()       -> fail
```

在这种场景下，CPU 将停在如下状态：

```
[CPUHP_ONLINE - (N - 1)]
```

这样至少可以给开发者留下定位问题的现场并解决这个问题。

10.1.8　state 申请及使用

内核支持两种 Hotplug state 申请方式：

1）**静态申请**。当一个子系统或者驱动程序需要在 Hotplug 中加一个有序的状态机时，可以使用静态申请方式，可以在 /linux/cpuhotplug.h 的 cpuhp_state 枚举类型中静态添加。

2）**动态申请**。当需要的 Hotplug 不要求有序时，可以通过调用函数来动态申请，注意只有 PREPARE 和 ONLINE 这两个阶段的状态才允许动态申请。

Hotplug 状态的 set up/removal 相关函数介绍如下。

1）set up 接口函数：为了便于对比，我们用表格的形式来说明不同接口函数的功能，如表 10-1 所示。

表 10-1　Hotplug 状态的 set up 接口函数

接口函数	说　明
cpuhp_setup_state(state, name, startup, teardown)	不但对回调函数装载（install），还需要调用 startup 回调函数，任何当前状态大于入参 state 且状态是 online 的 CPU 都需要调用 startup 回调函数
cpuhp_setup_state_nocalls(state, name, startup, teardown)	仅对回调函数装载，没有调用回调函数
cpuhp_setup_state_cpuslocked(state, name, startup, teardown)	不但对回调函数装载，还需要调用 startup 回调函数，任何当前状态大于入参 state 且状态是 online 的 CPU 都需要调用 startup 回调函数，与 cpuhp_setup_state 的差别在于需要调用者在调用之前调用 cpus_read_lock 以防止并发
cpuhp_setup_state_nocalls_cpuslocked(state, name, startup, teardown)	仅对回调函数装载，没有调用回调函数的动作，与 cpuhp_setup_state_nocalls 的差别在于需要调用者在调用之前调用 cpus_read_lock 以防止并发

set up 接口函数的返回值说明如表 10-2 所示。

表 10-2　set up 接口函数的返回值说明

返回值	说　　明
0	静态申请的状态被成功创建
>0	动态申请的状态被成功创建，返回值为动态申请的状态编号
<0	失败

2）removal 接口函数：同样为了便于看到不同接口之间的差异，我们使用表格来对比说明，如表 10-3 所示。

表 10-3　Hotplug 状态的 remove 接口函数

接口函数	说　　明
cpuhp_remove_state(state)	删除回调函数，同时 teardown 回调函数将会在那些当前状态比要删除的状态大的 CPU 上被执行
cpuhp_remove_state_nocalls(state)	只删除回调函数，并不会执行该状态对应的回调函数
cpuhp_remove_state_nocalls_cpuslocked(state)	只删除回调函数，并不会执行该状态对应的回调函数，与 cpuhp_remove_state_nocalls 的差别在于调用者需要在调用本函数前调用 cpus_read_lock 以防止并发

10.1.9　CPU Hotplug 工作时序

在当前的系统中，CPU Hotplug 只支持 sysfs 的形式，如 10.1.5 节所述。具体的 plugin 和 plugout 的策略，并不是在内核中决定的，通常是在用户态根据实际的业务场景来做决策，比如当前的温度、CPU 负载、运行频率等，内核所做的就是提供 CPU 的插入和拔出接口。

调用完 echo 1 > /sys/devices/system/cpu/cpuX/online 命令后，继续调用 online_store 接口，CPU online 处理流程是什么呢？我们通过图 10-3 来说明。

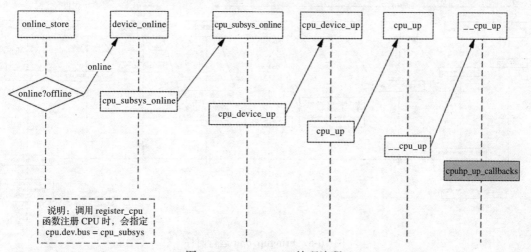

图 10-3　CPU online 处理流程

在 cpuhp_up_callbacks 中，按照 10.1.4 节所说的顺序，从当前状态开始一直遍历到状态 CPUHP_ONLINE，把每个状态的 startup 回调函数按照顺序执行一遍，并将状态存放在数组 cpuhp_hp_states 中。

如果拔掉 CPU，那么调用完 echo 0 > /sys/devices/system/cpu/cpuX/online 命令后，同样会调用 online_store 接口，CPU offline 处理流程如图 10-4 所示。

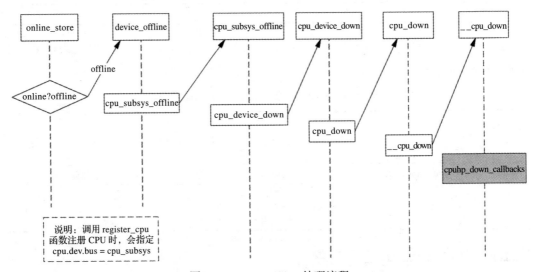

图 10-4　CPU offline 处理流程

数组 cpuhp_hp_states 中维护的状态比较多，接下来我们挑选几个比较重要的 state 回调进行分析。

状态 CPUHP_BRINGUP_CPU 的 startup 回调函数 bringup_cpu，它的运行时序如图 10-5 所示。

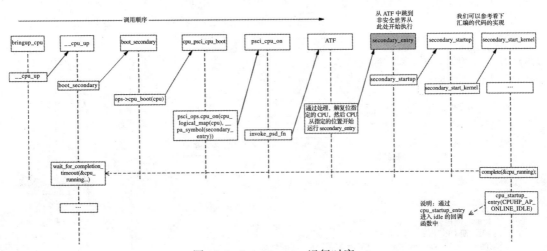

图 10-5　bringup_cpu 运行时序

实际实现中的部分代码说明如下：

```
static const struct cpu_operations *const dt_supported_cpu_ops[] __initconst = {
    &smp_spin_table_ops,
    &cpu_psci_ops,
    NULL,
};
static const struct cpu_operations * __init cpu_get_ops(const char *name)
{
    const struct cpu_operations *const *ops;
    ops = acpi_disabled ? dt_supported_cpu_ops : acpi_supported_cpu_ops;
    while (*ops) {
        if (!strcmp(name, (*ops)->name))
            return *ops;
        ops++;
    }
    return NULL;
}
const struct cpu_operations *get_cpu_ops(int cpu)
{
    return cpu_ops[cpu];
}
```

当前大部分 ARM 平台 Linux 内核运行环境都是配置为 cpu_psci_ops：

```
const struct cpu_operations cpu_psci_ops = {
    .name          = "psci",
    .cpu_init      = cpu_psci_cpu_init,
    .cpu_prepare   = cpu_psci_cpu_prepare,
    .cpu_boot      = cpu_psci_cpu_boot,
#ifdef CONFIG_HOTPLUG_CPU
    .cpu_can_disable = cpu_psci_cpu_can_disable,
    .cpu_disable   = cpu_psci_cpu_disable,
    .cpu_die       = cpu_psci_cpu_die,
    .cpu_kill      = cpu_psci_cpu_kill,
#endif
};
```

在 secondary CPU 启动的过程中，从安全世界跳转到非安全世界（Normal world）后从 secondary_entry 处开始执行，先后经历使能 MMU 等操作后，跳转到 secondary_start_kernel 继续进行模块初始化。

```
SYM_FUNC_START(secondary_entry)
    bl    el2_setup                      // Drop to EL1
    bl    set_cpu_boot_mode_flag
    b     secondary_startup
SYM_FUNC_END(secondary_entry)
SYM_FUNC_START_LOCAL(secondary_startup)
    /*
     * secondary CPU的通用入口
     */
    bl    __cpu_secondary_check52bitva
    bl    __cpu_setup                    // 初始化处理器
```

```
        adrp    x1, swapper_pg_dir
        bl      __enable_mmu
        ldr     x8, =__secondary_switched
        br      x8
SYM_FUNC_END(secondary_startup)
SYM_FUNC_START_LOCAL(__secondary_switched)
        adr_l   x5, vectors
        msr     vbar_el1, x5
        isb
        adr_l   x0, secondary_data
        ldr     x1, [x0, #CPU_BOOT_STACK]      //获取secondary_data.stack
        cbz     x1, __secondary_too_slow
        mov     sp, x1
        ldr     x2, [x0, #CPU_BOOT_TASK]
        cbz     x2, __secondary_too_slow
        msr     sp_el0, x2
        scs_load x2, x3
        mov     x29, #0
        mov     x30, #0
#ifdef CONFIG_ARM64_PTR_AUTH
        ptrauth_keys_init_cpu x2, x3, x4, x5
#endif
        b       secondary_start_kernel
SYM_FUNC_END(__secondary_switched)
```

状态 CPUHP_TEARDOWN_CPU 的 teardown 回调函数 takedown_cpu：它是在控制 CPU 上执行，而不是在要拔出的 CPU 上运行的。takedown_cpu 运行时序如图 10-6 所示。

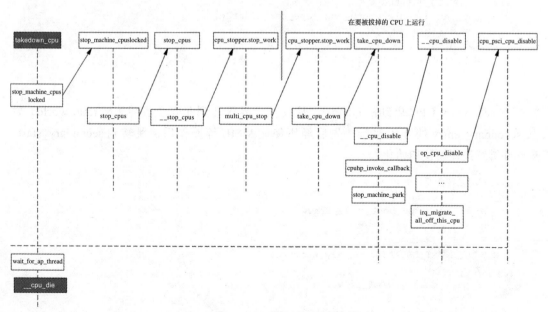

图 10-6　takedown_cpu 运行时序

从这两个时序图大家也能看到其实热插拔和 PSCI 的关联性是非常强的，最后都需要 PSCI 框架与 ATF 进行交互。PSCI 相关知识点将在第 16 章介绍。

10.2　实现自己的 Hotplug 框架

在 10.1 节我们学习了 Linux 内核的 CPU Hotplug 机制，因为当前 Linux 内核支持 SMP 架构，在代码实现中需要考虑多核处理，所以 CPU Hotplug 也不例外，除了 Hotplug 自身的处理流程外，也需要系统提供任务迁移、中断迁移等接口功能，因为这一部分是与系统的调度强相关的，所以在这里我们暂时先不对这类接口进行扩展说明，而是针对主要流程的方案进行设计与实现。

10.2.1　动手前的思考

如果我们使用的系统不是 Linux 内核，但是我们又有 CPU Hotplug 的使用需求，那么就需要自行设计一套实现机制。在开始设计自己的 CPU Hotplug 机制前，我们先梳理一下需要做的工作：

1）需要为控制核（比如 CPU0）提供调用的 cpu_up 和 cpu_down 接口，用来动态插拔 CPU，可能会涉及绑核中断、绑核任务的迁入和迁出等。

2）需要在每个 CPU 上提供本核 CPU 插拔的流程（比如拔掉时对 cache 的处理，插入时对异常向量表、堆栈的创建及 MMU 的使能等）。

3）为了让其他对 CPU Hotplug 事件敏感的模块能感知到 CPU 插拔，需要提供对应的回调注册机制。

4）还需要定义一个 CPU Hotplug 的状态枚举。

10.2.2　设计与实现

1. 数据类型定义

（1）HP_STATE 枚举

我们定义一个枚举类型，该类型表示 CPU plugin 和 plugout 时对应的不同状态，彼此之间是线性关系。CPUHP_OFFLINE 和 CPUHP_ONLINE 状态分别表示 CPU 对应的 plugout 和 plugin 的最终状态。具体设计实现代码如下所示：

```
enum HP_STATE {
    CPUHP_OFFLINE,
    CPUHP_BRINGUP,
    CPUHP_ACTIVE,
    CPUHP_ONLINE,
    CPUHP_MAX,
};
```

（2）cpuhp_step 结构体

我们再定义一个结构体，用于定义一个与每个状态都对应的回调数组。up 和 down 分别对应 CPU 在 plugin 和 plugout 过程中的对应状态的回调函数。具体设计实现代码如下所示：

```
struct cpuhp_step {
    const char      *name;
    int             (*up)(unsigned int cpu);
    int             (*down)(unsigned int cpu);
};
struct cpuhp_step g_cpuhp_cb[CPUHP_MAX] = {
    [CPUHP_OFFLINE] = {
        .name = "offline",
        .up = up_prepare,
        .down = reset_cpu,
    },
    [CPUHP_BRINGUP] = {
        .name = "bringup",
        .up = do_cpu_up,
        .down = NULL,
    },
    [CPUHP_ACTIVE] = {
        .name = "active",
        .up = NULL,
        .down = do_cpu_down,
    },
    [CPUHP_ONLINE] = {
        .name = "online",
        .up = post_up,
        .down = down_prepare,
    },
};
```

2. 时序设计

在 CPU Hotplug 的设计中，我们暂时设计 4 个状态，从 CPU_ONLINE 到 CPU_OFFLINE 的 plugout 过程主要涉及遍历 CPU_ONLINE、CPU_ACTIVE 和 CPU_OFFLINE 三个状态的 down 回调函数。plugout 运行时序如图 10-7 所示。

在 CPUn 的 plugout 过程中，主控核 CPU0 会首先调用 down_prepare(int cpu) 来做拔出 CPUn 前的准备工作，比如中断迁移、任务迁移等，然后当 CPUn 上无业务可做后，从 CPUIdle 进入 do_cpu_down 的处理流程，这部分可以与 CPUn 的睡眠流程复用，包括 cache 的冲出、MMU 的去使能等，最后陷入 WFI 循环。CPU0 等待 CPUn 进入睡眠流程的 WFI 后，对 CPUn 进行复位关钟等下电时序处理。

从 CPU_OFFLINE 到 CPU_ONLINE 的 plugin 过程主要涉及遍历 CPU_OFFLINE、CPU_BRINGUP 和 CPU_ONLINE 三个状态的 up 回调函数。plugin 运行时序如图 10-8 所示。

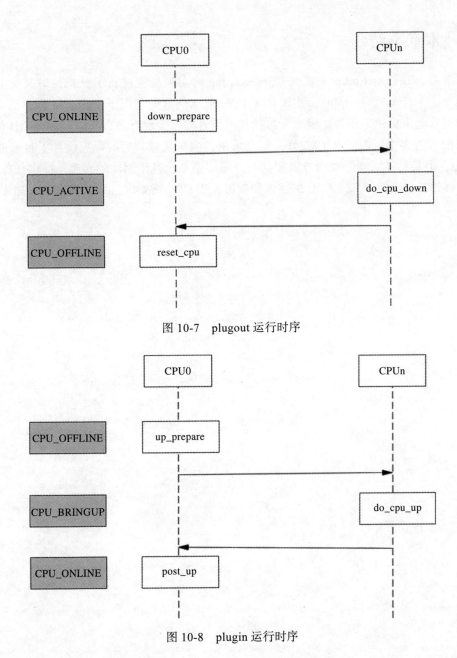

图 10-7　plugout 运行时序

图 10-8　plugin 运行时序

　　up_prepare 函数首先会配置 CPUn 的上电时序，并解复位 CPUn，此时 CPUn 开始走上电流程，从 do_cpu_up 函数中退出并进入 CPUIdle 中。CPU0 通过对 post_up 的回调监控到 CPUn 已经按照预期插入完成，会做一次同步动作以及一些插入后的平台定制化处理，具体需要结合各个平台实际的业务场景来完成业务代码。

10.3　本章小结

在本章，我们对 Linux 内核的 CPU Hotplug 的实现机制进行了分析，对其交互流程做了拆解。对于 CPU Hotplug，建议在单 CPU 独立供电的情况下使用，以节省更多的资源，否则看起来更像是作秀，因为低功耗并不是看软件实现有多么复杂或者花哨，而是注重到底能节省多少资源。在 10.2 节我们也采用与内核比较相近的思想设计了自己的 CPU Hotplug，但是具体实现需要两方面配合，一是需要系统基于调度的实现，提供任务迁移、中断迁移等接口功能，二是 CPU 的插入和拔出关于 CPU 的处理，可以与低功耗睡眠 / 唤醒复用。

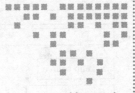

第 11 章 *Chapter 11*

CPUIdle 框架设计与实现

CPUIdle 是一种非睡眠形式的降低功耗的方式，在系统无任务需要调度，但又有组件反对睡眠的情况下，可以进入 CPUIdle 中，达到降低功耗的目的，CPUIdle 通常最终会进入 WFI 状态，只有来了中断才能退出，在 18.11 节我们有关于 WFI 的一些说明。

11.1 Linux CPUIdle 的设计与实现

在本节，我们主要聚焦 Linux 内核中 CPUIdle 的实现机制，包括架构设计概览、背景介绍、配置信息解析、设计与实现等。

11.1.1 架构设计概览

CPUIdle 在低功耗软件栈中的位置如图 11-1 所示，属于非睡眠形式的动态功耗控制方式。

11.1.2 背景介绍

在一个系统中，一个 CPU 在处理完中断或者任务调度后会有一段时间无事可做，但是这段时间可能并不满足睡眠条件（比如有组件持锁反对睡眠），此时我们希望 CPU 能够进入一个不是睡眠状态的节省消耗的状态，如可以让 CPU 不再从内存取指令，也可以让一部分功能单元停止服务并进入一个消耗较低的状态，CPUIdle 就是为此而生的。

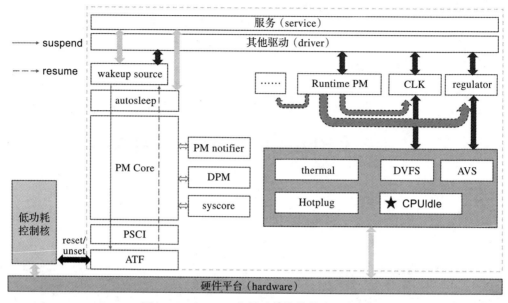

图 11-1　CPUIdle 在低功耗软件栈中的位置

　　需要指出的是，理论上可能会有不同的空闲状态可供选择，每一种状态消耗的能量有高有低，所以根据实际情况选择一个合适的空闲状态是非常有必要的，这也是 CPUIdle 的职责所在。

　　CPUIdle 是模块化设计，设计原则是避免代码重复，因此原则上不依赖于硬件，平台设计细节的通用代码是与硬件交互的代码分开的。通用代码通常分为三部分：governors，负责让 CPU 进入合适的空闲状态；drivers，负责把 governors 的选择结果传递给硬件；core，负责为它们提供通用的框架。

　　CPUIdle governors 是一套通用的框架，只要是可以运行 Linux 内核的硬件平台都可以使用。基于这个原因，它的数据结构不能依赖任何硬件架构或者与平台相关的实现细节。

11.1.3　配置信息解析

1. 目录结构

CPUIdle 的目录结构如图 11-2 所示。

这里简单介绍几个主要目录。

❑ governors 目录下存放当前支持的 governor。

❑ governor.c 实现了 governor 注册等相关接口，供 driver 调用。

❑ driver.c 提供了 driver 注册等接口，供各个 driver 实现文件调用。

❑ cpuidle.c 是 CPUIdle core 层的实现。

❑ cpuidle-xxx 是各个不同的 driver 实现。

```
coupled.c
cpuidle-arm.c
cpuidle-at91.c
cpuidle-big_little.c
cpuidle-calxeda.c
cpuidle-clps711x.c
cpuidle-cps.c
cpuidle-exynos.c
cpuidle-haltpoll.c
cpuidle-kirkwood.c
cpuidle-mvebu-v7.c
cpuidle-powernv.c
cpuidle-psci-domain.c
cpuidle-psci.c
cpuidle-psci.h
cpuidle-pseries.c
cpuidle-qcom-spm.c
cpuidle-tegra.c
cpuidle-ux500.c
cpuidle-zynq.c
cpuidle.c
cpuidle.h
driver.c
dt_idle_states.c
dt_idle_states.h
governor.c
Kconfig
Kconfig.arm
Kconfig.mips
Kconfig.powerpc
Makefile
poll_state.c
sysfs.c

governors
        haltpoll.c
        ladder.c
        Makefile
        menu.c
        teo.c
```

图 11-2　CPUIdle 目录结构

2. 控制宏

cpuidle.c\driver.c\governor.c\sysfs.c 都是必须要实现的，所以这几个文件没有受宏控制。而其他文件则需要打开对应的编译开关，比如要使能 PSCI CPUIDLE，就需要打开 CONFIG_ARM_PSCI_CPUIDLE 编译宏，如图 11-3 所示。

11.1.4　设计与实现

1. governor 设计与实现

1）全局变量，如下。

```
LIST_HEAD(cpuidle_governors);
```

该链表头负责维护所有注册进来的 governor。

2）数据结构：该部分有一个比较重要的结构体 cpuidle_governor，其定义如下：

```
struct cpuidle_governor {
```

```
    char            name[CPUIDLE_NAME_LEN];
    struct list_head governor_list;
    unsigned int    rating;
    int  (*enable)  (struct cpuidle_driver *drv, struct cpuidle_device *dev);
    void (*disable) (struct cpuidle_driver *drv, struct cpuidle_device *dev);
    int  (*select)  (struct cpuidle_driver *drv, struct cpuidle_device *dev, bool
                     *stop_tick);
    void (*reflect) (struct cpuidle_device *dev, int index);
};
```

```
# SPDX-License-Identifier: GPL-2.0
#
# Makefile for cpuidle.
#

obj-y += cpuidle.o driver.o governor.o sysfs.o governors/
obj-$(CONFIG_ARCH_NEEDS_CPU_IDLE_COUPLED) += coupled.o
obj-$(CONFIG_DT_IDLE_STATES)            += dt_idle_states.o
obj-$(CONFIG_ARCH_HAS_CPU_RELAX)        += poll_state.o
obj-$(CONFIG_HALTPOLL_CPUIDLE)          += cpuidle-haltpoll.o

###################################################################
# ARM SoC drivers
obj-$(CONFIG_ARM_MVEBU_V7_CPUIDLE) += cpuidle-mvebu-v7.o
obj-$(CONFIG_ARM_BIG_LITTLE_CPUIDLE)    += cpuidle-big_little.o
obj-$(CONFIG_ARM_CLPS711X_CPUIDLE) += cpuidle-clps711x.o
obj-$(CONFIG_ARM_HIGHBANK_CPUIDLE)      += cpuidle-calxeda.o
obj-$(CONFIG_ARM_KIRKWOOD_CPUIDLE)      += cpuidle-kirkwood.o
obj-$(CONFIG_ARM_ZYNQ_CPUIDLE)          += cpuidle-zynq.o
obj-$(CONFIG_ARM_U8500_CPUIDLE)         += cpuidle-ux500.o
obj-$(CONFIG_ARM_AT91_CPUIDLE)          += cpuidle-at91.o
obj-$(CONFIG_ARM_EXYNOS_CPUIDLE)        += cpuidle-exynos.o
obj-$(CONFIG_ARM_CPUIDLE)          += cpuidle-arm.o
obj-$(CONFIG_ARM_PSCI_CPUIDLE)          += cpuidle-psci.o
obj-$(CONFIG_ARM_PSCI_CPUIDLE_DOMAIN)   += cpuidle-psci-domain.o
obj-$(CONFIG_ARM_TEGRA_CPUIDLE)         += cpuidle-tegra.o
obj-$(CONFIG_ARM_QCOM_SPM_CPUIDLE)      += cpuidle-qcom-spm.o

###################################################################
# MIPS drivers
obj-$(CONFIG_MIPS_CPS_CPUIDLE)          += cpuidle-cps.o

###################################################################
# POWERPC drivers
obj-$(CONFIG_PSERIES_CPUIDLE)           += cpuidle-pseries.o
obj-$(CONFIG_POWERNV_CPUIDLE)           += cpuidle-powernv.o
```

图 11-3　文件与编译宏的控制关系

name：governor 对应的名字。

governor_list：注册时，方便挂接到 cpuidle_governor 上。

rating：governor 的级别，通常情况下，系统会选择 rating 值较大的 governor 作为当前 governor。

enable 回调函数：在对应的设备上使能本 governor，如果失败会返回负数，同时 CPU 会运行默认的 idle 代码，直到这个 enable 回调函数再次被运行并且运行成功。

disable 回调函数：在对应的设备上去使能本 governor。

select 回调函数：在设备指向的 CPU 上选择合适的空闲状态。结构体 cpuidle_driver 中的 cpuidle_state 存放了当前可供选择的空闲状态，select 回调函数的返回值就表示所选择的空闲状态的下标索引，最多支持 10 个状态。如果返回负值则表示异常。其中的 stop_tick 参数用于告知 CPU 在进入所选择的空闲状态之前是否需要停止 scheduler tick。如果参数值是 false，那么该 CPU 在进入所选择的空闲状态之前就不会停止 scheduler tick。

reflect 回调函数：通常用于记录上一次选择的是哪一个空闲状态。

在选择空闲状态时，CPU governor 需要考虑 PM QoS（Power Management Quality of Service，电源管理服务质量）对唤醒时延的约束。为此，governor 在做决策时需要针对指定的 CPU 调用 cpuidle_governor_latency_req()，该函数会返回一个可以容忍的延迟，然后 governor 在选择空闲状态时，将不会选择那些 exit_latency 大于可以容忍的延迟的空闲状态。

为了让一个 governor 生效，需要调用 cpuidle_register_governor() 来进行注册。一旦注册后，就不能被去注册。

3）函数实现：governor 的函数实现都是对 1）中所讲的回调函数的具体实现，这里不再赘述，感兴趣的读者可以参阅 drivers\cpuidle\governors 目录。

2. driver 设计与实现

1）数据结构：该部分一个比较重要的结构体是 cpuidle_driver，其定义如下。

```
struct cpuidle_driver {
    const char          *name;
    struct module       *owner;
    /* CPUIdle框架会依据bctimer的值来决定是否创建广播定时器*/
    unsigned int        bctimer:1;
    /*数组必须按照电源状态降序*/
    struct cpuidle_state states[CPUIDLE_STATE_MAX];
    int                 state_count;
    int                 safe_state_index;
    struct cpumask      *cpumask;
    const char          *governor;
};
```

struct cpuidle_driver 定义的对象就是要注册的对象，该结构体中的 governor 表示期望选择匹配的 governor，cpumask 表示这个 driver 生效作用的 CPU，state_count 表示对应的空闲状态的个数，最重要的结构体变量 states 表示 driver 可以进入的空闲状态。

首先，driver 需要计算出可用的空闲状态并赋值给 states 数组，该数组的取值表示 CPU 可以请求进入的有效的空闲状态。

数组 states 根据其成员变量 target_residency 来做升序排序，governor 会使用结构体 cpuidle_state 中的 3 个成员变量来选择状态。

❑ target_residency：为了进入所选择的状态所花费的最少时间。

❑ exit_latency：在这个空闲状态中，从唤醒事件到来到 CPU 退出这个空闲状态开始执行第一条指令所花费的最长时间。

❑ flags：表示空闲状态的属性的标记。

在结构体 cpuidle_driver 中，有一个比较关键的结构体 cpuidle_state，其定义如下：

```
struct cpuidle_state {
    char            name[CPUIDLE_NAME_LEN];
    char            desc[CPUIDLE_DESC_LEN];
    u64             exit_latency_ns;
    u64             target_residency_ns;
    unsigned int    flags;
    unsigned int    exit_latency; /*单位为μs */
    int             power_usage; /*单位为mW */
    unsigned int    target_residency; /*单位为μs*/
    int (*enter)    (struct cpuidle_device *dev, struct cpuidle_driver *drv, int index);
    int (*enter_dead) (struct cpuidle_device *dev, int index);
    int (*enter_s2idle)(struct cpuidle_device *dev, struct cpuidle_driver *drv, int index);
};
```

enter 回调函数一定不能为 NULL，它是指定空闲状态的入口函数。第一个参数和第二个参数限定要进入这个空闲状态的 CPU 以及运行的驱动程序，第三个参数为要进入的空闲状态数组 states 的索引。

enter_s2idle 回调函数是为 PM Core 准备的，suspend to idle 为 PM Core 睡眠状态的一个选项。

可以通过调用 cpuidle_register_driver() 来注册驱动程序，注册完驱动程序后同样也需要注册设备，可以通过调用函数 cpuidle_register_device() 来实现。通常情况下，为了方便起见，可以直接调用 cpuidle_register()，该接口直接封装了驱动程序和设备的注册功能。

2）函数实现：关于驱动程序的实现，大家可以参阅 drivers\cpuidle\driver.c，同样因为实现比较简单，我们不在此做过多说明。

3. cpuidle_core 设计与实现

这部分对应的是 cpuidle.c 的实现，为与 idle 相关的其他模块提供 idle 统一接口，包括 cpuidle_select、cpuidle_reflect、cpuidle_enter、cpuidle_enter_s2idle 等。

（1）主要变量

cpuidle_detected_devices 用于存放当前已注册的 device 节点。其定义如下：

```
LIST_HEAD(cpuidle_detected_devices);
```

（2）主要函数实现

1）cpuidle_enter。该函数的主要功能是供系统调用，用于进入指定的 idle 状态。函数原型如下：

```
int cpuidle_enter(struct cpuidle_driver *drv, struct cpuidle_device *dev, int index)
```

入参 *drv 表示需要进入指定 idle 状态的 CPU 使用的 driver。

入参 *dev 表示需要进入空闲状态的 CPU 对应的设备结构体。

入参 index 表示需要进入的状态的索引。

返回 0 时表示执行成功，返回其他值时表示执行失败。

cpuidle_enter 的具体实现代码如下：

```
int cpuidle_enter(struct cpuidle_driver *drv, struct cpuidle_device *dev, int index)
{
    int ret = 0;
    WRITE_ONCE(dev->next_hrtimer, tick_nohz_get_next_hrtimer());
    if (cpuidle_state_is_coupled(drv, index))
        ret = cpuidle_enter_state_coupled(dev, drv, index);
    else
        ret = cpuidle_enter_state(dev, drv, index);
    WRITE_ONCE(dev->next_hrtimer, 0);
    return ret;
}
```

在实现中我们可以看到，该接口是对函数 cpuidle_enter_state 进行了一次封装，真正的实现逻辑在函数 cpuidle_enter_state 中。

```
int cpuidle_enter_state(struct cpuidle_device *dev, struct cpuidle_driver *drv, int index)
{
    int entered_state;
    struct cpuidle_state *target_state = &drv->states[index];
    bool broadcast = !!(target_state->flags & CPUIDLE_FLAG_TIMER_STOP);
    ktime_t time_start, time_end;
    /*
    通知内核的时间子系统（time framework）切换到广播定时器，因为我们的本地定时器将要被关闭了。
        如果本地定时器正在被另一个CPU作为广播定时器使用，那么这个调用可能会失败
     */
    if (broadcast && tick_broadcast_enter()) {
        index = find_deepest_state(drv, dev, target_state->exit_latency_ns, CPUIDLE_
            FLAG_TIMER_STOP, false);
        if (index < 0) {
            ...
        }
        target_state = &drv->states[index];
        broadcast = false;
    }
    if (target_state->flags & CPUIDLE_FLAG_TLB_FLUSHED)
        leave_mm(dev->cpu);
    sched_idle_set_state(target_state);
    trace_cpu_idle(index, dev->cpu);
    time_start = ns_to_ktime(local_clock());
    stop_critical_timings();
    if (!(target_state->flags & CPUIDLE_FLAG_RCU_IDLE))
```

```
        rcu_idle_enter();
    entered_state = target_state->enter(dev, drv, index);        //说明1
    if (!(target_state->flags & CPUIDLE_FLAG_RCU_IDLE))
        rcu_idle_exit();
    start_critical_timings();
    sched_clock_idle_wakeup_event();
    time_end = ns_to_ktime(local_clock());
    trace_cpu_idle(PWR_EVENT_EXIT, dev->cpu);
    ...
}
```

说明 1：该函数的关键是通过对目标状态的 enter 回调函数的调用，进入指定的 state 中。

2）cpuidle_select。该函数的主要功能是供系统调用，用于选择合适的空闲状态。

函数原型如下：

```
int cpuidle_select(struct cpuidle_driver *drv, struct cpuidle_device *dev, bool *stop_tick)
```

入参 *drv 表示需要进入指定 idle 状态的 CPU 使用的 driver。

入参 *dev 表示需要进入空闲状态的 CPU 对应的设备结构体。

出参 *stop_tick 表示进入 idle 状态是否需要关闭 tick。

返回 0 时表示执行成功，返回其他值时表示执行失败。

cpuidle_select 的具体实现代码如下：

```
int cpuidle_select(struct cpuidle_driver *drv, struct cpuidle_device *dev, bool *stop_
    tick)
{
    return cpuidle_curr_governor->select(drv, dev, stop_tick);
}
```

3）cpuidle_reflect。该函数的主要功能是供系统调用，用于记录上次选择的空闲状态，同时对历史挑选的空闲状态进行评估，方便下次选择更加准确的空闲状态。

函数原型如下：

```
void cpuidle_reflect(struct cpuidle_device *dev, int index)
```

入参 *dev 表示需要进入空闲状态的 CPU 对应的设备结构体。

入参 index 表示上次选择的空闲状态的索引。

无返回值。

cpuidle_reflect 的具体实现代码如下：

```
void cpuidle_reflect(struct cpuidle_device *dev, int index)
{
    if (cpuidle_curr_governor->reflect && index >= 0)
        cpuidle_curr_governor->reflect(dev, index);
}
```

函数封装调用的是 governor 中的 reflect 回调函数。

那么系统是如何使用这 3 个函数的呢？我们以 idle.c 中的 cpuidle_idle_call 实现为例：

```c
static void cpuidle_idle_call(void)
{
    struct cpuidle_device *dev = cpuidle_get_device();
    struct cpuidle_driver *drv = cpuidle_get_cpu_driver(dev);
    int next_state, entered_state;
    ...
    if (cpuidle_not_available(drv, dev)) {
        tick_nohz_idle_stop_tick();
        default_idle_call();
        goto exit_idle;
    }

        if (idle_should_enter_s2idle() || dev->forced_idle_latency_limit_ns) {
        ...
    } else {
        bool stop_tick = true;
        next_state = cpuidle_select(drv, dev, &stop_tick);
        if (stop_tick || tick_nohz_tick_stopped())
            tick_nohz_idle_stop_tick();
        else
            tick_nohz_idle_retain_tick();
        entered_state = call_cpuidle(drv, dev, next_state);
        cpuidle_reflect(dev, entered_state);
    }

exit_idle:
    __current_set_polling();
    if (WARN_ON_ONCE(irqs_disabled()))
        local_irq_enable();
}
```

那么系统是如何通过调用进入 cpuidle_enter 的呢？我们可以跟踪一下内核的初始化代码，如图 11-4 所示。

图中有 4 点需要说明一下。

1）对应过程 1，初始化函数 kernel_init 通过层层调用，最终调用到 secondary_startup，该函数运行到最后就进入了前面讲解的 cpuidle_state 结构体中的 enter 回调函数中，对应图中的过程 4。

2）对应过程 2，CPU0 初始化到最后，也通过 cpu_startup_entry 进入 enter 回调函数，对应图中的过程 4。

3）需要说明的一点是，从过程 1 运行到过程 4，过程 3 提供了两种运行机制（二选一），即 spmtable PSCI 机制。

4）无论是 CPU0 还是其他 CPU，初始化最后都运行到了 cpuidle_state 结构体的 enter 回调函数中。

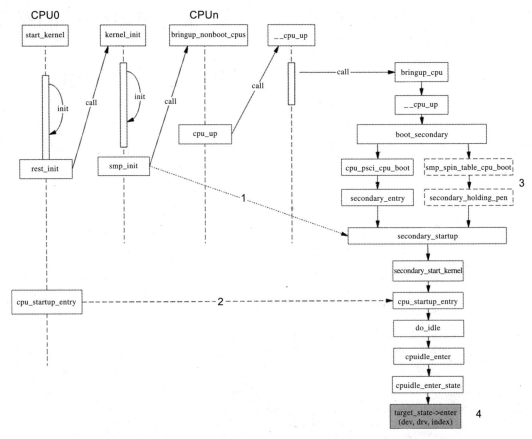

图 11-4 cpuidle_enter 进入流程

11.2 实现自己的 CPUIdle 框架

在 11.1 节中我们学习了 Linux 内核中 CPUIdle 框架的实现，该框架可以帮助系统选择进入哪一种空闲状态，由于 Linux 内核支持的场景比较多，所以实现起来可能也要稍微复杂一些，如果我们要在 RTOS 或者其他系统中实现自己的 CPUIdle 框架，在满足需求的情况下可以尽可能简单地实现。

11.2.1 动手前的思考

在动手实现之前，我们先梳理一下必须要实现的部分。

1）我们需要一个 governor，来决策进入哪一个空闲状态。

2）我们需要提供 governor 注册接口供注册使用，同时把注册的 governor 绑定到对应

CPU 的设备上。

3）我们需要给系统提供三个接口：idle_state_select、idle_state_enter、idle_state_reflect。

4）我们还要定义一个结构体，用来维护每个空闲状态对应的入口函数。

我们假设当前系统的所有 CPU 只支持使用一个 governor、一个 driver，这样我们就可以不用设计 cpu_device 结构体。

11.2.2　设计与实现

1. 文件设计

idle_core.c：实现 core 层，负责提供对外接口，以及融合 governor 和 driver。

idle_governor.c：governor 的实现。

idle_driver.c：driver 的实现。

2. 数据类型定义

1）我们需要设计一个枚举类型，以帮助决策进入哪个状态。

2）我们需要设计一个结构体，用于记录 CPUIdle 的入口函数和维测信息。

3）我们需要一个 driver 的控制结构体，用于记录 driver 的名字、支持的状态以及相应的维测信息。

4）我们还需要设计一个 governor 的结构体，用于维护对应回调函数等信息。

具体设计实现代码段如下所示：

```
#define NAME_LENGTH 10
enum IDLE_STATE_E {
    IDLE_STATE_SUSPEND = 0,
    IDLE_STATE_WFI,
    IDLE_STATE_MAX
};

struct cpuidle_state_s {
    char name[NAME_LENGTH];
    int (*enter)(int state);
    u64 enter_cnt;                    //系统启动后进入这个状态的总次数
    u64 latest_enter_time;            //最近一次进入这个state的时间戳
    u64 latest_exit_time;             //最近一次退出这个state开始响应调度的时间戳
    u64 latest_exit_cost_time;        //最近一次从state的最深处执行到退出的总耗时
    u64 total_time;                   //系统启动后进入这个状态的总时长
};
struct cpuidle_driver_s {
    char name[NAME_LENGTH];
    struct cpuidle_state_s idle_state[STATE_MAX];  //状态数组,用于索引到对应的状态进行处理
    int state_cnt;                    //当前支持多少个状态
};
struct cpuidle_governor_s {
    int (*select)( void);
}
```

3. 函数设计

（1）idle_core 相关函数设计与实现

在 idle_core.c 中，我们需要提供如表 11-1 所示的接口函数。

表 11-1　idle_core 需要提供的接口函数

函　　数	作　　用
int governor_register(struct cpuidle_governor_s *gov)	提供 governor 注册接口函数，哪怕当前只有一个 governor 也需要提供，主要是为了方便后续功能扩展
int driver_register(struct cpuidle_driver_s *drv)	提供 driver 注册接口函数，哪怕当前只有一个 driver 也需要提供，主要是为了方便后续功能扩展
int cpuidle_select(void)	在指定 CPU 上选择要进入的空闲状态
int cpuidle_enter(int state)	在指定 CPU 上进入指定的状态

idle_core 文件中的函数实现样例如下所示：

```
struct cpuidle_governor_s  *cur_governor;
struct cpuidle_driver_s    *cur_driver;
int governor_register(struct cpuidle_governor_s *gov)
{
    if(!gov) return error;
    cur_governor = gov;
}
int driver_register(struct cpuidle_driver_s *drv)
{
    if(!drv) return error;
    cur_ driver = drv;
}
int cpuidle_select()
{
    return cur_governor->select();
}
int cpuidle_enter(int state)
{
    if (state < 0 || state >= IDLE_STATE_MAX)
        return error;
    else
        return cur_driver-> idle_state[state].enter(state);
}
```

idle_core.c 中函数的使用样例（通常需要在 idle 任务中调用）如下所示：

```
int funcXXXX {
    int state;
    ...
    state = cpuidle_select();
```

```
    return cpuidle_enter(state);
}
```

（2）idle_governor 相关函数设计与实现

在 idle_governor.c 中，我们需要提供以下接口，相关说明如代码中注释所示：

```
static int state_select(void)
{
if(my_wakeup_source_count()==0)    //调用wakeup_source查询接口，查询当前持锁状态
    return IDLE_STATE_SUSPEND;     //可以进入睡眠流程
else
    return IDLE_STATE_WFI;         //如果不满足睡眠条件，则进入普通的WFI状态
}
struct cpuidle_governor_s test_gov = {
    .select = state_select;
};

int governor_init(void)
{
    ...
    return governor_register(&test_gov);
}
```

（3）idle_driver 相关函数设计与实现

在 idle_driver.c 中，我们需要提供以下接口：

```
static int idle_wfi(void)
{
    ...
    asm volatile("wfi");
    ...
}
struct cpuidle_driver_s test_drv;
int driver_init(void)
{
    test_drv.state_cnt = 2;
    test_drv.name = "idle_driver";
    test_drv. idle_state[0].enter = suspend_enter;
    test_drv. idle_state[0].name = "suspend";
    test_drv. idle_state[1].enter = idle_wfi;
    test_drv. idle_state[1].name = "wfi";
    return driver_register(&test_drv);
}
```

到此为止我们的 CPUIdle 框架基本实现已完成，大家可以自行做功能的扩展，比如继续增加空闲状态，增加每个 CPU 可自行动态选择对应的 governor 等，只要对响应的接口和结构体变量做适当扩充即可。

11.3 本章小结

在本章，我们分析了内核中 CPUIdle 框架的实现机制。通过学习，我们也采用同样的思想实现了自己的 CPUIdle 框架。理论上该实现可以用于所有的操作系统，大家如果有兴趣，可以基于本节的实现做扩充并应用。

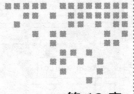

第 12 章 *Chapter 12*

CLK 框架设计与实现

CLK 是 SOC 工作的基础，Linux CLK 框架提供了通用机制对系统 CLK 进行管理。与绝大多数内核框架一样，Linux CLK 框架向下提供驱动操作 CLK 的接口；框架的 core 提供 CLK 逻辑结构的管理；提供通用 API 和 sysfs 供其他模块使用。本章对内核 CLK 框架的主要实现进行讲解后，借鉴内核框架实现一套简化的 CLK 机制。

12.1 Linux CLK 的设计与实现

在本节，我们主要聚焦对 Linux 内核 CLK 的实现机制进行分析，包括架构设计概览、背景介绍、配置信息解析、主要数据类型、主要函数实现等。

12.1.1 架构设计概览

CLK 在低功耗软件栈中的位置如图 12-1 所示，属于非睡眠形式的动态功耗控制方式。

12.1.2 背景介绍

CLK 是用于管理系统时钟的子系统，系统中各模块工作时需要用到 CLK，一般系统时钟通过晶振倍频或分频后输入 SOC，供 SOC 各模块使用，而在硬件表现上 CLK 呈现树状结构，如图 12-2 所示。系统中有各种类型的时钟，有只能开关的 gate，可以分频的 divider（即图 12-2 中的 div，下文以 div 表示分频器）、多路输入选择的 mux、输出高频的 pll（锁相环）等。Linux CLK 框架基本提供了常见时钟的实现，CLK core 层还提供了通用接口可自行注册，下面我们以 gate、mux 为例说明 CLK 框架实现。

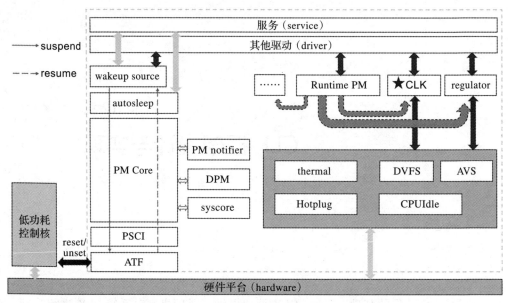

图 12-1　CLK 在低功耗软件栈中的位置

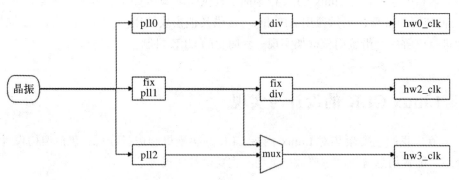

图 12-2　系统时钟树示例

12.1.3　配置信息解析

Linux CLK 依赖如下特性宏：

```
CONFIG_CLKDEV_LOOKUP = y
CONFIG_HAVE_CLK_PREPARE = y
CONFIG_COMMON_CLK = y
```

相关实现文件在 drivers\clk 下。接口及主要结构体在 include\linux\clk.h、clk-provider.h、clkdev.h，相关实现在如下文件中：

```
drivers/clk/
├── clk-bulk.c    --------------------用于操作多个时钟接口
├── clk.c         --------------------CCF框架核心代码
```

```
├── clk-composite.c -----------------用于混合时钟实现
├── clk-conf.c        -----------------通过DTS解析时钟频率并设置
├── clkdev.c        ------------------用于时钟设备查找表
├── clk-devres.c    ------------------时钟资源信息管理
├── clk-divider.c    -----------------用于可分频时钟实现
├── clk-fixed-factor.c----------------用于固定分频系数的时钟实现
├── clk-fixed-rate.c-----------------用于固定频率的时钟实现
├── clk-fractional-divider.c---------用于小数分频时钟实现
├── clk-gate.c       -----------------用于门控时钟的实现
├── clk-gpio.c       -----------------用于GPIO时钟的实现
├── clk-multiplier.c-----------------用于倍频时钟的实现
├── clk-mux.c       ------------------用于复用时钟的实现
```

12.1.4　主要数据类型

1. clk_ops 结构体

clk_ops 结构体定义在 include\linux\clk-provider.h 中，是操作 CLK 的一系列函数集合，用于完成最终的 CLK 相关配置，根据不同 CLK 类型实现不同功能，不需要全部实现。主要函数功能将在 12.1.5 节一起说明。

```
struct clk_ops {
    int         (*prepare)(struct clk_hw *hw);
    void        (*unprepare)(struct clk_hw *hw);
    int         (*is_prepared)(struct clk_hw *hw);
    void        (*unprepare_unused)(struct clk_hw *hw);
    int         (*enable)(struct clk_hw *hw);
    void        (*disable)(struct clk_hw *hw);
    int         (*is_enabled)(struct clk_hw *hw);
    void        (*disable_unused)(struct clk_hw *hw);
    int         (*save_context)(struct clk_hw *hw);
    void        (*restore_context)(struct clk_hw *hw);
    unsigned long (*recalc_rate)(struct clk_hw *hw, unsigned long parent_rate);
    long        (*round_rate)(struct clk_hw *hw, unsigned long rate, unsigned
                    long *parent_rate);
    int         (*determine_rate)(struct clk_hw *hw, struct clk_rate_request *req);
    int         (*set_parent)(struct clk_hw *hw, u8 index);
    u8          (*get_parent)(struct clk_hw *hw);
    int         (*set_rate)(struct clk_hw *hw, unsigned long rate, unsigned long
                    parent_rate);
    int         (*set_rate_and_parent)(struct clk_hw *hw, unsigned long rate, unsigned
                    long parent_rate, u8 index);
    unsigned long (*recalc_accuracy)(struct clk_hw *hw,unsigned long parent_accuracy);
    int         (*get_phase)(struct clk_hw *hw);
    int         (*set_phase)(struct clk_hw *hw, int degrees);
    int         (*get_duty_cycle)(struct clk_hw *hw, struct clk_duty *duty);
    int         (*set_duty_cycle)(struct clk_hw *hw, struct clk_duty *duty);
    int         (*init)(struct clk_hw *hw);
```

```
    void            (*terminate)(struct clk_hw *hw);
    void            (*debug_init)(struct clk_hw *hw, struct dentry *dentry);
};
```

2. clk_init_data 结构体

clk_init_data 结构体定义在 include\linux\clk-provider.h 中，用于保存各类时钟初始化信息，并注册到 CLK core 中。

```
struct clk_init_data {
    const char                  *name;
    const struct clk_ops        *ops;
    const char                  * const *parent_names;
    const struct clk_parent_data *parent_data;
    const struct clk_hw         **parent_hws;
    u8                          num_parents;
    unsigned long               flags;
};
```

ops：操作 CLK 必要的回调函数，根据不同类别的 CLK，ops 需要支持不同的函数，如 gate 类 CLK 只需要实现使能、去使能、状态查询。

parent_names：父时钟名字。

parent_data：父时钟数据。

parent_hws：父时钟 clk_hw 结构。

以上 3 个涉及父时钟的成员初始化其一即可。

num_parents：父时钟个数。

3. clk_hw 结构体

clk_hw 结构体定义在 include\linux\clk-provider.h 中，用于将 driver 的硬件信息及 init_data 与 CLK core、CLK 进行联系。

```
struct clk_hw {
    struct clk_core *core;
    struct clk *clk;
    const struct clk_init_data *init;
};
```

4. clk_core 结构体

clk_core 结构体定义在 drivers\clk\clk.c 中，是 CLK 框架用于信息管理的核心结构体，每个 clk_core 实际代表了时钟树的每一个时钟。除父时钟和时钟支持的最大、最小频率及引用计数这些信息外，clk_core 最主要的功能是维护几个链表信息来表征时钟树关系，根据时钟初始状态、父子关系在初始化时挂接对应链表，以便完成时钟父子关系。

```
struct clk_core {
    const char          *name;
    const struct clk_ops *ops;
```

```
    struct clk_hw            *hw;
    struct module            *owner;
    struct device            *dev;
    struct device_node       *of_node;
    struct clk_core          *parent;
    struct clk_parent_map    *parents;
    u8                       num_parents;
    u8                       new_parent_index;
    unsigned long            rate;
    unsigned long            req_rate;
    unsigned long            new_rate;
    struct clk_core          *new_parent;
    struct clk_core          *new_child;
    unsigned long            flags;
    bool                     orphan;
    bool                     rpm_enabled;
    unsigned int             enable_count;
    unsigned int             prepare_count;
    unsigned int             protect_count;
    unsigned long            min_rate;
    unsigned long            max_rate;
    unsigned long            accuracy;
    int                      phase;
    struct clk_duty          duty;
    struct hlist_head        children;
    struct hlist_node        child_node;
    struct hlist_head        clks;
    unsigned int             notifier_count;
#ifdef CONFIG_DEBUG_FS
    struct dentry            *dentry;
    struct hlist_node        debug_node;
#endif
    struct kref              ref;
};
```

这里着重介绍几个关键结构体成员（对应代码中的加粗内容）。

parent：指向当前 clk_core 的父节点。

parents：父节点信息集合，平时用不到，需要切换父节点时就要它来支撑了。

children：当前 clk_core 的子节点链表。

child_node：当前 clk_core 的链表节点，用于挂接 CLK 相关的链表。

clks：CLK 链表头，可以通过该链表查询到有多少用户在使用 clk_core。

5. clk 结构体

clk 结构体定义在 drivers\clk\clk.c 中，是 CLK 框架管理 CLK 的结构体，主要用于 consumer 和 clk_core 的关联及 dev_id/con_id 存储等，每个 consumer 获取时钟句柄时，创建并返回一个 clk 结构体指针作为 consumer 句柄。

```
struct clk {
    struct clk_core *core;
    struct device *dev;
    const char *dev_id;
    const char *con_id;
    unsigned long min_rate;
    unsigned long max_rate;
    unsigned int exclusive_count;
    struct hlist_node clks_node;
};
```

CLK 各结构体间的关联关系如图 12-3 所示，便于大家理解及记忆。

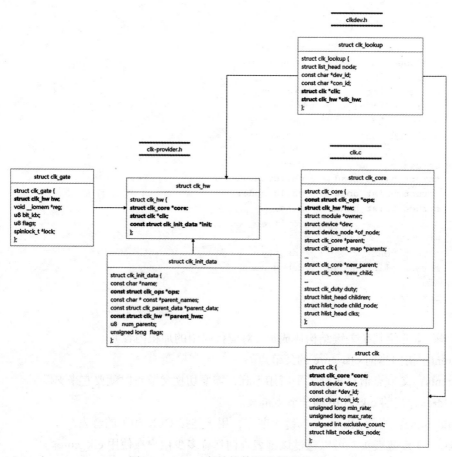

图 12-3　CLK 各结构体间的关联关系

12.1.5　主要函数实现

1. clk_register_gate

该函数是 gate 类时钟的注册接口，在 drivers/clk/clk-gate.c 中，但其实际实现为 __clk_hw_ register_gate。下面我们直接看 __clk_hw_register_gate 实现。

```c
struct clk_hw *__clk_hw_register_gate(struct device *dev,struct device_node *np,
    const char *name, const char *parent_name, const struct clk_hw *parent_hw, const
    struct clk_parent_data *parent_data, unsigned long flags, void __iomem *reg, u8
    bit_idx, u8 clk_gate_flags, spinlock_t *lock)
{
    struct clk_gate *gate;
    struct clk_hw *hw;
    struct clk_init_data init = {};        //说明1
    int ret = -EINVAL;
    if (clk_gate_flags & CLK_GATE_HIWORD_MASK) {
        if (bit_idx > 15) {
            pr_err("gate bit exceeds LOWORD field\n");
            return ERR_PTR(-EINVAL);
        }
    }
    /* allocate the gate 申请门控空间*/
    gate = kzalloc(sizeof(*gate), GFP_KERNEL);
    if (!gate)
        return ERR_PTR(-ENOMEM);
    init.name = name;
    init.ops = &clk_gate_ops;
    init.flags = flags;
    init.parent_names = parent_name ? &parent_name : NULL;
    init.parent_hws = parent_hw ? &parent_hw : NULL;
    init.parent_data = parent_data;
    if (parent_name || parent_hw || parent_data)
        init.num_parents = 1;
    else
        init.num_parents = 0;
    /* struct clk_gate assignments 初始化clk_gate成员*/
    gate->reg = reg;
    gate->bit_idx = bit_idx;
    gate->flags = clk_gate_flags;
    gate->lock = lock;
    gate->hw.init = &init;
    hw = &gate->hw;
    if (dev || !np)
        ret = clk_hw_register(dev, hw);
    else if (np)
        ret = of_clk_hw_register(np, hw);
    if (ret) {
        kfree(gate);
        hw = ERR_PTR(ret);
    }
    return hw;
}
const struct clk_ops clk_gate_ops = {      //说明2
    .enable = clk_gate_enable,
    .disable = clk_gate_disable,
    .is_enabled = clk_gate_is_enabled,
};
```

说明 1：register 函数的主要工作就是完成 clk_init_data 结构体的填充，其中我们需要重点关注的是 ops、parent_name、parent_hw。ops 用于配置具体寄存器完成最终时钟操作，parent 用于提供给 CLK core 以完成时钟树的构建。

与 clk_gate 结构体相关的属性主要依赖具体硬件实现，例如平台需要配置哪些具体的时钟寄存器才能完成相关操作等。

说明 2：通过 clk_gate_ops 实现，我们知道 gate 类门控支持 3 个操作，使能、去使能、状态查询。

对于绝大多数模块来说，其对于功耗的主要贡献就是通过时钟门控实现的，专有名词"非用即关"说的就是各个模块低功耗处理的总体原则，这里代表的绝大多数情况是时钟的关闭、打开，也可代表电源的关闭、打开。对模块来说，某些场景无法直接关闭其输入时钟，所以在模块设计时会加入"自动门控"功能，这样在模块空闲时，"自动门控"控制逻辑在监控到该信息时会将模块内部其他时钟路径关闭。以生活场景举例：时钟门控类似家里的总电源开关，在人出门后就可以关闭；自动门控类似玄关感应灯，当人在玄关时自动亮起，当人离开玄关时自动关闭。

2. __clk_register

__clk_register 位于 drivers/clk/clk.c 中，其主要任务有两个：完成 clk_core 的初始化，完成时钟树的构建。

```
static struct clk *
__clk_register(struct device *dev, struct device_node *np, struct clk_hw *hw)
{
    int ret;
    struct clk_core *core;
    const struct clk_init_data *init = hw->init;
    /*
     *初始化数据不建议在注册路径之外使用，因此在这里置为NULL
     */
    hw->init = NULL;
    core = kzalloc(sizeof(*core), GFP_KERNEL);   //说明1
    if (!core) {
        ret = -ENOMEM;
        goto fail_out;
    }
    core->name = kstrdup_const(init->name, GFP_KERNEL);
    if (!core->name) {
        ret = -ENOMEM;
        goto fail_name;
    }
    if (WARN_ON(!init->ops)) {
        ret = -EINVAL;
        goto fail_ops;
    }
    core->ops = init->ops;
```

```
    if (dev && pm_runtime_enabled(dev))
        core->rpm_enabled = true;
    core->dev = dev;
    core->of_node = np;
    if (dev && dev->driver)
        core->owner = dev->driver->owner;
    core->hw = hw;
    core->flags = init->flags;
    core->num_parents = init->num_parents;
    core->min_rate = 0;
    core->max_rate = ULONG_MAX;
    ret = clk_core_populate_parent_map(core, init);
    if (ret)
        goto fail_parents;
    INIT_HLIST_HEAD(&core->clks);
    hw->clk = alloc_clk(core, NULL, NULL);
    if (IS_ERR(hw->clk)) {
        ret = PTR_ERR(hw->clk);
        goto fail_create_clk;
    }
    clk_core_link_consumer(core, hw->clk);
    ret = __clk_core_init(core); //说明2
    if (!ret)
        return hw->clk;
    clk_prepare_lock();
    clk_core_unlink_consumer(hw->clk);
    clk_prepare_unlock();
    free_clk(hw->clk);
    hw->clk = NULL;
fail_create_clk:
    clk_core_free_parent_map(core);
fail_parents:
fail_ops:
    kfree_const(core->name);
fail_name:
    kfree(core);
fail_out:
    return ERR_PTR(ret);
}
```

说明 1：clk_core 结构体的初始化，作为 CLK 最核心的结构体，在每个 clock 节点注册时申请空间并对驱动已提供的属性进行初始赋值。

说明 2：构建时钟树，如图 12-4 所示。Linux CLK 将没有父时钟的 CLK 作为根节点挂接在 clk_root_list 链表上，将有父时钟的时钟挂接在父时钟的链表上，将其他类型的时钟（如因初始化顺序暂时没有父时钟的时钟）挂接在 clk_orplan_list 上，通过几个链表，完成系统所有时钟的时钟树关系链接。但获取时钟句柄并不是通过时钟树完成的，具体会在下文介绍。

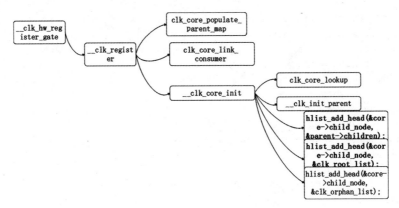

图 12-4　register 函数调用关系

3. clk_get

clk_get 位于 drivers/clk/clkdev.c 中，用于 consumer 获取 CLK 句柄的接口。

各个时钟通过 clk_register 完成了时钟树的构建，即图 12-2 中的硬件关系，但 consumer 要使用 CLK 时，是通过获取接口而不是根据上述时钟树来完成的。当前 Linux 主流的实现基本都使用到 DTS，各个时钟驱动在 CLK 框架中被称为 provider，其对应的 DTS 节点是在各个时钟初始化时，通过 of_clk_add_provider 接口挂接到 of_clk_providers 链表中。clk_get 通过该链表及入参的时钟名字（con_id）进行对比，找到对应的 clk_hw 实体，然后通过 clk_hw_create_clk 分配空间填充 CLK 结构体并返回 consumer。

```
struct clk *clk_get(struct device *dev, const char *con_id)
{
    const char *dev_id = dev ? dev_name(dev) : NULL;
    struct clk_hw *hw;
    if (dev && dev->of_node) {
        hw = of_clk_get_hw(dev->of_node, 0, con_id);
        if (!IS_ERR(hw) || PTR_ERR(hw) == -EPROBE_DEFER)
            return clk_hw_create_clk(dev, hw, dev_id, con_id);
    }
    return __clk_get_sys(dev, dev_id, con_id);
}
struct clk_hw *of_clk_get_hw(struct device_node *np, int index, const char *con_id)
{
    int ret;
    struct clk_hw *hw;
    struct of_phandle_args clkspec;
    ret = of_parse_clkspec(np, index, con_id, &clkspec);
    if (ret)
        return ERR_PTR(ret);
    hw = of_clk_get_hw_from_clkspec(&clkspec);
    of_node_put(clkspec.np);
    return hw;
}
```

```
static struct clk_hw *
of_clk_get_hw_from_clkspec(struct of_phandle_args *clkspec)
{
    struct of_clk_provider *provider;
    struct clk_hw *hw = ERR_PTR(-EPROBE_DEFER);
    if (!clkspec)
        return ERR_PTR(-EINVAL);
    mutex_lock(&of_clk_mutex);
    list_for_each_entry(provider, &of_clk_providers, link) {
        if (provider->node == clkspec->np) {
            hw = __of_clk_get_hw_from_provider(provider, clkspec);
            if (!IS_ERR(hw))
                break;
        }
    }
    mutex_unlock(&of_clk_mutex);
    return hw;
}
```

4. clk_enable

clk_enable 位于 drivers/clk/clk.c 中，用于 consumer 使能时钟。

```
int clk_enable(struct clk *clk)
{
    if (!clk)
        return 0;
    return clk_core_enable_lock(clk->core);
}
static int clk_core_enable(struct clk_core *core)
{
    int ret = 0;
    lockdep_assert_held(&enable_lock);
    if (!core)
        return 0;
    if (WARN(core->prepare_count == 0,
        "Enabling unprepared %s\n", core->name))
        return -ESHUTDOWN;
    if (core->enable_count == 0) {
        ret = clk_core_enable(core->parent);
        if (ret)
            return ret;
        trace_clk_enable_rcuidle(core);
        if (core->ops->enable)
            ret = core->ops->enable(core->hw);
        trace_clk_enable_complete_rcuidle(core);
        if (ret) {
            clk_core_disable(core->parent);
            return ret;
        }
    }
    core->enable_count++;
    return 0;
}
```

可以看到，其先判断时钟是否已调用 prepare，若没有调用则返回失败，因此，clk_prepare 一般会在 clk_enable 前调用，完成当前时钟及遍历其父时钟完成必要配置，如时钟分频等，以保证当前时钟使能时不会出现异常。

clk_enable 与 clk_prepare 一样，先使能其父时钟，若父时钟也有父时钟则继续遍历，再通过注册的 ops 回调完成时钟的使能，并将引用计数加 1，从而完成使能过程。

clk_unprepare 及 clk_disable 是上述实现的逆过程，这里不再详述。

5. clk_set_rate

clk_set_rate 位于 drivers/clk/clk.c 中，用于设置时钟频率。

```
int clk_set_rate(struct clk *clk, unsigned long rate)
{
    int ret;
    if (!clk)
        return 0;
    /*防止在更新时钟拓扑时出现竞态 */
    clk_prepare_lock();
    if (clk->exclusive_count)
        clk_core_rate_unprotect(clk->core);
    ret = clk_core_set_rate_nolock(clk->core, rate);
    if (clk->exclusive_count)
        clk_core_rate_protect(clk->core);
    clk_prepare_unlock();
    return ret;
}
static int clk_core_set_rate_nolock(struct clk_core *core,unsigned long req_
    rate)
{
    struct clk_core *top, *fail_clk;
    unsigned long rate;
    int ret = 0;
    if (!core)
        return 0;
    rate = clk_core_req_round_rate_nolock(core, req_rate);
    if (rate == clk_core_get_rate_nolock(core))
        return 0;
    if (clk_core_rate_is_protected(core))
        return -EBUSY;
    /* 计算新的速率并得到最顶部的更改时钟   */
    top = clk_calc_new_rates(core, req_rate);
    if (!top)
        return -EINVAL;
    ret = clk_pm_runtime_get(core);
    if (ret)
        return ret;
    /* 广播一下我们将要修改频率了 */
    fail_clk = clk_propagate_rate_change(top, PRE_RATE_CHANGE);
    if (fail_clk) {
```

```
        pr_debug("%s: failed to set %s rate\n", __func__, fail_clk->name);
        clk_propagate_rate_change(top, ABORT_RATE_CHANGE);
        ret = -EBUSY;
        goto err;
    }
    /* 变更频率 */
    clk_change_rate(top);
    core->req_rate = req_rate;
err:
    clk_pm_runtime_put(core);
    return ret;
}
static void clk_calc_subtree(struct clk_core *core, unsigned long new_rate, struct
    clk_core *new_parent, u8 p_index)
{
    struct clk_core *child;
    core->new_rate = new_rate;
    core->new_parent = new_parent;
    core->new_parent_index = p_index;
    core->new_child = NULL;
    if (new_parent && new_parent != core->parent)
        new_parent->new_child = core;
    hlist_for_each_entry(child, &core->children, child_node) {
        child->new_rate = clk_recalc(child, new_rate);
        clk_calc_subtree(child, child->new_rate, NULL, 0);
    }
}
```

　　首先通过 req_round 接口获取到 CLK 支持的频率并判断是否需要调整。通过 clk_calc_
new_rates 接口计算合适的频率并更新到 clk_core 结构体的 new_rate 字段中，如果 parent
频率需要修改则遍历父节点频率并记录，同时返回需要改变频率的最顶层父节点 clk_core
结构体。研究 clk_calc_new_rates 时，重点把递归调用 clk_calc_subtree 研究明白就可
以了。

　　clk_propagate_rate_change 遍历配置时钟路径的子节点，判断是否有频率不合适，如
有，此次频率配置失败。

　　clk_change_rate 从 top 节点开始配置频率，并遍历子节点直至全部配置完成。

　　CLK 接口的典型使用可以参考 drivers/cpufreq/mediatek-cpufreq.c 的 mtk_cpufreq_set_
target 实现，CLK 其他接口的使用可查看源码。

12.2　实现自己的 CLK 框架

　　在本节，我们通过实现结构体、接口等功能，搭建自己的 CLK 机制。

12.2.1 动手前的思考

为了通用性，Linux CLK 框架的实现略显复杂，其主要目的是用软件将硬件结构表达出来，同时，对需要操作 CLK 的模块尽可能屏蔽时钟结构，降低操作难度。但在实际情况中，多数嵌入式系统对时钟操作的诉求较为简单，甚至只有使能、去使能操作。这里我们简化实现，主要描述如何构建时钟树。

12.2.2 设计与实现

1. 关键结构体 / 变量设计

（1）struct list_head clk_map_list

时钟树链表，这里维护时钟树各个节点。为了简化实现，CLK 在初始化前需要按照时钟树父子关系进行初始化，以简化设计同时缩小占用空间。

（2）clk_ops 结构体

ops 是 CLK 框架驱动实现对 CLK 具体操作的接口，其内部实现与平台相关，具体实现符合平台要求即可。

```
struct clk_ops {
    int     (*prepare)(struct clk *clk);
    void    (*unprepare)(struct clk *clk);
    int     (*is_prepared)(struct clk *clk);
    void    (*unprepare_unused)struct clk *clk);
    int     (*enable)(struct clk *clk);
    void    (*disable)(struct clk *clk);
    int     (*is_enabled)(struct clk *clk);
    long    (*round_rate)(struct clk *clk, unsigned long rate,unsigned long *parent_rate);
    int     (*set_parent)(struct clk *clk, u8 index);
    u8      (*get_parent)(struct clk *clk);
    int     (*set_rate)(struct clk *clk, unsigned long rate, unsigned long parent_rate);
    u8      (*notify)(struct clk *clk, int event);
    ...
};
```

（3）clk 结构体

clk 结构体的实现与 Linux clk_core 类似，这里简化一下，都在一个结构体中实现，主要用于关联父子节点以及 CLK 约束。

```
struct clk {
    const char              *name;
    const struct clk_ops    *ops;
    struct clk              *parent;          //当前的父节点
    const char * const      *parents_map;     //父节点信息集合
    u8                      num_parents;      //父节点数量
    unsigned long           rate;
    unsigned long           req_rate;         //申请配置的速率
```

```
    unsigned long          new_rate;
    struct clk             *new_parent;       //预配置的父节点
    u8                     new_parent_index; //父节点index
    struct clk             *new_child;        //预配置子节点
    unsigned int           enable_count;      //引用计数
    unsigned int           prepare_count;
    unsigned long          min_rate;
    unsigned long          max_rate;          //最大最小速率
    struct list_head       children;          //子节点链表
    struct list_head       clk_list;          //clk节点挂接链表
};
```

为了简化实现，这里 CLK 的 provider 和 consumer 均由 clk 结构体承载，以前文介绍的时钟树结构为例，如图 12-2 所示。

CLK 驱动实现时，需要填充的 clk 结构体如下：

```
struct clk clk_apply[] = {
    [root_clk] = {
        .name = "root_clk",
        .parents_map = NULL,
    },
    [fix_pll1] = {
        .name = "fix_pll1 ",
        .parents_map = {"root_clk"},
        .num_parents = 1,
        .ops = &xxx_pll_ops,
    },
    [pll2_clk] = {
        .name = "pll2_clk",
        .parents_map = {"root_clk"},
        .num_parents = 1,
        .ops = &xxx_pll_ops,
    },
    [hw3_clk] = {
        .name = "hw3_clk",
        .parents_map = {"pll2_clk", "fix_pll1"},
        .num_parents = 2,
        .ops = &xxx_gate_clk,
    },
};
```

以 hw3_clk 所在的时钟树路径为例，实际软件初始化填充的内容如上述代码所示，如果有类似 DTS 机制的实现，可通过 of 结构进行每个时钟节点的初始化操作。

2. 关键函数设计

（1）clk_init

clk_init 主要完成时钟节点的初始化（如果需要的话）以及时钟树的构建，主要实现如下：

```
int clk_init()
```

```
{
    for (i = 0; i < ARRAY_SIZE(clk_apply); i++){
        struct clk *c = &clk_apply[i];
        …//若如Linux系统一样也使用DTS，这里需要malloc空间并从DTS读取初始化信息，完成c成员属性填充
        //这里缺少重复节点判断，不要忘记
        list_add(&c->clk_list, &clk_map_list);
    }
    //构建父子关系
    list_for_each_entry(cl, &clk_map_list, clk_list){
        if (cl->num_parents > 1 && cl->parents_map[0] && cl->parent == NULL) {
            list_for_each_entry(cl_p, &clk_map_list, clk_list){
                if (strcmp(cl->parents_map[0], cl_p->name) == 0 ) {
                    cl->parent = cl_p;
                    list_add(cl->clk_list, re_p->children);
                }
            }
        }
    }
    return 0;
}
```

这里实现的 CLK 思路较 Linux CLK 框架简化很多，首先将所有 CLK 节点初始化并挂接在 clk_map_list 链表中，然后通过子节点的父节点名字信息完成父子关系的关联。

（2）clk_get

使用时钟模块操作时钟前，需要先获取句柄，然后才能对其进行操作。其主要实现如下：

```
struct clk *clk_get(const char *clk_name)
{
    list_for_each_entry(cl, &clk_map_list, list){
        if (clk_name && strcmp(clk_name,cl->name) == 0) {
            struct clk *clk = malloc(sizeof(struct clk))。
            ...
            clk->parent = cl;
            list_add(clkl->clk_list, cl->children);
            return clk;
        }
    }
    return NULL;
}
```

一般情况下一个时钟由一个模块控制，但产品形形色色，如果是多个模块控制一个时钟，就需要在时钟获取时分配一个唯一句柄给对应模块供其控制时钟时使用。

（3）clk_enable

获取时钟后，在对应模块需要工作时，需要使能时钟，Linux CLK 一般在使能前会先完成当前时钟树路径的准备工作，如有些时钟模块需要先配置好当前时钟的一些前置寄存器，有些需要先准备好父时钟频率等。这与 SOC 时钟设计有关，按需实现即可。

```
int clk_enable(struct clk *clk)
{
    if (clk->enable_count == 0){
        ret = clk_enable(clk->parent);
        if (ret)
            return ret;
        if (clk->ops && clk->ops->enable) {
            ret = clk->ops->enable(clk)
            if (ret)
                clk_disable(clk->parent);
                return ret;
        }
    }
    clk->enable_count++;
    return 0。
}
```

一个时钟仅打开自己是没办法输入频率工作的，还需要时钟通路上的所有节点均打开。

（4）clk_set_rate

clk_set_rate 多用于 CPU 等调频频繁的模块，但个人认为，此类需要调频的模块对调频时间其实是有潜在诉求的，即越快越好，而如果从 CLK 绕一圈，相比 CPU 模块直接配置寄存器，其调频效率肯定有所降低，类似 CPU 这种单独配置调频流程模块其实也便于开发人员熟悉 CPU 内部逻辑及定位问题，而不是在出现问题时等着 CLK 模块负责人来确认。当然，使用 CLK 接口的好处也显而易见，通用、实现简单、无须关注调频的具体实现等。

这里不单独介绍 clk_set_rate 实现，若模块有需求，建议只调整本节点频率或参考 Linux 实现即可。

（5）clk_set_parent

clk_set_parent 接口其实绝大多数情况用不到，Linux 中用得最多的可能就是 cpufreq 模块了，通过 CLK 配置频率，通过 regulator 配置电压，从而完成 CPU 的调频调压过程。这点可以参考 drivers/cpufreq/mediatek-cpufreq.c 的实现，当然参考其他平台实现也可以，大同小异。

cpufreq 中的 clk_set_parent 是为了配合频率而设计的，先将当前的父时钟配置到已经打开的另一个父时钟上，然后配置期望的输出频率，完成后，再将父时钟切回已配置为预期输出的父时钟，完成 CPU 的频率配置。这样做是因为 CPU 的频率一般配置灵活，支持频率较多，而这是通过专有 pll 实现的，专有 pll 可通过调节其倍频系数从而调整输出频率，但是专有 pll 在调频时，可能无法输出频率给子时钟，如果 CPU 还工作在该 pll 上，就会因为没有时钟输入而异常了。

```
int clk_set_parent(struct clk *clk, struct clk *new_parent)
{
    ret = clk_enable(new_parent);
    list_for_each_entry(cl, &clk->children, clk_list){
```

```
        if (cl->ops && cl->ops->notify) {
            cl->ops->notify(cl, SET_PARENT_BEFORE);
        }
    }
    if (clk->ops && clk->ops->set_parent) {
        ret = clk->ops->set_parent(clk, clk_get_parent_index(clk, new_parent));
        if (ret){
            clk_disable(new_parent);
            list_for_each_entry(cl, &clk->children, clk_list){
                if (cl->ops && cl->ops->notify) {
                    cl->ops->notify(cl, SET_PARENT_FAIL);
                }
            }
            return ret;
        }
    }
    list_for_each_entry(cl, &clk->children, clk_list){
        if (cl->ops && cl->ops->notify) {
            cl->ops->notify(cl, SET_PARENT_AFTER);
        }
    }
    clk_disable(clk->parent);
    clk->parent = new_parent;
    return ret;
}
```

想要切到新的父节点并使用，第一步是需要使能父节点，否则在配置切换时，很有可能导致模块异常甚至系统异常。clk_get_parent_index 就是获取新父节点的编号，而编号实际上就是 CLK 父节点名字的顺序，只需要遍历 parent_map 比对名字获取其索引即可。

12.3 本章小结

CLK 的实现到这里就结束了，时钟树的概念对于 SOC 开发人员来说是需要尽可能了解的，但 CLK 的操作，绝大部分模块其实有使能、去使能操作就够了。如果 SOC 时钟结构设计得过于复杂，这也说明前期时钟需求没有梳理清晰，不够简洁。这也需要开发人员参与时钟需求分析并提出必要建议。

第 13 章 *Chapter 13*

DVFS 框架设计与实现

第 1 章提到，DVFS 的全称是 Dynamic Voltage and Frequency Scaling，中文是动态电压频率调整，下面将详细讲解 CPU 的 DVFS。

Linux 的 CPU 调频调压由 cpufreq 完成，cpufreq 需要拆成两个词——cpu 与 freq，通过字面意思可知，cpufreq 与 CPU 及频率有关。随着半导体工艺的不断演进，芯片性能越来越强，软件迭代对 CPU 性能的要求也越来越高，CPU 频率也越来越高。如果一直让 CPU 运行在最高频率下，功耗、发热等问题也会随之而来，本章我们讲解 CPU 调频调压的设计与实现。

13.1 Linux cpufreq 的设计与实现

本节，我们主要对 Linux 内核 cpufreq 的实现机制进行分析，包括架构设计概览、模块功能详解、配置信息解析、主要数据类型、主要函数实现等。

13.1.1 架构设计概览

DVFS 在低功耗软件栈中的位置如图 13-1 所示，属于非睡眠形式的动态功耗控制方式。

13.1.2 模块功能详解

Linux 的 cpufreq 框架用一句话概括就是基于软硬件约束，通过一定的策略完成 CPU 频率的调整。这里的软硬件配置（如频率范围、CPU 个数等）由 cpufreq 驱动初始化时通过相应流程配置，主要由 policy 模块承载，同时，policy 模块也管理 governor 和 driver 的联系等事项。策略主要是指 governor 模块，即基于什么调频，内核默认的 governor 有 performance、powersave、conservative、ondemand、userspace 以及目前默认应用的 schedutil。最后完成 CPU 频率配置的模块就是 driver 了。频率配置可以调用 CLK 模块接口完成，也可以自行根据芯片配置流程完成，如果 CLK 实现较好，建议通过 CLK 模块完成。

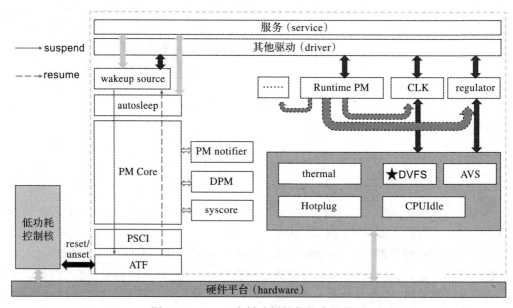

图 13-1　DVFS 在低功耗软件栈中的位置

调频调压均支持的 CPU（其他模块有同样约束）一般有如下配置约束：升频时，如果需要升压，需要先完成电压配置（regulator 模块）并等待电压稳定后再进行频率配置；如果需要降压，需要先降低频率，再配置降压。这是由硬件决定的，频率高于额定电压时，相当于 CPU 在超频运行，虽然不一定会出问题，但是出现的问题也是千奇八怪，难以定位，所以还是按照芯片约束来吧。

另外，cpufreq 框架还支持 notify 机制，在频率发生变化前后调用通知链，通知需要感知 CPU 频率变化的模块，相应模块在收到通知事件后可以进行对应配置。

13.1.3　配置信息解析

Linux cpufreq 依赖如下特性宏：

```
CONFIG_CPU_FREQ=y
CONFIG_CPU_FREQ_GOV_ATTR_SET=y
CONFIG_CPU_FREQ_GOV_COMMON=y
CONFIG_CPU_FREQ_STAT=y
CONFIG_CPU_FREQ_DEFAULT_GOV_PERFORMANCE=y
CONFIG_CPU_FREQ_DEFAULT_GOV_POWERSAVE=y
```

```
CONFIG_CPU_FREQ_DEFAULT_GOV_USERSPACE=y
CONFIG_CPU_FREQ_DEFAULT_GOV_ONDEMAND=y
CONFIG_CPU_FREQ_DEFAULT_GOV_CONSERVATIVE=y
CONFIG_CPU_FREQ_DEFAULT_GOV_SCHEDUTIL=y
CONFIG_CPUFREQ_DT=y
CONFIG_CPUFREQ_DT_PLATDEV=y
```

cpufreq 的实现主要在如下文件中：drivers/cpufreq/cpufreq.c、cpufreq-dt.c、cpufreq-dt-platdev.c、cpufreq_governor.c、cpufreq_ondemand.c、cpufreq_stats.c、freq_table.c、cpufreq_governor_attr_set.c 等。

13.1.4　主要数据类型

Linux cpufreq 与内核绝大多数框架一样，提供了通用机制，便于驱动开发人员专注驱动开发，了解其核心思路，有助于我们在非 Linux 系统中实现并应用自己的 CPU 调频模块。

1）cpufreq 框架的 core 主要完成 sysfs 接口封装、driver/governor/policy 逻辑串联及 driver 驱动接口封装。

2）governor 模块主要封装 governor 统一接口，提供 governor 注册。

3）policy 模块，具体也不能说是个模块，但 cpufreq driver 与 governor 的关联、管理都离不开 policy 模块，在阅读源码时你会感觉 policy 有点混乱，哪里都有它的身影，又有点语焉不详，但这不妨碍你实现自己的 cpufreq。

4）driver 的主要功能是完成最终的频率调整（电压调整，如果支持的话）。

下面我们结合源码了解各模块功能及 cpufreq 是如何工作的。

1. cpufreq_policy 结构体

cpufreq_policy 结构体是 cpufreq core 提供的非常重要的结构体，下面讲解主要成员含义：

cpus 及 related_cpus 表示当前 policy 管理的 CPU，cpus 代表当前处于 online 状态的 CPU，related_cpus 表示所有包含 online/offline 的 CPU。

cpu 表示当前管理 policy 的 CPU id，若多个 CPU 共用一个 policy，只需要对一个 CPU 进行管理即可，在该 CPU 下线时，还需要更新管理 CPU。

clk 表示当前 policy 使用的 CLK 句柄。

cpuinfo 表示 CPU 设计的最大最小频率。

min/max/cur 表示当前 policy 支持的最大、最小及当前频率。

governor/governor_data 表示当前 policy 使用的 governor 及其私有数据。

freq_table 表示当前 CPU 支持的频率表。

driver_data 表示 driver 的私有数据。

结构体定义如下：

```
struct cpufreq_policy {
```

```
    cpumask_var_t                    cpus; /* 只有online的 CPU才使用*/
    cpumask_var_t                    related_cpus; /* online + Offline CPU */
    unsigned int                     cpu;  /* 使用这个策略的CPU必须是online的*/
    struct clk                       *clk;
    struct cpufreq_cpuinfo           cpuinfo;
    unsigned int                     min;  /* 单位为kHz */
    unsigned int                     max;  /* 单位为kHz */
    unsigned int                     cur;  /* 单位为kHz, 只有在cpufreq_governor被使用时才需要 */
    unsigned int                     policy;
    struct cpufreq_governor          *governor;
    void                             *governor_data;
    struct cpufreq_frequency_table   *freq_table;
    void                             *driver_data;
};
```

通过对 policy 结构体主要成员的介绍，我们知道 policy 主要用于配置 CPU 的调频约束以及 governor 的管理。

2. governor 相关数据结构

governor 链表用于存放所有注册的 governor 节点。

```
static LIST_HEAD(cpufreq_governor_list);
```

接下来介绍 governor 的主要结构体 cpufreq_governor，该结构体主要给出 governor 的名字及 governor 相关回调函数，在不同流程中被框架调用。

```
#define CPUFREQ_DBS_GOVERNOR_INITIALIZER(_name_) \
    {                                                      \
        .name = _name_,                                    \
        .flags = CPUFREQ_GOV_DYNAMIC_SWITCHING, \
        .owner = THIS_MODULE,                              \
        .init = cpufreq_dbs_governor_init,       \
        .exit = cpufreq_dbs_governor_exit,       \
        .start = cpufreq_dbs_governor_start,     \
        .stop = cpufreq_dbs_governor_stop,       \
        .limits = cpufreq_dbs_governor_limits,  \
    }
struct cpufreq_governor {
    char    name[CPUFREQ_NAME_LEN];
    int     (*init)(struct cpufreq_policy *policy);
    void    (*exit)(struct cpufreq_policy *policy);
    int     (*start)(struct cpufreq_policy *policy);
    void    (*stop)(struct cpufreq_policy *policy);
    void    (*limits)(struct cpufreq_policy *policy);
    ssize_t (*show_setspeed)(struct cpufreq_policy *policy, char *buf);
    int     (*store_setspeed)(struct cpufreq_policy *policy, unsigned int freq);
    struct list_head        governor_list;
    struct module           *owner;
    u8                      flags;
};
```

```
/* governor标记 */
/* 通过自身动态改变频率的governor */
#define CPUFREQ_GOV_DYNAMIC_SWITCHING    BIT(0)
/* 等待目标频率被准确设置的governor */
#define CPUFREQ_GOV_STRICT_TARGET        BIT(1)
```

governor 模块提供了一个统一初始化宏用于对其变量进行初始化，如宏 CPUFREQ_DBS_ GOVERNOR_INITIALIZE 的定义实现，实际使用的结构体为 cpufreq_governor，governor 模块是为了屏蔽各种 governor 和 cpufreq 关联而实现的。结构体相关成员变量含义如下所示。

name：当前初始化 governor 的名字，如 ondemand、conservative 等。

init/exit 等：governor 初始化、注销或切换时 cpufreq core 调用的流程。

governor_list：各种 governor 注册时挂接链表，现在已很少使用了。

flags：当前 governor 策略。

governor 模块还有一个核心结构体 dbs_governor，其定义如下：

```
struct dbs_governor {
    struct cpufreq_governor gov;
    struct kobj_type kobj_type;
    struct dbs_data *gdbs_data;
    unsigned int (*gov_dbs_update)(struct cpufreq_policy *policy);
    struct policy_dbs_info *(*alloc)(void);
    void (*free)(struct policy_dbs_info *policy_dbs);
    int (*init)(struct dbs_data *dbs_data);
    void (*exit)(struct dbs_data *dbs_data);
    void (*start)(struct cpufreq_policy *policy);
};
```

gov：上文中提到的 CPUFREQ_DBS_GOVERNOR_INITIALIZER 宏。

gdbs_data：当前 governor 调频约束，如负载阈值、采样周期配置等。

gov_dbs_update：governor 更新负载及触发频率配置的回调，也是 governor 的精髓，后续会详细讲解。

3. driver 相关数据结构

cpufreq_driver 类型的变量定义：

```
static struct cpufreq_driver *cpufreq_driver;
```

core 提供的 driver 结构体，用于 core 对默认 driver 的关联及管理。

```
struct cpufreq_driver {
    char            name[CPUFREQ_NAME_LEN];
    u16             flags;
    void            *driver_data;
    /*所有的驱动都会使用 */
    int             (*init)(struct cpufreq_policy *policy);
    int             (*verify)(struct cpufreq_policy_data *policy);
    int             (*setpolicy)(struct cpufreq_policy *policy);
```

```
int              (*target)(struct cpufreq_policy *policy, unsigned int target_freq,
                 unsigned int relation);        /* Deprecated */
int              (*target_index)(struct cpufreq_policy *policy, unsigned int index);
unsigned int     (*fast_switch)(struct cpufreq_policy *policy, unsigned int target_freq);
/*缓存并返回驱动程序支持的最低频率大于或等于目标频率，并不设置频率，只有target()才会设置频率*/
unsigned int     (*resolve_freq)(struct cpufreq_policy *policy, unsigned int target_freq);
/*仅适用于未设置target_index()和CPUFREQ_ASYNC_NOTIFICATION的驱动程序。get_intermediate在
  跳转到对应'index'的频率之前应该返回一个稳定的中间频率，target_intermediate()应该将CPU设置为
  该频率。core负责发送通知，而驱动程序不必在target_intermediate()或者 target_index()中处理它
  们。驱动程序可以从get_intermediate()返回0，以防它们不希望切换到某个目标频率的中间频率。在这种
  情况下，core将直接调用->target_index()*/
unsigned int     (*get_intermediate)(struct cpufreq_policy *policy, unsigned int index);
int              (*target_intermediate)(struct cpufreq_policy *policy, unsigned int index);
unsigned int     (*get)(unsigned int cpu);
void             (*update_limits)(unsigned int cpu);

int              (*bios_limit)(int cpu, unsigned int *limit);
int              (*online)(struct cpufreq_policy *policy);
int              (*offline)(struct cpufreq_policy *policy);
int              (*exit)(struct cpufreq_policy *policy);
void             (*stop_cpu)(struct cpufreq_policy *policy);
int              (*suspend)(struct cpufreq_policy *policy);
int              (*resume)(struct cpufreq_policy *policy);
void             (*ready)(struct cpufreq_policy *policy);
struct freq_attr **attr;
bool             boost_enabled;
int              (*set_boost)(struct cpufreq_policy *policy, int state);
};
```

主要成员属性见加粗部分。

name：驱动唯一的名字。

flags：用于 cpufreq 部分功能控制，详见 cpufreq.h。

init：driver 注册时，由 core 调用的初始化接口，主要用于频率表的创建及 policy 的填充。

verify：主要对 policy 内配置及 CPU 频率约束进行验证，保证 policy 在 CPU 硬件约束范围之内。

target/target_index：driver 实现最终调频的接口，内部可以自行实现或调用 CLK 接口。

suspend/resume：系统 DPM 时的回调接口。

4. cpufreq core

cpufreq 调用 CPUIdle 的接口获取系统空闲时间。

```
u64 get_cpu_idle_time(unsigned int cpu, u64 *wall, int io_busy)
{
    u64 idle_time = get_cpu_idle_time_us(cpu, io_busy ? wall : NULL);
    if (idle_time == -1ULL)
        return get_cpu_idle_time_jiffy(cpu, wall);
    else if (!io_busy)
```

```
        idle_time += get_cpu_iowait_time_us(cpu, wall);
    return idle_time;
}
```

这里先介绍 core 模块中计算负载时用到的一个接口，其他接口在实现中会介绍到。计算负载时会用到 get_cpu_idle_time 接口，该接口用于获取当前系统累计的空闲时间，例如间隔 1 s 获取一次，两次结果相减就是 1 s 内系统的总空闲时间。

```
static struct subsys_interface cpufreq_interface = {
    .name           = "cpufreq",
    .subsys         = &cpu_subsys,
    .add_dev        = cpufreq_add_dev,
    .remove_dev     = cpufreq_remove_dev,
};
```

cpu subsys：驱动注册时会调用 subsys 模块注册接口，并将 cpufreq 驱动添加到 cpu subsys 中。

13.1.5　主要函数实现

cpufreq 主体实现比较单纯，我们了解其主要实现流程即可，下面从 driver 初始化及注册开始。

1.cpufreq driver 实现

以 mediatek-cpufreq.c 为例来讲解 cpufreq 驱动初始化过程。

```
static struct cpufreq_driver mtk_cpufreq_driver = {
    .flags = CPUFREQ_STICKY | CPUFREQ_NEED_INITIAL_FREQ_CHECK |
        CPUFREQ_HAVE_GOVERNOR_PER_POLICY |
        CPUFREQ_IS_COOLING_DEV,
    .verify = cpufreq_generic_frequency_table_verify,
    .target_index = mtk_cpufreq_set_target,
    .get = cpufreq_generic_get,
    .init = mtk_cpufreq_init,
    .exit = mtk_cpufreq_exit,
    .name = "mtk-cpufreq",
    .attr = cpufreq_generic_attr,
};
static int mtk_cpufreq_probe(struct platform_device *pdev)
{
    struct mtk_cpu_dvfs_info *info, *tmp;
    int cpu, ret;
    for_each_possible_cpu(cpu) {
        info = mtk_cpu_dvfs_info_lookup(cpu);
        if (info)
            continue;
        info = devm_kzalloc(&pdev->dev, sizeof(*info), GFP_KERNEL);
        if (!info) {
            ret = -ENOMEM;
            goto release_dvfs_info_list;
```

```
        }
        ret = mtk_cpu_dvfs_info_init(info, cpu);
        if (ret) {
            dev_err(&pdev->dev, "failed to initialize dvfs info for cpu%d\n", cpu);
            goto release_dvfs_info_list;
        }
        list_add(&info->list_head, &dvfs_info_list);
    }
    ret = cpufreq_register_driver(&mtk_cpufreq_driver);
    if (ret) {
        dev_err(&pdev->dev, "failed to register mtk cpufreq driver\n");
        goto release_dvfs_info_list;
    }
    return 0;
release_dvfs_info_list:
    list_for_each_entry_safe(info, tmp, &dvfs_info_list, list_head) {
        mtk_cpu_dvfs_info_release(info);
        list_del(&info->list_head);
    }
    return ret;
}
```

这里关注其 probe 及 cpufreq_driver 结构体实现即可。

mtk_cpufreq_driver 实现了 driver 必要的操作，如 init、target、verify、get 等，以及 flags 配置、driver 名称信息等。

probe 主要完成 driver 私有数据填充（mtk_cpu_dvfs_info_init），及通过 cpufreq_register_driver 完成向 cpufreq 框架注册。

mtk_cpu_dvfs_info_init 完成 regulator、CLK 的获取，同时，通过 opp 接口完成 CPU 频率、电压表构建，但还不是 cpufreq 能使用的 freq table，cpufreq 使用的 freq table 在 driver init 中完成。

driver 主要关注 init 及 target 接口实现了哪些功能，下面结合源码进一步分析。

```
static int mtk_cpufreq_init(struct cpufreq_policy *policy)
{
    struct mtk_cpu_dvfs_info *info;
    struct cpufreq_frequency_table *freq_table;
    int ret;
    info = mtk_cpu_dvfs_info_lookup(policy->cpu);
    if (!info) {
        pr_err("dvfs info for cpu%d is not initialized.\n", policy->cpu);
        return -EINVAL;
    }
    ret = dev_pm_opp_init_cpufreq_table(info->cpu_dev, &freq_table);
    if (ret) {
        pr_err("failed to init cpufreq table for cpu%d: %d\n", policy->cpu, ret);
        return ret;
    }
```

```
        cpumask_copy(policy->cpus, &info->cpus);
        policy->freq_table = freq_table;
        policy->driver_data = info;
        policy->clk = info->cpu_clk;
        dev_pm_opp_of_register_em(info->cpu_dev, policy->cpus);
        return 0;
}
```

init 最主要的工作就是构建 cpufreq 框架可使用的 freq 表。

```
static int mtk_cpufreq_set_target(struct cpufreq_policy *policy, unsigned int index)
{
        struct cpufreq_frequency_table *freq_table = policy->freq_table;
        struct clk *cpu_clk = policy->clk;
        struct clk *armpll = clk_get_parent(cpu_clk);
        struct mtk_cpu_dvfs_info *info = policy->driver_data;
        struct device *cpu_dev = info->cpu_dev;
        struct dev_pm_opp *opp;
        long freq_hz, old_freq_hz;
        int vproc, old_vproc, inter_vproc, target_vproc, ret;
        inter_vproc = info->intermediate_voltage;
        old_freq_hz = clk_get_rate(cpu_clk);
        old_vproc = regulator_get_voltage(info->proc_reg);
        if (old_vproc < 0) {
            pr_err("%s: invalid Vproc value: %d\n", __func__, old_vproc);
            return old_vproc;
        }
        freq_hz = freq_table[index].frequency * 1000;
        opp = dev_pm_opp_find_freq_ceil(cpu_dev, &freq_hz);
        if (IS_ERR(opp)) {
            pr_err("cpu%d: failed to find OPP for %ld\n", policy->cpu, freq_hz);
            return PTR_ERR(opp);
        }
        vproc = dev_pm_opp_get_voltage(opp);
        dev_pm_opp_put(opp);
        /*
         * 如果新的电压或者中间电压比当前电压高，则需要先升压
         */
        target_vproc = (inter_vproc > vproc) ? inter_vproc : vproc;
        if (old_vproc < target_vproc) {
            ret = mtk_cpufreq_set_voltage(info, target_vproc);
            if (ret) {
                pr_err("cpu%d: failed to scale up voltage!\n", policy->cpu);
                mtk_cpufreq_set_voltage(info, old_vproc);
                return ret;
            }
        }
        /* 将CPU时钟重定向到中间时钟 */
        ret = clk_set_parent(cpu_clk, info->inter_clk);
        if (ret) {
            pr_err("cpu%d: failed to re-parent cpu clock!\n", policy->cpu);
```

```
        mtk_cpufreq_set_voltage(info, old_vproc);
        WARN_ON(1);
        return ret;
    }
    /* 设置最根上的pll到目标频率 */
    ret = clk_set_rate(armpll, freq_hz);
    if (ret) {
        pr_err("cpu%d: failed to scale cpu clock rate!\n", policy->cpu);
        clk_set_parent(cpu_clk, armpll);
        mtk_cpufreq_set_voltage(info, old_vproc);
        return ret;
        }
    ret = clk_set_parent(cpu_clk, armpll);
    if (ret) {
        pr_err("cpu%d: failed to re-parent cpu clock!\n", policy->cpu);
        mtk_cpufreq_set_voltage(info, inter_vproc);
        WARN_ON(1);
        return ret;
    }
    /*
     *如果当前电压比中间电压或者原始电压低, 则需要降到当前电压
     */
    if (vproc < inter_vproc || vproc < old_vproc) {
        ret = mtk_cpufreq_set_voltage(info, vproc);
        if (ret) {
            pr_err("cpu%d: failed to scale down voltage!\n", policy->cpu);
            clk_set_parent(cpu_clk, info->inter_clk);
            clk_set_rate(armpll, old_freq_hz);
            clk_set_parent(cpu_clk, armpll);
            return ret;
        }
    }
    return 0;
}
```

前面提到, target 的工作是完成频率、电压的配置, 这里的频率、电压都是通过 CLK 和 regulator 接口完成的, 重点关注电压配置, 需要有升压、降压的判断。

下面通过介绍 cpufreq_register_driver 过程, 来了解 policy、governor、core 是如何关联并工作的。

2. cpufreq_register_driver 实现

如图 13-2 所示, cpufreq 的驱动在注册后完成了一系列工作, 实际直到调用 dbs_update_util_handler 才算完成全部注册过程。然后 cpufreq 根据系统调度及负载情况, 通过 dbs_work_handler 任务完成最终的调频调压过程。

通过时序图及各接口主要工作分析, 前面主要完成一系列必要的初始化工作。cpufreq 最终的核心有两点: 选择 governor, 确定调频策略; 基于负载选择适合当前系统状态的频率, 调用 driver 的 target 接口完成 CPU 的调频调压。

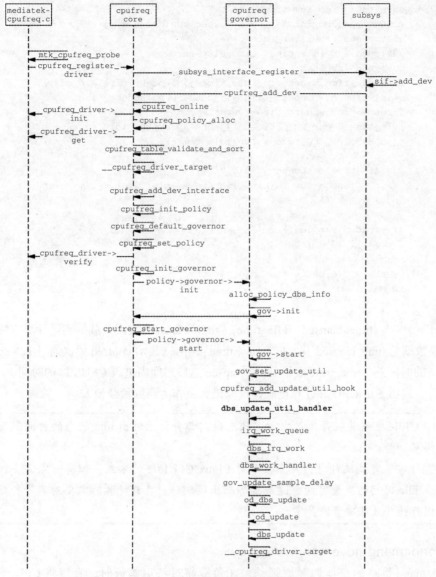

图 13-2　cpufreq 驱动注册过程

这里再讲解下 ondemand governor 的 CPU 负载获取方式及调频策略。

3. CPU 负载

CPU 负载是调频的依据，这里看一下负载是如何计算的；

```
unsigned int dbs_update(struct cpufreq_policy *policy)
{
    ...
    /*获取绝对负载 */
```

```
for_each_cpu(j, policy->cpus) {
    struct cpu_dbs_info *j_cdbs = &per_cpu(cpu_dbs, j);
    u64 update_time, cur_idle_time;
    unsigned int idle_time, time_elapsed;
    unsigned int load;
    cur_idle_time = get_cpu_idle_time(j, &update_time, io_busy);
    time_elapsed = update_time - j_cdbs->prev_update_time;
    j_cdbs->prev_update_time = update_time;
    idle_time = cur_idle_time - j_cdbs->prev_cpu_idle;
    j_cdbs->prev_cpu_idle = cur_idle_time;
    ...
        if (time_elapsed >= idle_time) {
            load = 100 * (time_elapsed - idle_time) / time_elapsed;
        }
    ...
    if (load > max_load)
        max_load = load;
}
policy_dbs->idle_periods = idle_periods;
return max_load;
}
```

load = 100 * (time_elapsed - idle_time) / time_elapsed; 表示负载的实际计算方法，这里的重要参数就是 time_elapsed 及 idle_time，time_elapsed 表示 cpufreq 两次通过 get_cpu_idle_time 获取的时间差，idle_time 表示 time_elapsed 这段时间内进入 CPUIdle 的时间。

最后，遍历各个 CPU 并计算负载，选取最大值作为调频负载输入。

> 注意 CPUIdle 框架其实每次进出 idle 状态时，都会记录进出 idle 状态的时间戳及 idle 时间累加和。
>
> 自行实现负载统计时，可直接参考 Linux CPUIdle 的方式，但有一点需要注意，记录 idle 时间的变量可能会随着累加而出现翻转，负载计算时需要对其进行处理，否则可能导致某次负载异常。

4. ondemand governor

ondemand 策略的总体调频原则是，在负载超过特定阈值时，直接将 CPU 频率调整到当前 CPU 支持的频率的最大值；在负载低于阈值时，通过 "freq_next = min_f + load * (max_f - min_f) / 100;" 公式完成目标频率计算并进行调整。

```
static void od_update(struct cpufreq_policy *policy)
{
    struct policy_dbs_info *policy_dbs = policy->governor_data;
    struct od_policy_dbs_info *dbs_info = to_dbs_info(policy_dbs);
    struct dbs_data *dbs_data = policy_dbs->dbs_data;
    struct od_dbs_tuners *od_tuners = dbs_data->tuners;
    unsigned int load = dbs_update(policy);
```

```
        dbs_info->freq_lo = 0;
        if (load > dbs_data->up_threshold) {
            if (policy->cur < policy->max)
                policy_dbs->rate_mult = dbs_data->sampling_down_factor;
            dbs_freq_increase(policy, policy->max);
        } else {
            unsigned int freq_next, min_f, max_f;
            min_f = policy->cpuinfo.min_freq;
            max_f = policy->cpuinfo.max_freq;
            freq_next = min_f + load * (max_f - min_f) / 100;
            policy_dbs->rate_mult = 1;
            if (od_tuners->powersave_bias)
                freq_next = od_ops.powersave_bias_target(policy, freq_next, CPUFREQ_
                    RELATION_L);
            __cpufreq_driver_target(policy, freq_next, CPUFREQ_RELATION_C);
        }
    }
```

13.2　实现自己的 DVFS 框架

在本节，我们通过实现结构体、接口等功能，来搭建自己的 DVFS 框架。

13.2.1　动手前的思考

Linux 的 cpufreq 框架整体看起来比较复杂，但在我们自行实现时，只需要实现其核心功能。

与 CPUIdle 结合完成负载统计和计算，根据平台的独特需求，完成下一步频率的选择，调用 CLK/Regulator（或平台自己的实现）完成频率电压的配置。如果支持 AVS，在配置电压时，还需要结合 AVS 接口进行电压配置。

整体思路如下：

1）初始化时，创建周期性定时器或任务，周期唤醒并计算该周期内负载。

2）根据负载计算下一周期的需求频率，调用频率配置接口完成频率、电压的配置。

13.2.2　设计与实现

1. 关键结构体 / 变量设计

cpufreq 的关键结构体主要有 freq_table、freq_ops、cpufreq，定义如下所示：

```
struct freq_table {
    u32 freq;   //KHz
    u32 volt;   //uV
};
struct freq_ops{
```

```
    u32      (*get)();
    u32      (*set_target)(u32 target_freq; u32 cur_freq);
};
struct cpufreq {
    const char *cpufreq_name;
    u32 cur_freq;
    u32 min_freq;
    u32 max_freq;
    u32 pre_idle_time;
    u32 pre_total_time;
    u32 sample_rate;
    u32 up_load_threshold;
    u32 down_load_threshold;
    u32 cur_volt;
    struct freq_table *freq_table;
    struct regulator *cpufreq_regu;
    struct clk *cpufreq_clk;
    struct delayed_work gov_work;
    struct cpufreq_ops *ops;
};
```

freq_table：驱动频率表，模块初始化时，建立频率和电压的对应关系。

freq_ops：驱动频率获取和配置接口。

cur_freq/min_freq/max_freq：系统当前频率，CPU 支持的最小、最大频率。

pre_idle_time/pre_total_time：用于计算负载的记录信息。

sample_rate：负载采样率，Linux 是结合系统调度实现的，我们通过定时器实现。

up_load_threshold/down_load_threshold：上调 / 下调负载阈值。

cpufreq_regu/cpufreq_clk：regulator/clk 句柄。

2. 关键函数设计

自行实现的 DVFS 主要函数如表 13-1 所示。

表 13-1　DVFS 主要函数

函　数	说　明
cpufreq_init()	cpufreq 初始化接口： 完成频率表及调频约束初始化 创建周期性定时器及调频任务 完成 cpufreq 结构体信息初始化，如 regulator/clk 获取、idle/total 时间更新等
cpufreq_get()	获取系统当前频率
cpufreq_set(int cur_freq, int target_freq)	配置频率

具体结构体初始化及函数实现如下：

```
struct cpufreq cpufreq_driver;
```

```
struct freq_table freq_t[] = {
    {200000,   550000},
    {300000,   550000},
    {450000,   600000},
    {600000,   600000},
    {800000,   700000},
    {1000000, 800000},
    {0,   CPUFREQ_TABLE_END},
};
int cpufreq_init()
{
    //初始化cpufreq结构体
    cpufreq_driver.freq_table = freq_t;
    cpufreq_driver.cpufreq_clk = clk_get(*,*);
    Cpufreq_driver.cpufreq_regu = regulator_get(*,*);
        ...
    INIT_DELAYED_WORK(&cpufreq_driver->gov_work, cpufreq_gov_work);
    ret = cpu_idle_time_get(&cpufreq_driver.pre_idle_time, &cpufreq_driver.pre_total_time);
    schedule_delayed_work(&cpufreq_driver->gov_work, Cpufreq_driver. sample_rate);
}
static void cpufreq_gov_work(struct work_struct *work)
{
    struct freq_table target_freq = {0,0};
    //计算负载，并更新时间信息
    ret = cpu_idle_time_get(&idle_time, &total_time);
    cpu_load = (idle_time - cpufreq_driver.pre_idle_time) * 100 / (total_time - cpufreq_
        driver.pre_total_time);
    cpufreq_driver.pre_idle_time = idle_time;
    cpufreq_driver.pre_total_time = total_time;
    if (cpu_load > cpufreq_driver.up_load_threshold) {
            target_freq.freq = cpufreq_driver.max_freq;
    }
    else if (cpu_load < cpufreq_driver.down_load_threshold) {
            target_freq.freq = cpu_load * cur_freq / (( cpufreq_driver.up_load_
                threshold +  cpufreq_driver.down_load_threshold)/2)
    }
    else {
    //负载合适，无须调频
    return ;
    }
    //计算的频率可能不在频率表中，需要遍历table找到CPU真正支持的频率及电压
    cpufreq_find_frequency_table(&target_freq);
    //以下可以为cpufreq_set()实现
    if (target_freq.volt > cur_volt) {
            ret = regulator_set_voltage(cpufreq_driver.regu, target_freq.volt,
                target_freq.volt);
    }
    ret = clk_set_rate(cpufreq_driver.clk, target_freq.freq);
    if (target_freq.volt < cur_volt) {
```

```
                ret = regulator_set_voltage(cpufreq_driver.regu, target_freq.volt, target_
                    freq.volt);
            }
        }
```

示例中实现的 cpufreq_gov_work 为周期性任务，实际可以改为周期性定时器，并在定时器中计算负载及基于负载判断是否需要调频，需要调频再触发任务进行后续操作，以避免任务频繁运行。

在实际操作时，需要结合系统现状对负载进行修改，且调频策略、阈值选择都需要结合业务场景及实测而定。对于实时操作系统，因为调频调压开销并不小，较优的策略是避免频繁调频，尽可能稳定频率，达到性能与功耗的平衡。

13.3 本章小结

DVFS 的介绍就到这里，系统中可以进行调频调压的不止有 CPU，还有系统总线、DDR、GPU、NPU、ISP 等，CPU 的 DVFS 也不是只可以通过负载来作为依据，也可以根据场景等进行单独频率需求配置，这些都需要根据实际情况而定，但原理基本一致。

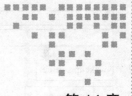

第 14 章 *Chapter 14*

regulator 框架设计与实现

regulator 有"调控者、调节器"的意思，放在 Linux 内核中可以理解为电源控制器或调节器，对外提供通用控制接口，用于打开、关闭电源，获取、配置电压、电流，对内提供通用框架及 OPS，简化驱动适配。可能大多数驱动或模块实现都没用过 regulator，或只简单用过 enable/disable 等，但对于一款 SOC 芯片来说，精细化地控制电源开关、电压、电流输出虽然复杂度较高，但作为对功耗有显著影响的模块，还是值得细研究下，下面一起分析 regulator 设计及实现。

14.1　Linux regulator 的设计与实现

本节，我们主要对 Linux 内核 regulator 的实现机制进行分析，包括架构设计概览、背景介绍、配置信息解析、主要模块功能、主要函数实现等。

14.1.1　架构设计概览

regulator 在低功耗软件栈中的位置如图 14-1 所示，属于非睡眠形式的动态功耗控制方式。

14.1.2　背景介绍

对于用户来说，regulator 就像水龙头，用户可以控制开关（电源打开、关闭）、水流大小（电源输出电压、电流大小）、调节冷热水（配置电源模式）。而用户要使用水龙头，需要水厂、输水管网、楼栋加压供水等共同配合完成。类比手机，手机电池等同于水厂，PMIC 芯片等同于输水管网，用于接收水源并分配水源给各小区楼栋。

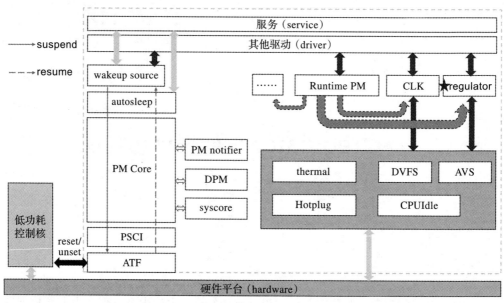

图 14-1　regulator 在低功耗软件栈中的位置

下面以实际项目中硬件及 regulator 的关系为例说明 regulator 整体结构。

从 PMIC 说起，PMIC 并不直接产生能量，它提供能量管理、控制功能，能量从哪里来？自然是从电池来，而最终使用电源的各个模块就是在消耗能量的用户。

举例系统供电结构如下：

```
Battery->PMIC->BUCK0->LDO0->consumer0/consumer1
                    ->LDO1->consumer2
              ->BUCK1->LDO2->consumer3
              ->BUCK2->consumer4
              ->LDO3->consumer5
              ->BUCKn->LDOm->consumerk
```

regulator 需要实现及控制的主要是上述结构中的 BUCK/LDO 部分，实际产品中还有 DCDC 等，这里不再详细描述，上述 consumer 就是实际供电器件，如手机屏幕、摄像头、CPU、DDR 等工作时都需要供电，它们可能共用也可能独享某个 BUCK/LDO，需要根据 SoC/ 产品实际设计而定，一般可参考 PMIC/SoC 软硬件接口。

regulator 框架的主要作用是屏蔽复杂的硬件结构，通过提供标准的接口，使类似 CPU、DDR、摄像头等控制电源的模块在系统需要的时候改变电源的状态。

14.1.3　配置信息解析

Linux regulator 依赖如下特性宏：

```
CONFIG_REGULATOR=y
```

```
CONFIG_OF=y
CONFIG_REGULATOR_FIXED_VOLTAGE=y
CONFIG_REGULATOR_VIRTUAL_CONSUMER=y
CONFIG_REGULATOR_USERSPACE_CONSUMER=y
```

Regulator 的实现主要在如下文件中：core.c、dummy.c、fixed-helper.c、helpers.c、devres.c、of_regulator.c、fixed.c、virtual.c、userspace-consumer.c。

14.1.4　主要模块功能

与 Linux 绝大多数框架一样，regulator 可分为用户空间接口层、框架、驱动层及硬件层。

1）用户接口通过 sysfs 提供用户可控制电源的开关、状态查询等操作。

2）框架层对上及其他驱动提供电源管理接口，对下提供驱动通用机制，便于驱动标准实现，其接口可分为消费者 / 使用者接口、驱动接口、机器接口（机器这里理解为硬件参数或约束更为合适）。

3）驱动层实现电源控制具体实现接口，控制硬件。

4）硬件层为最终的 PMIC、DR、DC 等电源硬件资源。

下面我们按模块分别介绍 Linux 实现。

1. consumer

regulator 框架的 consumer 是对外提供的接口，由上文供电结构示例中的 consumer* 调用接口进行控制，通过 consumer.h 文件提供的 regulator 句柄进行控制，使用者看不到该结构体的内部数据结构。

regulator 的 consumer 接口存放在 include/linux/regulator/consumer.h 文件中。本文主要讲解常用接口。

（1）获取 regulator 接口

consumer* 要想控制其对应的电源，需要先获取 regulator 句柄，通过 regulator get 接口获取其对应的唯一句柄后，便可通过其他接口控制电源了。

```
struct regulator *__must_check regulator_get(struct device *dev, const char *id);
struct regulator *__must_check devm_regulator_get(struct device *dev, const char *id);
struct regulator *__must_check regulator_get_exclusive(struct device *dev, const char
    *id);
struct regulator *__must_check devm_regulator_get_exclusive(struct device *dev, const
    char *id);
struct regulator *__must_check regulator_get_optional(struct device *dev, const char
    *id);
struct regulator *__must_check devm_regulator_get_optional(struct device *dev,const
    char *id);
```

regulator_get 为普通的 regulator 句柄获取接口，内存的资源在申请时分配。

devm_regulator_get 是 regulator 封装了一层的 devres 机制接口，便于管理内存资源，其他带有 devm 前缀的接口就不细述了，devres 相关机制背景可自行查阅。

regulator_get_exclusive，重点在最后一个单词"exclusive"，这里的专有、专用对于 consumer 来说是有先后顺序的，第一个获取 regulator 的 consumer 有了优先使用权，后续 consumer 再想获取是不可能了。

regulator_get_optional，可选，用于获取 regulator。

（2）释放 regulator 接口

驱动注销或异常时，需要释放已获取的 regulator，因为获取接口申请了不少内存资源。

```
void regulator_put(struct regulator *regulator);
void devm_regulator_put(struct regulator *regulator);
```

（3）regulator 控制和状态接口

regulator 可以查询电源状态、控制电源开关等。

```
int __must_check regulator_enable(struct regulator *regulator);
int regulator_disable(struct regulator *regulator);
int regulator_force_disable(struct regulator *regulator);
int regulator_is_enabled(struct regulator *regulator);
int regulator_disable_deferred(struct regulator *regulator, int ms);
```

上述接口的作用是控制电源的打开、关闭，以及查询当前状态。下面的接口主要用于获取电源电压、电流，配置电压、电流，同时获取电压列表、压差步长、电流限制、模式等。

```
int regulator_count_voltages(struct regulator *regulator);
int regulator_list_voltage(struct regulator *regulator, unsigned selector);
int regulator_is_supported_voltage(struct regulator *regulator,int min_uV, int max_uV);
unsigned int regulator_get_linear_step(struct regulator *regulator);
int regulator_set_voltage(struct regulator *regulator, int min_uV, int max_uV);
int regulator_set_voltage_time(struct regulator *regulator, int old_uV, int new_uV);
int regulator_get_voltage(struct regulator *regulator);
int regulator_sync_voltage(struct regulator *regulator);
int regulator_set_current_limit(struct regulator *regulator, int min_uA, int max_uA);
int regulator_get_current_limit(struct regulator *regulator);
int regulator_set_mode(struct regulator *regulator, unsigned int mode);
unsigned int regulator_get_mode(struct regulator *regulator);
int regulator_get_error_flags(struct regulator *regulator, unsigned int *flags);
int regulator_set_load(struct regulator *regulator, int load_uA);
int regulator_allow_bypass(struct regulator *regulator, bool allow);
struct regmap *regulator_get_regmap(struct regulator *regulator);
int regulator_get_hardware_vsel_register(struct regulator *regulator, unsigned *vsel_
    reg, unsigned *vsel_mask);
int regulator_list_hardware_vsel(struct regulator *regulator,unsigned selector);
```

（4）多 regulator 控制接口

还有一类特殊接口，需要一次控制多个 regulator，如 MMC 需要 1.9 V 和 1.0 V 两路电源一起供电才能正常工作。打开两路电源有两种方法，即通过 regulator_get 获取两路电源后控制，或者通过 regulator bulk 接口控制电源。

```
int __must_check regulator_bulk_get(struct device *dev, int num_consumers, struct
    regulator_bulk_data *consumers);
int __must_check devm_regulator_bulk_get(struct device *dev, int num_consumers,
    struct regulator_bulk_data *consumers);
int __must_check regulator_bulk_enable(int num_consumers, struct regulator_bulk_
    data *consumers);
int regulator_bulk_disable(int num_consumers, struct regulator_bulk_data *consumers);
int regulator_bulk_force_disable(int num_consumers, struct regulator_bulk_data *consumers);
void regulator_bulk_free(int num_consumers, struct regulator_bulk_data *consumers);
void regulator_bulk_set_supply_names(struct regulator_bulk_data *consumers, const
    char *const *supply_names, unsigned int num_supplies);
```

这里有个重要的结构体 regulator_bulk_data，明白该结构体及 regulator_bulk_get 实现就可以很轻易地明白 bulk 接口的实现原理。

regulator_bulk_data 本质对应一个电源（regulator），supply 为获取 regulator 的参数。

```
struct regulator_bulk_data {
    const char *supply;
    struct regulator *consumer;
    /* private: Internal use */
    int ret;
};
```

consumer 通过 regulator_bulk_get 一次获取多个 regulator，通过 regulator_bulk_get 实现可知，bulk 相关接口通过 struct regulator_bulk_data 数组控制了多个 regulator。目前 bulk 接口只支持获取、释放、使能、去使能，也支持配置电压，不过现实是基本用不到。

```
/**
 * @dev:            需要使用的设备
 * @num_consumers:  注册的consumer的数量
 * @consumers:      consumer的配置信息
 * @成功时返回0
 */
int regulator_bulk_get(struct device *dev, int num_consumers, struct regulator_bulk_
    data *consumers)
{
    int i;
    int ret;
    for (i = 0; i < num_consumers; i++)
        consumers[i].consumer = NULL;
    for (i = 0; i < num_consumers; i++) {
        consumers[i].consumer = regulator_get(dev, consumers[i].supply);
        if (IS_ERR(consumers[i].consumer)) {
            ret = PTR_ERR(consumers[i].consumer);
            consumers[i].consumer = NULL;
            goto err;
        }
    }
```

```
        return 0;
err:
    if (ret != -EPROBE_DEFER)
        dev_err(dev, "Failed to get supply '%s': %pe\n",
            consumers[i].supply, ERR_PTR(ret));
    else
        dev_dbg(dev, "Failed to get supply '%s', deferring\n",
            consumers[i].supply);
    while (--i >= 0)
        regulator_put(consumers[i].consumer);
    return ret;
}
```

（5）regulator 通知接口

regulator 的 notifier 接口与 Linux 通用的 notifier 机制接口的基本功能差不多，谁感知谁注册，可感知的事件请直接看 Linux 源码：

```
/* regulator notifier模块 */
int regulator_register_notifier(struct regulator *regulator,struct notifier_
    block *nb);
int devm_regulator_register_notifier(struct regulator *regulator,struct notifier_
    block *nb);
int regulator_unregister_notifier(struct regulator *regulator,struct notifier_
    block *nb);
void devm_regulator_unregister_notifier(struct regulator *regulator,struct
    notifier_block *nb);
```

（6）regulator 驱动私有数据接口

驱动注册 regulator ops 时可注册私有数据接口。

```
void *regulator_get_drvdata(struct regulator *regulator);
void regulator_set_drvdata(struct regulator *regulator, void *data);
```

2. machine

结合 14.1.2 节的供电结构示例，可以发现供电结构实际上与我们熟悉的数据结构树基本一样，当然，实际设计中还是存在只有一级电源的情况，加上 consumer 也可算作"小树苗"吧。

regulator 的 machine 模块的一个重要工作就是描述供电结构的父子关系，主要由 regulator_init_data 结构体承载，machine 还有一个主要功能就是描述电源硬件约束，如可配置的最大、最小电压、电流，电源是否可被关闭等。现实生活中我们知道操作电需要小心，嵌入式系统中同样如此，因此，需要在编码中对边界进行约束以防止不被允许的"误操作"。

上述两种功能涉及的结构体均存放在 include/linux/regulator/machine.h 头文件中，后续介绍中也会有所涉及。

3. driver

这里的 driver 不是平时大家开发的 Linux 驱动，是 regulator 框架为驱动实现提供的一些通用接口。

其最主要的功能是 regulator 注册、去注册及通知链接口。

```
struct regulator_dev *regulator_register(const struct regulator_desc *regulator_
    desc, const struct regulator_config *config);
struct regulator_dev *devm_regulator_register(struct device *dev, const struct
    regulator_desc *regulator_desc, const struct regulator_config *config);
void regulator_unregister(struct regulator_dev *rdev);
void devm_regulator_unregister(struct device *dev, struct regulator_dev *rdev);
int regulator_notifier_call_chain(struct regulator_dev *rdev,unsigned long event, void
    *data);
```

本章主要介绍 regulator 整体架构及模块功能,详细说明可见 14.1.5 节中的讲解。

driver 实现中最重要的结构体是 regulator_dev,用于 regulator 本身关系的维护、各类参数的配置。而对于驱动实现来说,驱动主要需要关注的结构体是 regulator_desc 和 regulator_config,两个结构体说简单些就是为了描述 regulator 本身的信息,如名字、父节点、驱动 ops 实现以及该电源对应哪些 consumer 等。结构体的具体成员可以参考源码:include/linux/regulator/driver.h。

4. core

regulator 的 core 模块除了实现 driver/machine/consumer 等模块结构外,还可以通过 sysfs 实现 user 空间对 Regulator 的一些状态查询和控制。

14.1.5　主要函数实现

上一节主要讲解 regulator 各模块的主要功能和接口,本节从驱动和使用者角度讲解 regulator 的主要实现。

上面我们说过供电结构和“树”一样,而 regulator 最核心的原理就是通过软件代码实现供电结构,从而在满足供电关系前提下,安全、便捷地操作电源。下面介绍 regulator 整体框架,driver、consumer、machine、core 等如何联系,以及 regulator 如何通过软件实现供电结构。

1. regulator driver 实现

上一节我们知道 regulator driver 模块为具体驱动实现提供了必要接口以及数据结构,下面以 hi6421v530-regulator.c 实现为例,详细讲解接口实现原理。

hi6421 对应的 DTS 文件在 arch/arm64/boot/dts/hisilicon/hi3660-hikey960.dts 中。

我们直接从 probe 开始,需要关注的代码已经加粗。

```
static const struct regulator_ops hi6421v530_ldo_ops = {
    .is_enabled = regulator_is_enabled_regmap,
    .enable = regulator_enable_regmap,
    .disable = regulator_disable_regmap,
```

```
        .list_voltage = regulator_list_voltage_table,
        .map_voltage = regulator_map_voltage_ascend,
        .get_voltage_sel = regulator_get_voltage_sel_regmap,
        .set_voltage_sel = regulator_set_voltage_sel_regmap,
        .get_mode = hi6421v530_regulator_ldo_get_mode,
        .set_mode = hi6421v530_regulator_ldo_set_mode,
    };
    static int hi6421v530_regulator_probe(struct platform_device *pdev)
    {
        struct hi6421_pmic *pmic;
        struct regulator_dev *rdev;
        struct regulator_config config = { };
        unsigned int i;
        pmic = dev_get_drvdata(pdev->dev.parent);
        if (!pmic) {
            dev_err(&pdev->dev, "no pmic in the regulator parent node\n");
            return -ENODEV;
        }
        for (i = 0; i < ARRAY_SIZE(hi6421v530_regulator_info); i++) {
            config.dev = pdev->dev.parent;
            config.regmap = pmic->regmap;
            config.driver_data = &hi6421v530_regulator_info[i];
            rdev = devm_regulator_register(&pdev->dev, &hi6421v530_regulator_info[i].
                rdesc, &config);
            if (IS_ERR(rdev)) {
                dev_err(&pdev->dev, "failed to register regulator %s\n", hi6421v530_
                    regulator_info[i].rdesc.name);
                return PTR_ERR(rdev);
            }
        }
        return 0;
    }
```

hi6421v530_regulator_info 是 hi6421 自行封装的结构体，主要成员就是 regulator_desc，下面是具体实现。填充了部分 regulator_desc 的成员，这里就不细述了。对于驱动来说实现 regulator 要求的 OPS（hi6421v530_ldo_ops）并注册给 regulator 框架，驱动开发工作就完成 50% 以上了。剩下的 50% 主要是根据需求完成 regulator 参数配置等工作并根据要求填充到 driver.h 要求的结构体后，完成注册即可。

```
    /*
     * _id - LDO id 名字字符串
     * v_table - 电压表
     * vreg - 电压选择寄存器
     * vmask - 电压选择屏蔽
     * ereg - 使能寄存器
     * emask - 使能屏蔽
     * odelay - off/on延时时间，单位为μs
     * ecomask - eco 模式屏蔽
     * ecoamp - eco 模式负荷上限，单位为μA
```

```
    */
#define HI6421V530_LDO(_ID, v_table, vreg, vmask, ereg, emask, \
        odelay, ecomask, ecoamp) {                            \
        .rdesc = {                                            \
        .name           = #_ID,                               \
        .of_match       = of_match_ptr(#_ID),                 \
        .regulators_node = of_match_ptr("regulators"),        \
        .ops            = &hi6421v530_ldo_ops,                \
        .type           = REGULATOR_VOLTAGE,                  \
        .id             = HI6421V530_##_ID,                   \
        .owner          = THIS_MODULE,                        \
        .n_voltages     = ARRAY_SIZE(v_table),                \
        .volt_table     = v_table,                            \
        .vsel_reg   = HI6421_REG_TO_BUS_ADDR(vreg),           \
        .vsel_mask = vmask,                                   \
        .enable_reg     = HI6421_REG_TO_BUS_ADDR(ereg),       \
        .enable_mask    = emask,                              \
        .enable_time    = HI6421V530_LDO_ENABLE_TIME,         \
        .off_on_delay   = odelay,                             \
    },                                                        \
    .mode_mask      = ecomask,                                \
    .eco_microamp = ecoamp,                                   \
}
/* HI6421V530 regulator 信息 */
static struct hi6421v530_regulator_info hi6421v530_regulator_info[] = {
    HI6421V530_LDO(LDO3, ldo_3_voltages, 0x061, 0xf, 0x060, 0x2, 20000, 0x6, 8000),
    HI6421V530_LDO(LDO9, ldo_9_11_voltages, 0x06b, 0x7, 0x06a, 0x2,40000, 0x6, 8000),
    HI6421V530_LDO(LDO11, ldo_9_11_voltages, 0x06f, 0x7, 0x06e, 0x2,40000, 0x6, 8000),
    HI6421V530_LDO(LDO15, ldo_15_16_voltages, 0x077, 0x7, 0x076, 0x2,40000, 0x6, 8000),
    HI6421V530_LDO(LDO16, ldo_15_16_voltages, 0x079, 0x7, 0x078, 0x2,40000, 0x6, 8000),
};
```

hi6421 只实现了 5 个一级的 regulator，没有体现供电结构中的父子关系，但这不影响大家了解整体结构。下面主要讲解 devm_regulator_register 过程。

```
/**
 * @dev:            需要使用的设备
 * @regulator_desc: 要注册的regulator
 * @config:         regulator的配置信息
 */
struct regulator_dev *devm_regulator_register(struct device *dev, const struct
    regulator_desc *regulator_desc, const struct regulator_config *config)
{
    struct regulator_dev **ptr, *rdev;
    ptr = devres_alloc(devm_rdev_release, sizeof(*ptr), GFP_KERNEL);
    if (!ptr)
        return ERR_PTR(-ENOMEM);
    rdev = regulator_register(regulator_desc, config);
    if (!IS_ERR(rdev)) {
        *ptr = rdev;
```

```
        devres_add(dev, ptr);
    } else {
        devres_free(ptr);
    }
    return rdev;
}
```

前面说过 devm 开头的接口是通过 devres 机制管理相关资源的，不是我们关注的重点，regulator 的驱动最终还是调用 regulator_register 实现的。

```
struct regulator_dev * regulator_register(const struct regulator_desc *regulator_
    desc, const struct regulator_config *cfg)
{
    ...
    init_data = regulator_of_get_init_data(dev, regulator_desc, config, &rdev->dev.
        of_node);
    if (PTR_ERR(init_data) == -EPROBE_DEFER) {
        ret = -EPROBE_DEFER;
        goto clean;
    }
    if (!cfg->ena_gpiod && config->ena_gpiod)
        dangling_of_gpiod = true;
    if (!init_data) {
        init_data = config->init_data;
        rdev->dev.of_node = of_node_get(config->of_node);
    }
    ...
    INIT_LIST_HEAD(&rdev->consumer_list);
    INIT_LIST_HEAD(&rdev->list);
    BLOCKING_INIT_NOTIFIER_HEAD(&rdev->notifier);
    INIT_DELAYED_WORK(&rdev->disable_work, regulator_disable_work);
    ...
    ret = set_machine_constraints(rdev);
    ...
    /* 添加consumer设备 */
    if (init_data) {
        for (i = 0; i < init_data->num_consumer_supplies; i++) {
            ret = set_consumer_device_supply(rdev, init_data->consumer_supplies[i].
                dev_name, init_data->consumer_supplies[i].supply);
            if (ret < 0) {
                dev_err(dev, "Failed to set supply %s\n", init_data->consumer_supp-
                    lies[i].supply);
                goto unset_supplies;
            }
        }
    }
    ...
    return rdev;
}
```

regulator_register 先完成各种参数合法性的检查以保证后续过程无异常。实现驱动时可以通过这些检查更清晰地了解哪些参数是驱动必须实现的。

regulator_of_get_init_data 用于初始化 regulator 的约束参数，如最大、最小电压、电流等，这些参数可以在驱动实现时初始化，也可以直接在 DTS 中配置，通过 init_data 函数完成参数初始化。如果不知道如何配置 DTS 可以仔细阅读 init_data 代码实现。

INIT_LIST_HEAD(&rdev->consumer_list) 命令用于初始化 consumer 链表，后面讲 consumer 使用 regulator 时会用到，这里先记下。

regulator_of_get_init_data 函数已经初始化了 regulator 的相关参数，在完成注册前，需要将软硬件状态调整到符合这些参数的配置，而 set_machine_constraints 的作用就是检查 regulator 当前状态并通过调用相关接口来保证 regulator 软硬件状态与 regulator_of_get_init_data 初始化的参数状态一致。

这里列举两个 regulator constraints 参数说明，always_on 和 boot_on 参数。如果 regulator 初始化时将这两个参数配置为 1，说明在系统启动时（或启动后）不希望该 regulator 关闭，set_machine_constraints 检查到该参数时，会调用使能接口使能当前的 regulator，如果该 regulator 有父节点，也会使能该父节点（如果父节点还有父节点，则继续使能），从而保证该 regulator 的软硬件状态都是打开的。其实这类电源肯定在系统上电启动阶段就是打开了，但 regulator 需要保证软硬件状态一致，以避免不必要的异常。

```
static int set_machine_constraints(struct regulator_dev *rdev)
{
    ...
    if (rdev->constraints->always_on || rdev->constraints->boot_on) {
        if (rdev->supply_name && !rdev->supply)
            return -EPROBE_DEFER;
        if (rdev->supply) {
            ret = regulator_enable(rdev->supply);
            if (ret < 0) {
                _regulator_put(rdev->supply);
                rdev->supply = NULL;
                return ret;
            }
        }
        ret = _regulator_do_enable(rdev);
        if (ret < 0 && ret != -EINVAL) {
            rdev_err(rdev, "failed to enable: %pe\n", ERR_PTR(ret));
            return ret;
        }
        if (rdev->constraints->always_on)
            rdev->use_count++;
    }
    print_constraints(rdev);
    return 0;
}
```

set_consumer_device_supply 函数主要用于把 regulator 和 consumer 联系起来，并把当

前初始化的 regulator 挂接到 regulator_map_list 链表中。前面所有的工作都是为了这一刻，与 regulator_map_list 联系在一起。

至此，regulator_register 的主要功能就结束了，这里没有对每个参数、每行代码细细道来，希望读者能够静下心来认真研读本部分代码，一定能够受益匪浅。

2. regulator consumer 实现

14.1.4 节中讲到 regulator 的 consumer 主要提供一些 consumer 会操作的接口，用于 regulator 的状态查询、控制等操作。本节讲解一些常用接口的实现，便于大家理解 regulator 功能，以便更好地实现自己的 regulator。

（1）regulator 获取

consumer 要使用 regulator 控制电源，第一步就是通过 regulator_get 类接口获取句柄，再将 consumer 获取的句柄与 regulator 软件实现的供电接口联系起来，从而控制电源。

```
struct regulator *regulator_get(struct device *dev, const char *id)
```

我们以 regulator_get 为例，两个参数 *dev 是使用 regulator 的 consumer 对应的 device 结构体，*id 为 regulator 分配给 consumer 的唯一 ID，两个参数都可在 regulator 框架中查找到对应的电源，区别在于 dev 可以通过 DTS 配置 regulator 节点获取，id 需要 regulator 驱动显示配置，并在调用 regulator_register 时，通过 set_consumer_device_supply 函数完成 id 分配及与 regulator 关联。

```
pmic: pmic@fff34000 {
        compatible = "hisilicon,hi6421v530-pmic";
        reg = <0x0 0xfff34000 0x0 0x1000>;
        interrupt-controller;
        #interrupt-cells = <2>;
        regulators {
            ...
            ldo9: LDO9 { /* SDCARD I/O */
                regulator-name = "VOUT9_1V8_2V95";
                regulator-min-microvolt = <1750000>;
                regulator-max-microvolt = <3300000>;
                regulator-enable-ramp-delay = <240>;
            };
            ...
            ldo16: LDO16 { /* SD VDD */
                regulator-name = "VOUT16_2V95";
                regulator-min-microvolt = <1750000>;
                regulator-max-microvolt = <3000000>;
                regulator-enable-ramp-delay = <360>;
            };
        };
    };
    &dwmmc1 {
        ...
```

```
vmmc-supply = <&ldo16>;
vqmmc-supply = <&ldo9>;
status = "okay";
};
```

若想通过 dev 对应的 DTS 获取 regulator 句柄，则需要在 DTS 中按如上示例进行配置，让 vmmc-supply 指向 LDO16 对应的 regulator。在编写代码时，regulator_get 函数的参数 id 是 vmmc，而不是 vmmc-supply。

```
struct regulator *_regulator_get(struct device *dev, const char *id, enum regulator_
    get_type get_type)
{
    ...
    rdev = regulator_dev_lookup(dev, id);
    ...
    regulator = create_regulator(rdev, dev, id);
    ...
    rdev->open_count++;
    if (get_type == EXCLUSIVE_GET) {
        rdev->exclusive = 1;
        ret = _regulator_is_enabled(rdev);
        if (ret > 0)
            rdev->use_count = 1;
        else
            rdev->use_count = 0;
    }
    ...
    return regulator;
}
```

regulator_get 接口最重要的部分如上加粗部分，regulator_dev_lookup 用于查找当前 consumer 对应的 regulator，怎么查找呢？还记得前面 register 提到的 regulator_map_list 链表吧，直接在 list 中查找。但不能直接用链表上的节点，因为 consumer 可能不止一个，大家都去操作一个很快就乱套了，所以需要用到 create_regulator，新创建一个 regulator 来唯一表示当前 consumer，并将该 regulator 挂在 lookup 查找到的 regulator 节点上。

regulator 框架有几个概念很容易混淆，如 consumer、regulator、supply、consumer_supply，这里简单解释下。

```
Battery->PMIC->BUCK0->LDO0->consumer0/consumer1
                    ->LDO1->consumer2
            ->BUCK1->LDO2->consumer3
            ->BUCK2->consumer4
            ->LDO3->consumer5
            ->BUCKn->LDOm->consumerk
```

还记得开篇描述的供电结构么，对于 regulator 框架来说，它本身描述的 regulator（用 regulator_dev 结构体承载）不包含上述结构最后一级 consumer*，为了方便管理在 consumer

通过 regulator_get 获取句柄时，分配了一个新的 regulator 来代表 consumer 用 regulator 结构体承载。

regulator（regulator_dev 结构体）的 supply 表示其父节点，regulator_map_list 使用的 supply 表示的是 consumer 的别名。

regulator 各结构之间的关系大致如此，下面继续分析如何获取 regulator。

前面有说 get 接口传入的 id 参数有两层用途，它们在 regulator_dev_lookup 这里就充分体现了，分别看一下 of_get_regulator 和 regulator_map_list 遍历。of_get_regulator 函数通过 snprintf 将 id 与 supply 拼接在一起，然后查找 dev 的 DTS（想想前面 vmmc-supply = <&ldo16>;），如果查到，说明 DTS 中已经配置了 regulator，如果 DTS 中无该 regulator 的相关信息，则继续遍历 regulator_map_list 获取对应的 regulator。

如果 consumer_dev 的 DTS 中未配置 regulator，那就要通过另一种方式获取了。这里不再赘述了。

```
static struct regulator_dev *regulator_dev_lookup(struct device *dev,const char
    *supply)
{
    struct regulator_dev *r = NULL;
    struct device_node *node;
    struct regulator_map *map;
    const char *devname = NULL;
    regulator_supply_alias(&dev, &supply);
    if (dev && dev->of_node) {
        node = of_get_regulator(dev, supply);
        if (node) {
            r = of_find_regulator_by_node(node);
            if (r)
                return r;
            return ERR_PTR(-EPROBE_DEFER);
        }
    }
    if (dev)
        devname = dev_name(dev);
    mutex_lock(&regulator_list_mutex);
    list_for_each_entry(map, &regulator_map_list, list) {
        if (map->dev_name &&
            (!devname || strcmp(map->dev_name, devname)))
            continue;
        if (strcmp(map->supply, supply) == 0 &&
            get_device(&map->regulator->dev)) {
            r = map->regulator;
            break;
        }
    }
    mutex_unlock(&regulator_list_mutex);
    if (r)
        return r;
```

```
    r = regulator_lookup_by_name(supply);
    if (r)
        return r;
    return ERR_PTR(-ENODEV);
}
static struct device_node *of_get_regulator(struct device *dev, const char *supply)
{
    struct device_node *regnode = NULL;
    char prop_name[64]; /* 64 is max size of property name */
    dev_dbg(dev, "Looking up %s-supply from device tree\n", supply);
    snprintf(prop_name, 64, "%s-supply", supply);
    regnode = of_parse_phandle(dev->of_node, prop_name, 0);
    if (!regnode) {
        regnode = of_get_child_regulator(dev->of_node, prop_name);
        if (regnode)
            return regnode;
        dev_dbg(dev, "Looking up %s property in node %pOF failed\n",prop_name, dev-
            >of_node);
        return NULL;
    }
    return regnode;
}
```

　　找到给该 consumer 供电的 regulator（实际为 regulator_dev 结构体）后，并不会给 consumer 直接使用，接着调用 create_regulator。create_regulator 的作用就是填充 regulator 结构体，首先新申请空间 regulator，并把通过 lookup 找到的 regulator（rdev）挂接到 regulator 上，完成父子关系的关联，之后把 regulator 挂接到 rdev 的 consumer_list 上，consumer_list 表示该 regulator 下有几个 consumer，用于后续多个 consumer 共用 regulator 的管理。

```
static struct regulator *create_regulator(struct regulator_dev *rdev, struct device
    *dev, const char *supply_name)
{
    struct regulator *regulator;
    int err = 0;
    if (dev) {
        char buf[REG_STR_SIZE];
        int size;
        size = snprintf(buf, REG_STR_SIZE, "%s-%s", dev->kobj.name, supply_name);
        if (size >= REG_STR_SIZE)
            return NULL;
        supply_name = kstrdup(buf, GFP_KERNEL);
        if (supply_name == NULL)
            return NULL;
    } else {
        supply_name = kstrdup_const(supply_name, GFP_KERNEL);
        if (supply_name == NULL)
            return NULL;
    }
    regulator = kzalloc(sizeof(*regulator), GFP_KERNEL);
```

```
        if (regulator == NULL) {
            kfree(supply_name);
            return NULL;
        }
        regulator->rdev = rdev;
        regulator->supply_name = supply_name;
        regulator_lock(rdev);
        list_add(&regulator->list, &rdev->consumer_list);
        regulator_unlock(rdev);
        if (dev) {
            regulator->dev = dev;
            err = sysfs_create_link_nowarn(&rdev->dev.kobj, &dev->kobj, supply_name);
            if (err) {
                rdev_dbg(rdev, "could not add device link %s: %pe\n", dev->kobj.name,
                    ERR_PTR(err));
                /* non-fatal */
            }
        }
        if (err != -EEXIST)
            regulator->debugfs = debugfs_create_dir(supply_name, rdev->debugfs);
        if (!regulator->debugfs) {
            rdev_dbg(rdev, "Failed to create debugfs directory\n");
        } else {
            debugfs_create_u32("uA_load", 0444, regulator->debugfs, &regulator->uA_load);
            debugfs_create_u32("min_uV", 0444, regulator->debugfs, &regulator->voltage
                [PM_SUSPEND_ON].min_uV);
            debugfs_create_u32("max_uV", 0444, regulator->debugfs, &regulator->voltage
                [PM_SUSPEND_ON].max_uV);
            debugfs_create_file("constraint_flags", 0444, regulator->debugfs, regulator,
                &constraint_flags_fops);
        }
        if (!regulator_ops_is_valid(rdev, REGULATOR_CHANGE_STATUS) &&
            _regulator_is_enabled(rdev))
            regulator->always_on = true;
        return regulator;
    }
```

完成上面两个主要动作后，consumer 获取 regulator 的主要过程就结束了。

（2）regulator 使能

想要电灯工作需要先打开开关，regulator 的使能接口就是完成这项工作的，只是它比开关复杂，下面我们来看看其实现：

```
int regulator_enable(struct regulator *regulator)
{
    struct regulator_dev *rdev = regulator->rdev;
    struct ww_acquire_ctx ww_ctx;
    int ret;

    regulator_lock_dependent(rdev, &ww_ctx);
```

```
    ret = _regulator_enable(regulator);
    regulator_unlock_dependent(rdev, &ww_ctx);
    return ret;
}
```

可以看到，regulator_enable 函数的功能核心在函数 _regulator_enable 的实现：

```
static int _regulator_enable(struct regulator *regulator)
{
    struct regulator_dev *rdev = regulator->rdev;
    int ret;
    lockdep_assert_held_once(&rdev->mutex.base);
    if (rdev->use_count == 0 && rdev->supply) {
        ret = _regulator_enable(rdev->supply);
        if (ret < 0)
            return ret;
    }
    if (rdev->coupling_desc.n_coupled > 1) {
        ret = regulator_balance_voltage(rdev, PM_SUSPEND_ON);
        if (ret < 0)
            goto err_disable_supply;
    }
    ret = _regulator_handle_consumer_enable(regulator);
    if (ret < 0)
        goto err_disable_supply;
    if (rdev->use_count == 0) {
        ret = _regulator_is_enabled(rdev);
        if (ret == -EINVAL || ret == 0) {
            if (!regulator_ops_is_valid(rdev, REGULATOR_CHANGE_STATUS)) {
                ret = -EPERM;
                goto err_consumer_disable;
            }
            ret = _regulator_do_enable(rdev);
            if (ret < 0)
                goto err_consumer_disable;
            _notifier_call_chain(rdev, REGULATOR_EVENT_ENABLE, NULL);
        } else if (ret < 0) {
            rdev_err(rdev, "is_enabled() failed: %pe\n", ERR_PTR(ret));
            goto err_consumer_disable;
        }
    }
    rdev->use_count++;
    return 0;
err_consumer_disable:
    _regulator_handle_consumer_disable(regulator);
err_disable_supply:
    if (rdev->use_count == 0 && rdev->supply)
        _regulator_disable(rdev->supply);
    return ret;
}
```

看到上述参数是不是很熟悉，但是进入 core 内部的 enable 接口第一行就获取了 regulator_rdev，后续都是对该电源的操作。

首先检查该 regulator 是否已经使能过 rdev，若 use_count 大于 0 表示已经使能过了，通过判断条件可知 use_count 不能小于 0，其实也不会小于 0，因为它为 u32 类型，但是这就引出一个问题，对于多个 consumer 共用一个 regulator 的情况，使能、去使能是不是不能随便操作？ consumer 多去使能一次或几次会发生什么？读者可以自行思考下。

除了对 use_count 的判断，还有对 rdev->supply 的判断，即当前节点是否有父节点，如果有父节点，需要先使能父节点，若父节点还有父节点，则依次递归到根节点进行使能操作，以保证整个路径上的电源都是打开的。

完成对父节点的判断，下一步就是对目标 regulator 的操作，需要先判断 regulator 使能状态，如果目标 regulator 已经打开了（_regulator_is_enabled 返回 1，可能进入系统前该 regulator 已经打开，如在启动加载时使能，也可能硬件默认是打开的），此时引用计数 use_count 加 1 即可。如果没打开过，需要调用驱动的 enable（_regulator_do_enable）接口来打开 regulator。

_regulator_do_enable 有个有趣的实现，它计算了 regulator 的打开时间及配置寄存器后延迟的一段时间，以保证电源真正打开，这是符合硬件设计的，PMIC 输出的电源从配置使能寄存器到电压稳定是需要一定时间的，enable 寄存器配置完成不代表电源可用，但这也与软硬件实现强相关，不是每个驱动都需要实现。

enable 接口简单分析完了，与它成对使用的 disable 接口的逻辑正好与 enable 相反，当然，也多了一些逻辑判断，这里对 disable 接口不再进行过多细致的介绍，大家可自行研究下源码。

（3）regulator 配置电压

对于多数 consumer 来说控制 regulator 使能、去使能基本就够用了，但对于 SoC 来说，很多子系统还需要进行电压配置，如 CPU、GPU、NPU、DDR 等需要进行调频调压，本章简单讲解电压配置接口实现。

consumer 后续操作 regulator 都需要获取 regulator * 句柄，另外两个参数就是想要配置的电压范围。

```
int regulator_set_voltage(struct regulator *regulator, int min_uV, int max_uV)
static int regulator_set_voltage_unlocked(struct regulator *regulator, int min_uV,
    int max_uV, suspend_state_t state)
{
    struct regulator_dev *rdev = regulator->rdev;
    struct regulator_voltage *voltage = &regulator->voltage[state];
    int ret = 0;
    int old_min_uV, old_max_uV;
    int current_uV;
    if (voltage->min_uV == min_uV && voltage->max_uV == max_uV)
        goto out;
```

```
    if (!regulator_ops_is_valid(rdev, REGULATOR_CHANGE_VOLTAGE)) {
        current_uV = regulator_get_voltage_rdev(rdev);
        if (min_uV <= current_uV && current_uV <= max_uV) {
            voltage->min_uV = min_uV;
            voltage->max_uV = max_uV;
            goto out;
        }
    }
    if (!rdev->desc->ops->set_voltage &&
        !rdev->desc->ops->set_voltage_sel) {
        ret = -EINVAL;
        goto out;
    }
    ret = regulator_check_voltage(rdev, &min_uV, &max_uV);
    if (ret < 0)
        goto out;
    old_min_uV = voltage->min_uV;
    old_max_uV = voltage->max_uV;
    voltage->min_uV = min_uV;
    voltage->max_uV = max_uV;
    ret = regulator_balance_voltage(rdev, state);
    if (ret < 0) {
        voltage->min_uV = old_min_uV;
        voltage->max_uV = old_max_uV;
    }
out:
    return ret;
}
int regulator_do_balance_voltage(struct regulator_dev *rdev, suspend_state_t state,
    bool skip_coupled)
{
    ...
        ret = regulator_get_optimal_voltage(c_rdevs[i], &current_uV, &optimal_
            uV, &optimal_max_uV, state, n_coupled);
    ...
        ret = regulator_set_voltage_rdev(best_rdev, best_min_uV, best_max_uV, state);
    ...
}
```

前面先进行一些电压配置的检查，以及判断是否符合硬件约束；因为有多个 consumer 共用 regulator 的情况，regulator_get_optimal_voltage 的主要目的是在安全范围内找到几个 consumer 中最小电压的最大值，因为最终要配置的实际电压为这个值。然后通过 set_voltage_ rdev 接口调用驱动注册的 OPS 进行最终的电压配置，与使能接口一样，调压也需要一些时间 才能完成，所以在 set_voltage_rdev 调用 OPS 完成电压配置后，根据驱动实现会有延时操 作保证电压符合配合后再返回。

通过前面的分析我们知道，regulator 的主要思路是通过 regulator 框架完成供电结构构 建，屏蔽了 regulator 使用者对复杂供电结构的感知，通过通用接口即可完成 regulator 的操 作，同时通过框架的通用机制，简化驱动实现。

14.2 实现自己的 regulator 框架

在本节，我们通过实现结构体、接口等功能，来搭建自己的 regulator 机制。

14.2.1 动手前的思考

Linux 有一套完善的 regulator 框架，但它过于厚重、庞大，对于绝大多数非 Linux 系统都不太可能移植，这里我们基于上述分析思路简化设计一套 regulator 框架供参考。

简化的 regulator 主要思路如下：将硬件供电结构中所有节点包括 consumer，在初始化时都分配空间并挂接在 regulator_map_list 中，同时完成各节点父子关系的挂接；consumer 对应模块需要使用 regulator 控制电源时，先通过 regulator_get 获取 regulator_map_list 中对应的 regulator 节点，后通过获取的句柄进行 regulator 操作。这里主要简化了 regulator 驱动的注册和获取过程，也更好理解，至于 regulator 真实的 ops 实现，因平台、硬件等差异，需要大家自行实现。

14.2.2 设计与实现

1. 关键结构体 / 变量设计

针对简化的 regulator，我们只通过一个结构体加一个链表完成 regulator 硬件关系的描述即可。

regulator 结构体：

```
struct regulator {
    const char *regulator_name;          //regulator名字，若为consumer，通过该名字获取
                                         //  regulator
    const char *regulator_parent_name;
    u32 use_count;                       //引用计数
    u32 min_uV;
    u32 max_uV;
    u32 min_uA;
    u32 max_uA;
    struct regulator *regulator_parent;  //父节点
    struct list_head regulator_list;     //regulator节点链表
    struct list_head consumer_list;      //该regulator兄弟节点链表
    const struct regulator_ops *ops;     //regulator操作接口
};
static LIST_HEAD(regulator_map_list);
```

简化的 regulator 只保留最基本的属性并融合在一个结构体中，这里只是举例，具体实现时可以自行拆分或增减属性。

简化的 regulator 在初始化时就一次完成所有 regulator 创建并挂接到 regulator_map_list 链表中。

我们以 14.1.2 节中 consumer0/1 这个硬件分支举例。

```
Battery->PMIC->BUCK0->LDO0->consumer0/consumer1
```

实现时，BUCK0/LDO0/consumer0/1 均为 regulator 结构体承载，填充后每个节点的结构体如下：

```
struct regulator regulator_apply[] = {
    [consumer0] = {
        .regulator_name = "consumer0",
        .regulator_parent_name = "LDO0",
    },
    [consumer1] = {
        .regulator_name = "consumer1",
        .regulator_parent_name = "LDO0",
    },
    [LDO0] = {
        .regulator_name = "LDO0",
        .regulator_parent_name = "BUCK0",
        .ops = &xxx_ops,
    },
    [BUCK0] = {
        .regulator_name = "BUCK0",
        .regulator_parent_name = "PMIC",
        .ops = &xxx_ops,
    },
};
```

初始化时均将每个节点的 regulator_list 挂接到 regulator_map_list 链表，完成所有节点挂接后，再次遍历 regulator_map_list 链表，建立父子关系如 consumer0->regulator_parent=LDO0，并将 consumer0 挂接到 LDO->consumer_list 链表中。

通过上述过程完成整个 regulator 硬件关系的构建，你也许会问这样是否会浪费空间，因为 Linux 是在获取时分配空间。其实并不会，因为是私有简化实现，说明每个 regulator 最终都需要使用，并没有浪费。如果说空间还是占用太多，结构也很简单，自行实现的 regulator 直接遍历上述数组完成所有操作是不是也可以？这些都是实现思路，对于驱动开发人员来说，你最熟悉自己的平台，当前的实现是否合适，后续的演进是否兼容肯定是要考虑的。

regulator_apply 的实现中有个细节，两个 consumer 的实现是没有 ops 成员的，这里的思路是这样的，对于 PMIC 来说，其 LDO、BUCK 只给一个模块供电，但每个电源可能由多个模块共同控制，Linux regulator 框架这一步是在 regulator_get 时创建一个 regulator 并与对应的电源关联起来的，为了简化我们直接把最终要使用电源的模块在 regulator 初始化完成构建。

2. 关键函数设计

（1）regulator_init

regulator 初始函数，这里主要完成驱动节点的初始化及电源树关系的构建。

```
int regulator_init()
{
        for (i = 0; i < ARRAY_SIZE(regulator_apply); i++){
        struct regulator *r = &regulator_apply[i];
        ......//若Linux也使用DTS，这里需要分配空间并从DTS读取初始化信息，完成r成员属性填充
        list_add(&r->regulator_list, &regulator_map_list);
    }

        //构建父子关系
        list_for_each_entry(re, &regulator_map_list, regulator_list){
            if (re->regulator_parent_name && re->regulator_parent == NULL) {
                list_for_each_entry(re_p, &regulator_map_list, regulator_list){
                    if (strcmp(re->regulator_parent_name, re_p->regulator_name) == 0 ) {
                        re->regulator_parent = re_p;
                        list_add(re->regulator_list, re_p->consumer_list);
                    }
                }
            }
        }
    return 0;
}
```

regulator_init 通过两轮循环完成电源树关系的构建，这里只列举了部分实现，供大家在开发时参考。

（2）regulator_get

简化的 regulator 在初始化时已考虑电源关系及已规划的使用者，因此，这里 regulator_get 只需要直接通过 id 遍历电源树链表即可。

```
struct regulator regulator_get(const char * regulator_id)
{
        ...
        list_for_each_entry(re, &regulator_map_list, regulator_list){
        if (strcmp(re->regulator_name,  regulator_id) == 0 ) {
            return re;
        }
    }
    return NULL;
}
```

因为这是简化版 regulator，初始化后各节点空间已申请，直接获取 consumer 即可。

（3）regulator_enable

```
int regulator_enable(struct regulator *r)
{
    int ret;
    ...
    if (r->use_count !=0){
        r->use_count++;
        return 0;
    }
```

```
    if (r->regulator_parent){
        ret = regulator_enable(r->regulator_parent);
    }
    if (r->ops && r->ops->enable) {
        ret = r->ops->enable(r);
        if (ret)
            regulator_disable(r->regulator_parent);
        return ret;
    }
    r->use_count++;
    return 0;
}
```

regulator_apply 中 consumer 是没有 ops 的，所以使能时，实际只需要使能父节点就可以了，而在使能 ops 实现时，可先查询当前节点是否已使能，如果使能了直接返回就好。Linux regulator 是在框架里实现的，如果不判断，可能会影响执行效率，当然这与硬件实现有关，是否支持可重复配置使能。

（4）regulator_set_voltage

```
int regulator_enable(struct regulator *r, int target_uV)
{
    if (r->min_uV > target_uV || r->max_uV < target_uV) {
        return error;
    }
    if (r->ops && r->ops->get_voltage) {
        current_uV = r->ops->get_voltage(r);
        if (current_uV == target_uV) {
            return OK;
        }
    }
    if (r->ops && r->ops->set_voltage) {
        ret = r->ops->set_voltage(r, target_uV);
    }
    return ret;
}
```

这里的 regulator_set_voltage 仅考虑一个模块配置电压的需求，进行必要的检查后，直接进行最终的电压配置。简化实现更符合绝大多数系统的实际情况。

14.3　本章小结

通过本章，可以看到 regulator 管理的电源树和时钟树有很多类似的地方，但两者略有区别，如电源只会有一个父节点。系统中调节电压的模块相对较少，使用 regulator 较多的地方就是"非用即关"，而"非用即关"思想作为功耗管理的主题之一，也需要开发人员不停思考不断优化。在下一章，我们对功耗技术之 AVS 机制展开分析。

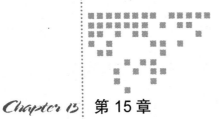

AVS 框架设计与实现

    AVS（Adaptive Voltage Scaling）简单讲就是电压调节，与调频调压中调压的区别主要体现在调频调压的电压是在芯片设计时就已经决定好的，而 AVS 是通过大样本测试数据并采用工程方法在保证芯片可正常工作的情况下，基于调频调压的电压进一步降压获取功耗收益。

    AVS 在低功耗软件栈中的位置如图 15-1 所示，属于非睡眠形式的动态功耗控制方式。

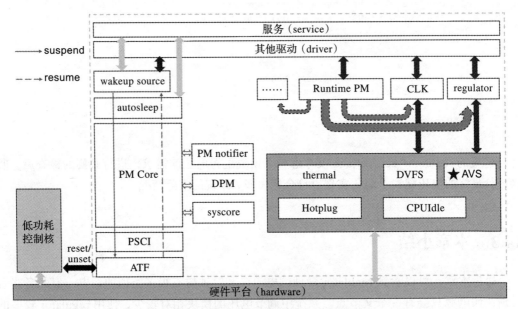

图 15-1　AVS 在低功耗软件栈中的位置

15.1　背景及原理

介绍 AVS 原理前，先明确芯片功耗从哪里来。芯片功耗可分为动态功耗及静态功耗，对应的计算公式为 $P = \Sigma\,(CV^2\alpha F + VI)$，其中 $CV^2\alpha F$ 为动态功耗，VI 为静态功耗。各参数含义如下：C 表示负载电容的容值、V 表示工作电压、α 表示当前频率下的翻转率、F 表示工作频率、I 表示静态电流。

在芯片设计及软件解决方案中，所有涉及功耗的底层技术都能与功耗计算公式进行对应，V、F 分别代表电压、频率，系统工作电压和频率发生变化时，功耗变化，比较容易理解，继续举例说明 C、α 这两个参数，电源门控可减少 C，时钟门控可减少 α，即系统某些模块下电或关闭时钟，功耗发生变化。

本章介绍的 AVS 特性，只与功耗计算公式的 V 相关。我们知道芯片生产出来后，不同批次，甚至同一块晶圆上产出的芯片在性能、功耗等方面也可能有差异，有些芯片性能较好，有些芯片性能较差，大多处于一定偏差幅度内，总体来说符合正态分布的规律（见图 15-2）。芯片在生产过程过有筛片环节，会筛除两头（性能过好、性能过差）的芯片，保留符合性能预期的芯片用于后续产品应用，至于为什么筛掉，可以简单理解为为了产品的稳定性。

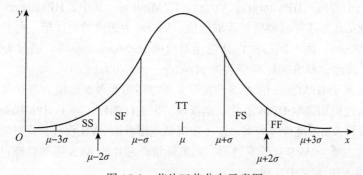

图 15-2　芯片工艺分布示意图

MOS 晶体管有 P 型 MOS 管和 N 型 MOS 管之分，而在芯片制造中通过 FF、FS、TT、SF、SS 来代表不同性能的芯片，通常来说 FF 工艺的芯片性能更好，功耗也更高，SS 反之，但使用更广泛的是 TT。

上文提到，最终产品应用的是性能在一定偏差幅度内的芯片，而这些芯片电压和频率的关系可以这样理解：在电压 0.6V 下，芯片设计理论最高运行频率为 300 MHz，实际生产出的芯片，有的（FF 类）可以达到 350 MHz，有的可以达到 330 MHz，也有的只能达到 280 MHz 或 240 MHz（SS 类，数值纯粹为举例说明）。针对性能过剩（350/330 MHz）的芯片，可通过 AVS 降低电压，使运行频率趋近 300 MHz；针对性能略差的芯片，可通过 AVS 升压，使芯片运行在 300 MHz 时不出异常。

芯片性能的好坏如何评估？此时就需要 HPM（Hardware Performance Monitor，硬件性能监视器）登场了，具体原理可自行查询相关资料（或直接查看相关专利，公开号：US08004329B1）。

简单来说,HPM 是一个环形电路,环形电路运行一周耗时即该芯片的性能评估值(类似赛车跑圈计时)。性能好的芯片耗时短,评估值高;性能差的芯片耗时长,评估值低。

有了 HPM 后,还需要了解芯片性能与哪些因素相关性较高,这里主要有温度、运行指令、老化,在评估 AVS 电压时,这些均为参考因素。为简化实现,这里暂不考虑相关影响,只考虑 HPM 与电压的关系来进行 AVS 设计。

15.2 AVS 设计与实现

AVS 可能用到的背景知识已基本介绍完,下面开始 AVS 的准备工作。

15.1 节提到,AVS 的作用是可以将芯片运行的频率归一到 300 MHz,而如何归一呢?这里用到的是统计学方法,芯片性能符合正态分布特征,而 AVS 需要统计大量的各类芯片 HPM 值与电压的关系。具体方法如下。

首先,统计大量中间性能芯片 HPM 平均值,记为 HPMtarget。

然后,通过向上或向下调整电压,统计芯片 HPM 值与 HPMtarget 最接近时的电压值,记为 Vtrain,同时记录对应芯片的 HPM 初始值为 HPMinitial,可用于后续维测等需求。此时,我们有了三个参数:HPMtarget、Vtrain、HPMinitial。其中,HPMtarget 为大规模统计固定值,HPMinitial 为芯片启动后可读取的值,Vtrain 为想要的电压值。每枚芯片要调整的最终电压值即 Vtrain,而不同芯片设计电压对应的 HPMtarget 不同,通过上述过程得到的 Vtrain 也不同,因此,AVS 实际可理解为 per-chip、per-voltage 的。

上述过程是基于 HPMbase 的 AVS,实际实现时还需要考虑温度、老化及不同因素的影响,这些均可通过周期读取 HPM 值并根据读取结果进行调整,除了 HPMbase 的 AVS 方案,还可以基于大规模 Vmin 统计等方案,进一步降低电压获取 AVS 收益,这里暂时不做介绍。

上面介绍的主要为 AVS 实验室过程,而实际量产芯片的 AVS 还需要经过筛片测试,一般在封装测试的 ATE 测试中完成。

AVS 工作时序如图 15-3 所示,在实验室完成不同芯片的测试及统计后,在 ATE 测试阶段增加 AVS 用例,用于测试 AVS 是否对芯片良率有较大影响,AVS 用例一般会模拟芯片典型执行过程,尽可能多地运行 AVS 所在电源域覆盖的芯片逻辑区域,对于 ATE 中 AVS 用例不通过的芯片,需要先分析失败原因,若是 AVS 电压不合适,需要基于实验室测试数据及历史经验及时调整 AVS 用例,防止 AVS 过多影响芯片良率。当然,有些芯片还可以通过 AVS 升压提升良率。对于 ATE 中运行 AVS 用例通过的芯片,可以在实际使用场景中应用 AVS 来进一步调整电压,从而降低功耗。

AVS 背景及整体方案介绍完毕后,下面简单介绍 AVS 实现。

15.2.1 AVS 实现

通过上文,我们知道 AVS 的主要参数有 HPMtarget、Vtrain,而要获取到最终的 Vtrain,还需要通过 regulator 进行渐进式调压得到最终值。

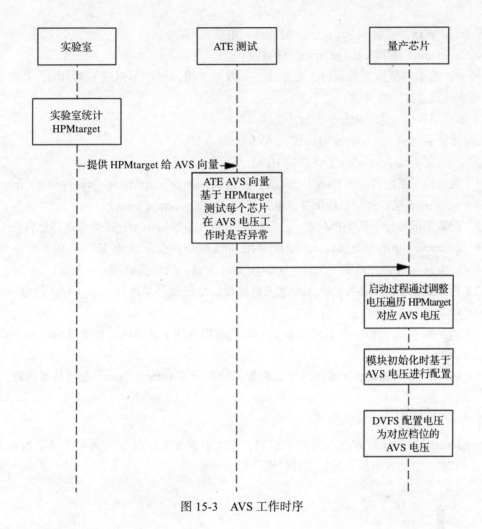

图 15-3　AVS 工作时序

主要结构体如下：

```
struct AVS{
    int hpm_target;
    int voltage_train;
    int voltage_step;
    int voltage_max;
    int voltage_min;
    ...
};
```

各参数说明如下。

hpm_target：芯片电压档位对应的 HPM 中位值。

voltage_train：调整电压到 hpm_target 时的电压值，即最终 AVS 电压值。

voltage_step：获取 voltage_train 时，每次调整电压的步长。

voltage_max：获取 voltage_train 时的最大电压。

voltage_min：获取 voltage_train 时的最小电压。

最大、最小电压由芯片设计人员给出，一般基于设计电压上调或下调 10%，若超出阈值，可能导致芯片工作异常。

下面介绍如何获取 voltage_train，整体步骤如下：

1）系统启动到 bootloader 时，进入 AVS train 入口。

2）初始化需要获取 AVS 子系统的 HPM。

3）读取该子系统对应的 hpm_target 值，并获取 voltage_step/voltage_max/voltage_min 值。

4）调用 pmu 接口进行电压配置，电压值为 v_tmp=voltage_max。

5）读取当前电压下的 HPM 值，记为 hpm_tmp，并与 hpm_target 的值进行比较。

6）若 hpm_tmp > hpm_target，继续调用 pmu 接口降低一个步长的电压，即 v_tmp= v_tmp−voltage_step，并判断 v_tmp≥voltage_min 为真，后配置电压。

7）再次读取 HPM 值与 hpm_target 进行比较，最终找到最接近 hpm_target 的电压作为 voltage_train。

8）若步骤 6 中 v_tmp 小于 voltage_min，则不再继续下调电压，直接以 voltage_min 作为 voltage_train。

9）将 voltage_train 记录到 DTS 中，配置系统电压为 voltage_max，继续启动流程。

15.2.2 AVS 接口

regulator_get_avs 是 AVS 电压获取接口，在需要配置电压时传入无 AVS 功能时的电压值，返回对应的 AVS 电压，具体实现代码段如下所示。

```
struct avs_init_st{
    int original_target_voltage;
    int avs_voltage;
    int avs_temperature_voltage;
    int avs_ageing_voltage;
    int avs_min_voltage;
    int avs_max_voltage;
}
struct avs_init_st g_avs_init[] = {
    [0]= {
        .original_target_voltage = 800000,
        .avs_voltage = 750000,
        .avs_temperature_voltage = 0,
        .avs_ageing_voltage = 0,
        .avs_min_voltage = 700000,
        .avs_max_voltage = 900000,
    },
    ...
};
int regulator_get_avs(int voltage)
```

```
{
    for (i = 0; i < ARRAY_SIZE(g_avs_init); i++) {
        if (voltage == g_avs_init[i].original_target_voltage) {
            if (voltage >g_avs_init[i].avs_max_voltage || voltage < g_avs_init[i].
                avs_min_voltage) {
                return error;
            }
            return g_avs_init[i].avs_voltage + g_avs_init[i].avs_temperature_voltage +
                g_avs_init[i].avs_ageing_voltage;
        }
        return error;
    }
}
```

AVS 对外提供的接口较为简单，只有一个获取 AVS 电压的接口，但其内部还有温度和老化两个变量需要考虑，因为温度会影响芯片性能，过高或过低都会使性能变差，而老化是一个长期的过程，类似橡胶制品，经年累月后老化开裂、性能下降等。而温度和老化需要在芯片运行时进行周期性监控，尤其是温度，以防温度剧烈变化导致芯片工作异常，一般可采用秒级定时器来进行监控。

15.2.3　AVS 使用

需要配置电压的模块，在通过 regulator 配置电压前，先通过 AVS 接口获取需要配置的 AVS 电压值，然后通过 regulator_set_voltage 接口进行电压配置，电压参数为 voltage_train，如图 15-4 所示。

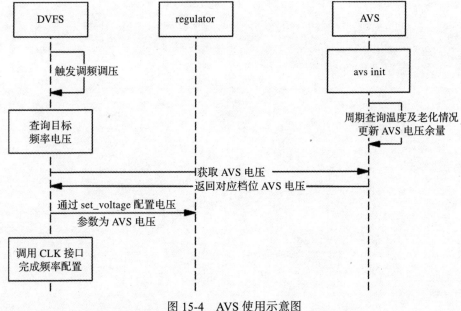

图 15-4　AVS 使用示意图

这里以 DVFS 简易流程为例介绍如何使用 AVS，而在实际产品中也有一些不会动态调压的模块，若也要应用 AVS 则需要参考 DVFS，增加周期流程对电压进行监控配置。若想简化实现，这部分工作也可以加在 AVS 流程中。

15.3 本章小结

AVS 具有可直接降低系统工作电压的神奇特性，对于系统功耗尤为重要。基于 HPMbase 的 AVS 原理及实现较为简单，这里主要介绍 AVS 思想，便于模块开发人员、设计人员、测试人员等理解 AVS，并应用于实际项目过程中。在下一章，我们将对 PSCI 机制进行详细的分析。

PSCI 框架设计与实现

PSCI（Power State Coordination Interface，电源状态协调接口）聚焦安全和非安全世界电源管理的交互，提供处理电源管理请求的一些方法，是 Linux 内核中一个比较大的特性，在这里我们就花一些篇幅来介绍一下。在介绍相关知识点时，我们也充分参考了 ARM 的官方介绍，供大家参考。PSCI 在低功耗子系统中的位置如图 16-1 所示。

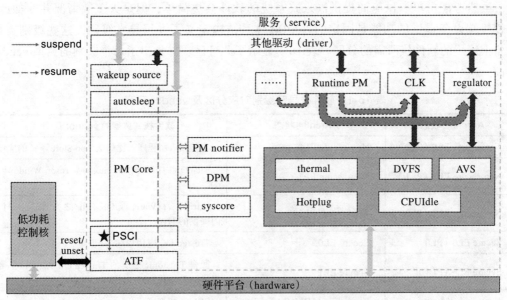

图 16-1　PSCI 在低功耗软件栈中的位置

16.1 背景介绍

电源管理（Power Management）动态改变操作系统中所有核的电源状态，目的在于平衡可用计算能力以匹配当前工作负载，同时努力使用最小的功耗。其中部分技术可以动态地打开和关闭系统中的核，或将其置于静态状态。在静态状态下核不再执行计算动作，从而消耗更少的电量。这些技术的主要使用场景有如下几种。

16.1.1 空闲管理

当运行操作系统的核上没有线程可调度时，该核会置于时钟门控（clock-gated）、维持（retention），甚至完全电源门控（power-gated）状态。但是，该核仍然可供操作系统调度使用。

16.1.2 热插拔

当计算需求较低时，系统中的部分核会被做物理上的关闭，然后在计算需求增加时重新加入系统中。在对核做物理关闭前，操作系统会将所有中断和线程从被拔掉的核中迁移出来，并在这些核重新加入系统时回迁回来以重新平衡负载。

虽然考虑由单一供应商提供嵌入式系统的软件会更简单，但是大多数情况并非如此，即使终端设备提供的功能是固定的。ARM 体系结构定义了一组异常级别，这些级别支持设备上使用的软件栈所需的分区。表 16-1 显示了此分区，并指出了每个级别的典型 vendor 厂商。

表 16-1　软件栈异常级别对应分区及 vendor 厂商

AArch32 状态	AArch64 状态	软件栈或典型的 vendor 厂商
Non-secure EL0（PL0）	Non-secure EL0	非特权应用程序，比如从 App Store 下载的应用
Non-secure EL1（PL1）	Non-secure EL1	Rich OS 内核，比如 Linux、Microsoft Windows、iOS
Non-secure EL2（PL2）	Non-secure EL2	Citrix、VMWare, 或 OK-Labs 之类的 vendor 厂商提供的 Hypervisor
Secure EL0（PL0）	Secure EL0	Trusted OS 应用程序
Secure EL3（PL1）	Secure EL1	源自 Trustonic 之类的 Trusted OS vendors 厂商提供的 Trusted OS 内核
Not Applicable	Secure EL2(ARMv8.4 and later)	SPM，如 Hafnium.
Secure EL3（PL1）	Secure EL3	安全监视器，执行由半导体厂商提供的安全平台固件

需要注意的是，AArch32 状态是 32 位 ARMv8 执行状态，也是 ARMv8 之前所有 ARM 处理器使用的执行状态。在 ARMv7 处理器中，异常级别是隐式的，并且处理器文档没有做特别的阐述，虚拟化扩展提供 EL2 功能，安全扩展提供 EL3 功能，在安全状态中，权限级别（PL）用于标识例外级别层次结构。

由于 ARM 系统中可能存在来自不同供应商的各种操作系统，因此执行电源控制（Power Control）时需要采用一种协作方法。考虑到在非安全状态下的操作，如果是管理电源的 supervisory 系统，无论它是在 OS 级别（EL1）执行还是在 Hypervisor 级别（EL2）执行，一旦希望某一个核进入空闲状态、上电或者下电，或者复位 / 关闭系统，其他异常级别的 supervisory 系统将需要对电源状态更改请求做出反应。

同样，如果一个核的电源状态被唤醒事件改变，在异常级别运行的 supervisory 系统可能需要执行恢复上下文等操作。PSCI 提供了一组标准接口定义，以支持跨各种 supervisory 系统的互操作和集成。

16.2　假设和建议

本节定义了一系列 API，可用于协调设备上同时运行的管理系统（Supervisory System）之间的电源控制。正如以下各节所解释的，API 允许管理系统请求核被上电或者下电，并请求安全上下文从一个核切换到另一个核，这在处理 Trusted OS 或 SP（Secure Platform）时可能需要。在整个描述中，通常假设 EL2 和 EL3 都被实现。

16.2.1　PSCI 目的

PSCI 主要功能有以下几点：
- 核的空闲管理，即 Core Idle Management。
- CPU 的热插拔，即 Hotplug。
- 从核启动，即 Secondary Core Boot。
- Trusted OS 在 CPU 之间的切换。
- 系统的关机和系统复位。

16.2.2　异常级别、ARMv7 权限级别和最高权限

ARMv8 引入了显式的异常级别，这些级别还定义了安全状态中的软件执行权限层次结构。异常级别的增加，例如从 EL0 到 EL1，对应执行权限的增加。在 ARMv7 中，异常级别层次结构在体系结构中是隐式的：

❑ 虚拟化扩展提供 EL2 功能，仅在非安全状态下存在。

❑ 安全扩展提供 EL3 功能，包括对两个安全状态的支持。此功能的控制功能由仅在安全状态下存在的监视器模式（Monitor Mode）提供。

ARMv7 体系结构使用权限级别来描述软件执行权限层次结构。由于监视器模式被定义为其他安全状态特权处理器模式的对等体，这意味着 ARMv7 权限级别在非安全状态和安全状态之间是不对称的，如下所示。

1）在非安全状态，权限级别层次结构分析如下：

❑ PL0，无特权的，适用于用户模式。

❑ PL1，OS 级别特权，适用于 System、FIQ、IRQ、Supervisor、Abort 和 Undefined 模式。

❑ PL2，Hypervisor 特权，适用于 Hyp 模式。

2）在安全状态，权限级别层次结构分析如下：

❑ Secure PL0，无特权的，适用于用户模式。

❑ Secure PL1，Trusted OS 和 Monitor 级别权限，适用于 System、FIQ、IRQ、Supervisor、Abort、Undefined 和 Monitor 模式。

AArch32 的执行特权同时适用于 ARMv7 和 ARMv8，其处理器模式与异常级别的对应关系如下。

1）在非安全状态，每个异常级别实现的处理器模式如下：

❑ EL0，用户模式。

❑ EL1，System、FIQ、IRQ、Supervisor、Abort 和 Undefined 模式。

❑ EL2，Hyp 模式。

2）在安全状态，每个异常级别实现的处理器模式如下：

❑ Secure EL0，用户模式。

❑ EL3，System、FIQ、IRQ、Supervisor、Abort、Undefined 和 Monitor 模式。

需要注意的是，后续我们所说的 EL2、EL1 和 EL0，除非另有说明，否则都是指非安全的异常级别。Secure EL2、Secure EL1 和 Secure EL0 也称为 S-EL2、S-EL1 和 S-EL0。最高权限是指实现的第一个异常级别，顺序从高到低依次是：EL3、Secure EL2、Secure EL1、Non-secure EL2、Non-secure EL1。

16.2.3　基于 ARM 系统的软件栈

在一个给定的 ARM 设备中，可能存在很多管理软件内核或者有特权的软件组件。图 16-2 是一个 ARM 系统的软件分层的示例。

1）非安全世界拥有以下特权组件：

Rich OS 内核：例如 Linux 或者 Windows 运行在 Non-secure EL1 上。

Hypervisor：该组件运行在 Non-secure EL2 上，该组件一旦使能，会给运行在 Rich OS 内核中的客户端提供虚拟化服务。

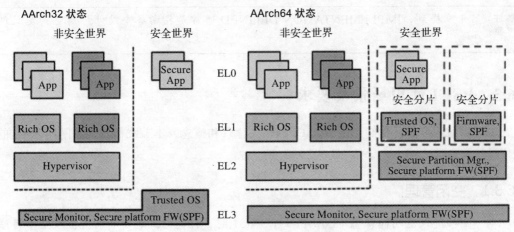

图 16-2　ARM 系统的软件分层

2）安全世界拥有以下特权组件：

安全平台固件（Secure Platform Firmware，SPF）和 Trusted OS，其中 Trusted OS 为非安全世界提供了安全服务，并且为执行安全程序提供运行时环境。Trusted OS 在 AArch32 状态运行在 Secure EL3 上，在 AArch64 状态主要运行在 Secure EL1 上。

PSCI 聚焦安全和非安全世界电源管理的交互界面，它提供了一些处理电源管理请求的方法。为了处理这些请求，SPF 必须包括 PSCI 的实现。ARM 可信固件（ARM Trusted Firmware）提供了 PSCI 的实现参考，可供开发者参阅。

PSCI 可能会在 SPF 与 Trusted OS 或者 SP 之间交互。当前不同的厂商可能有各自不同的实现。ARM 建议使用 ARMv8-A 的固件框架来处理这些交互信息。

16.2.4　安全世界软件和电源管理

许多 Trusted OS 的实现不具备 SMP 能力，当在 MP 设备上运行时，它们被捆绑到单个核上，目标发往 Trusted OS 的安全监控调用只会来自这个核。Trusted OS 不支持 MP 有助于保持受信任代码的简洁性。Trusted OS 的服务被非安全世界的驱动或者守护进程调用，而与这些驱动和守护进程关联的进程通常运行在 Trusted OS 的宿主核上。

ARM 系统通常包括一个电源控制器，可以用来管理核的电源。通常系统需要提供一组接口来支持众多的电源管理功能。在低功耗状态下，核要么完全关闭，要么处于静止状态不执行代码。ARM 强烈建议安全世界负责控制这些状态，否则在进入低功耗状态之前无法对安全状态进行清理（包括清除安全缓存）。其他形式的电源功耗管理比如 DVFS 不在此类接口范畴之内。ARM 强烈建议所有策略类的电源和性能管理放到非安全世界处理，非安全世界对给定设备的使用目的往往看得更全面些。如果安全世界有性能需求，ARM 建议使用 IMPLEMENTATION DEFINED 机制将这些需求传达给非安全世界。

> 注意　第 1 章提到，IMPLEMENTATION DEFINED 通常是指由各个设计厂商自行定义的实现。

16.3　PSCI 使用场景及要求

在本章前两节中，我们介绍了 PSCI 的相关背景和概念，本节我们将重点阐述 PSCI 的使用场景及要求。

16.3.1　空闲管理

当一个核进入低功耗状态（Low-Power State）时，任何时间它都有可能被唤醒事件激活，比如一个中断的到来。OSPM 并不需要一个显式的命令来把一个核或者一个集群重新运行起来，OSPM 始终认为任何一个核都是随时可用的，即使它们处于低功耗状态，需要进行空闲管理。

一个 ARM 核在某个时间段一定处于以下某个状态。

❑ Run：上电运行。

❑ Standby：上电，处于 WFI 或者 WFE 状态，随时可以响应异常并退出该状态。

❑ Retention：从操作系统的视角来看，Retention 状态和 Standby 状态一样，都可以随时使用核，不需要对其进行复位和解复位，但是从外部的调试角度看，在 Retention 状态时，调试寄存器可能是不可访问的。

❑ Powerdown：掉电，软件需要保存恢复状态，需要对核进行复位和解复位。

16.3.2　电源状态系统拓扑与协作

多处理器系统可以拥有多个不同的电源域来给系统中的不同组件供电。每一个电源域可能包括一个或者多个处理组件（比如 CPU、协处理器、GPU 等），内存（Cache、DRAMs）等。

图 16-3 显示了一个系统的电源域拓扑结构，它是一个支持两种电源状态（Power State）的系统级电源域。该电源域有两个子电源域，每个子电源域包含一个集群，支持一组集群电源状态。每个集群电源域包含两个核级别（Core Level）电源域。每个核级别电源域包括一个核并支持额外的电源状态。

从硬件上将一个系统划分为多个独占或共享的电源域。每个电源域都可以表示为电源域拓扑树的一个节点。兄弟电源域互斥。父级电源域由其子电源域共享。树中的各种级别（如示例中的 Core、Cluster 和 System）称为电源级别（Power Level）。越靠近树（System）的根层级越高，越靠近叶子（Core）层次就越低。

在一个功耗拓扑结构（Power Topology）中高级别的节点要想进入本地功耗状态（Local Power State），需要与子节点协调联动。比如，集群要想进入掉电（Power Down）状态，集群中所有的核都必须被下电才行。为了完成这个动作，除了最后一个核外，所有的核必须进入掉电状态，最后一个核要自己和集群一起进入掉电状态。

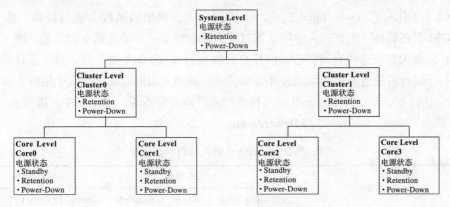

图 16-3　电源状态系统拓扑示意图

PSCI 支持两种功耗状态协调（Power State Coordination）模式，一种是平台协同模式（Platform-Coordinated Mode），另一种是 OS-initiated 模式（OS-initiated Mode）。

1. 平台协同模式

该模式是默认的协作模式，在这个模式中，PSCI 负责电源状态的协作，当一个核没有任务需要处理时，OSPM 就会让这个核以及它的父节点请求进入尽可能深的低功耗状态。PSCI 会决策该核可以进入哪个状态，我们可以用表 16-2 进行呈现，其中 Ret 和 PD 分别表示 Retention 和 Powerdown，并且我们假设 Cluster1 已经进入掉电状态。例子展示了 Core0 和 Core1 发出请求后，Cluster 和 System 的电源状态变化。

表 16-2　Core、Cluster、System 电源状态关系

请求状态						实际效果		
Core0			Core1			Cluster0	Cluster1（假设已经掉电）	System
Core	Cluster	System	Core	Cluster	System			
Ret	Run	Run	Ret	Run	Run	Run	PD	Run
Ret	Ret	Run	Ret	Run	Run	Run	PD	Run
Ret	Ret	Run	Ret	Ret	Run	Ret	PD	Run
Ret	Ret	Ret	Ret	Ret	Run	Ret	PD	Run
Ret	Ret	Ret	Ret	Ret	Ret	Ret	PD	Ret
PD	Ret	Ret	Ret	Ret	Ret	Ret	PD	Ret
PD	PD	Ret	PD	Ret	Ret	Ret	PD	Ret
PD	PD	Ret	PD	PD	Ret	PD	PD	Ret
PD	PD	PD	PD	PD	Ret	PD	PD	Ret
PD	PD	PD	PD	PD	PD	PD	PD	PD

PSCI 1.0 之前的版本只支持平台协同模式。

2. OS-initiated 模式

PSCI 1.0 引入了 OS-initiated 模式，该模式负责在调用的系统上进行协调，在该方案中，OSPM 仅在最后一个核进入空闲状态时才会请求特定拓扑节点到空闲状态。当一个核空闲时，它总是为自己选择空闲状态，但是更高级别的节点（如集群）的空闲状态只有在节点中最后一个运行的核进入空闲状态时才会被选择。使用上面的双集群、每个集群系统的双内核示例，表 16-3 说明了将 Cluster0 进入掉电状态所涉及的步骤。在示例中，缩写 R、Ret 和 PD，分别表示 Run、Retention 和 Powerdown。

表 16-3　Cluster0 进入掉电状态步骤

步骤		OS 视角			PSCI 视角		
		Core0	Core1	Cluster0	Core0	Core1	Cluster0
OS 请求 Core0 进入掉电状态	处理前	R	R	R	R	R	R
	处理后	PD	R	R	R	R	R
PSCI 收到请求并把 Core0 置为掉电状态	处理前	PD	R	R	R	R	R
	处理后	PD	R	R	PD	R	R
OS 请求 Core1 进入掉电状态，并且 Core1 是 Cluster 中最后一个进入掉电的核，那么 Cluster 也会进入掉电状态	处理前	PD	R	R	PD	R	R
	处理后	PD	PD	PD	PD	R	R
PSCI 收到 Core1 和 Cluster0 的掉电请求并且处理该请求	处理前	PD	PD	PD	PD	R	R
	处理后	PD	PD	PD	PD	PD	PD

如表 16-3 所示，加粗的部分是从 OS 视角和 PSCI 视角看到的有差别的地方。这可能发生在当 OS 请求核状态但是 PSCI 还在处理请求的过程中，也可能发生在一个核请求上电但是 PSCI 还在处理请求的过程中。为了实现 OS-initiated 模式，核状态的不同视角产生的竞态是一定要面对的，处理这些竞态需要：

❑ 实现必须拒绝那些从系统上发出的与其视角看到的核状态不一致的请求。

❑ 调用系统必须明确在特定电源层次级别上什么时间的调用核才是最后运行的核。另外也必须明确核最后一次进入的功耗架构级别（Power Hierarchy Level），比如它是 Cluster 中的最后一个核还是 System 中的最后一个核。

16.3.3　CPU 热插拔和从核启动

CPU 热插拔是一个可以动态开关核的技术。热插拔可以被 OSPM 用来根据当前计算资源的实际需求而调整可利用的计算资源。另外，出于可靠性原因，有时也会使用热插拔。热插拔和空闲管理中的掉电的差别主要体现为以下几点：

1）当一个核被拔掉时，管理软件不需要使用该核进行中断和任务处理，因为该核此时被认为不可用。

2）管理软件会有一个明确的指令操作来把一个核重新插入系统中，执行了该命令后，管理软件才能使用此核进行任务调度和中断处理函数的执行。

3）带上热插拔功能后，唤醒事件可能会重启已经处于掉电状态的核，而从热插拔的视角来看该核可能已经被拔掉，是不需要的。

在一个操作系统中，主核可能在启动流程中做更多与启动相关的事情，只是在启动的最后阶段才启动从核。对于支持热插拔的系统来讲，启动从核和热插拔从核的处理过程是一样的，因此这部分接口可以归一处理。

当使用非对称的 Trusted OS 时，Trusted OS 的宿主核是不能被拔掉的，如果要拔掉，则需要首先把 Trusted OS 迁移到其他核上。

PSCI 提供了以下接口功能：

1）管理软件可以对指定的核做上电请求。管理软件必须提供合适的非安全世界的起始地址，这样核从 SPF 退出来到非安全世界后就知道从哪个地址开始运行。提供起始地址意味着当一个核上线时，调用者可以通过在自己的操作系统地址空间中直接提供入口点来执行任何与引导加载程序相关的代码。对于不同的启动原因，可以提供不同的地址。

2）管理软件可以请求对一个核进行掉电，并且通知更高级别的异常，表明它正在这样做。

3）管理软件可以请求把 Trusted OS 从当前核迁移到其他核上。

16.3.4　系统关闭、系统复位和系统挂起

PSCI 提供了一组接口允许操作系统来请求系统关闭（System Shutdown）、系统复位（System Reset）和系统挂起（System Suspend，挂起到 RAM，即 Suspend to RAM）。这允许芯片厂商针对这些功能提供一组通用的实现，这些功能是独立于设备的管理软件。不需要针对挂起到磁盘（Suspend to Disk）做专门的实现，因为挂起到磁盘可以认为是系统关闭的一种特殊情况。

PSCI 函数定义中的术语 "system" 是指调用操作系统时可以使用的机器视图。如果调用者是运行在虚拟机系统中的 guest，关闭（shutdown）、复位（reset）和挂起（suspend）操作会影响虚拟机，并且不会导致任何物理电源状态在变化。但是，如果不存在 hypervisor，或者调用者是 hypervisor，则结果是供电状态在物理上的变化。即使调用者在物理机上运行，术语 system 可能也并不代表整个物理机。例如，一个由多个单板（board）组成的高级服务器系统，每个 board 有一个 BMC（Board Management Controller，基板管理控制器），每个 board 包含多个 SoC，那么一个系统可以在每个 SoC 上运行一个操作系统实例。

在本示例中，PSCI 关机命令是针对单个 SoC。而关闭整个单板的电源需要访问 BMC 来实现，单独通过调用操作系统或 PSCI 实现是无法实现这个功能的。在本文档中，术语 system 仅指操作系统可见的机器视图。

16.4 函数功能解析

这里描述的函数接口，没有参考底层 conduit 接口（SMC 或 HVC），但是，其功能符合 SMC 调用的规格约定。在包括 EL2 而不包括 EL3 的实施方式中，为兼容 PSCI 的 EL1 Rich OS 提供支持的 hypervisor 可以使用 HVC 作为 conduit 接口。在使用 HVC 的情况下，函数调用的格式，即时值、寄存器使用等同 SMC。需要强调的是 PSCI 函数只能从非安全世界调用 EL1 或 EL2。接下来我们介绍几个主要的 PSCI 函数，对于部分可选的函数，我们就不做过多介绍了。

16.4.1 PSCI 中的参数和返回值

1. 参数和返回值中的寄存器用法

SMC 调用约定支持仅使用 32 位参数（SMC32）的调用，以及使用 32 位和 64 位参数（SMC64）的调用。上面定义的一些 PSCI 函数仅使用 SMC32，也有些函数可同时使用 SMC32 和 SMC64。

对于仅使用 32 位参数的 PSCI 函数，参数在 R0 到 R3（AArch32）或 W0 到 W3（AArch64）中传递，返回值在 R0 或 W0 中传递。

对于使用 64 位参数的版本，参数在 X0 到 X3 中传递，返回值在 X0 或 W0 中传递，具体取决于返回参数大小。

遵循 SMC 调用约定意味着对 SMC64 函数的任何 AArch32 调用者都将获得 0xFFFFFFFF（int32）的返回值。这与 PSCI 中使用的 NOT_SUPPORTED 错误码匹配。由于某些 PSCI 函数同时具有 SMC32 和 SMC64 版本，因此 AArch64 调用者也可以调用 SMC32 函数。在这些情况下，我们假设调用者理解使用 SMC32 的限制，并将自己限制为 32 位参数，且不需要实现提供任何特定的错误返回。

注意：当 AArch32 调用者使用 SMC64 API 时，或当 AArch64 调用者使用 SMC32 API 时，PSCI 0.2 使用无效参数作为返回码。自 PSCI 1.0 以来，此要求已被取消，以改进与 SMC 调用约定的一致性规则。

guest 和 hypervisor 之间的 PSCI 调用可以使用 HVC 作为 conduit 接口而不是 SMC。在这种情况下，HVC 的使用同样适用上述规则。

2. 返回错误码

表 16-4 定义了 PSCI 函数使用的错误码的值。所有错误值都是带符号的 32 位整数。

表 16-4 PSCI 函数使用的错误码的值

错误码	值	错误码	值
NOT_SUPPORTED	−1	INTERNAL_FAILURE	−6
INVALID_PARAMETERS	−2	NOT_PRESENT	−7
DENIED	−3	DISABLED	−8
ALREADY_ON	−4	INVALID_ADDRESS	−9
ON_PENDING	−5		

16.4.2　PSCI_VERSION 函数

1. 函数功能

调用者可以使用 PSCI_VERSION 函数来确定接口的当前版本。入参值为 0x8400 0000，为 PSCI_VERSION 对应的命令码。

返回的版本号是一个 31 位无符号整数，高 15 位是主版本号，低 16 位表示次版本号：

❑ bits[31:16] 表示主版本号（Major Version）。

❑ bits[15:0] 表示次版本号（Minor Version）。

以下规则适用于版本号：

❑ 不同的主版本号表示可能不兼容的函数。

❑ 对于两个版本 A 和 B，其主版本号相同，如果版本 B 的次版本号大于版本 A 的次版本号，则版本 A 中的每个函数必须以与版本 B 兼容的方式工作。但是，版本 B 的函数计数可能高于版本 A。

2. 实现要遵守的约束

符合本文档中描述的 PSCI 规范的实现必须实现和支持描述的所有函数，除非明确说明该函数是可选的。这并不意味着管理软件必须使用实现的所有函数功能。任何未实现的函数都必须根据 SMC 调用约定返回 NOT_SUPPORTED。此外，PSCI_FEATURES 还必须为任何未实现的函数返回 NOT_SUPPORTED。

16.4.3　CPU_SUSPEND 函数

1. 函数功能

CPU_SUSPEND 用于将拓扑节点转变到低功耗状态。该函数是被拓扑节点中的特定的核调用的，同时也意味着调用者在将来还会使用该核，只不过该核当前没有工作需要处理而已。CPU_SUSPEND 函数由 OSPM 调用，作为空闲管理的一部分。

以下各节详细介绍 CPU_SUSPEND 的参数、调用者以及实现的主要功能。

2. 参数：FunctionID

❑ 0x8400 0001：SMC32 版本。

❑ 0xC400 0001：SMC64 版本。

3. 参数：power_state

从 PSCI 1.0 开始，power_state 参数支持两种格式。

（1）Original 格式

这是 PSCI 1.0 之前版本支持的唯一格式。使用此格式时，PSCI_FEATURES 返回的具有 CPU_SUSPEND FunctionID 的标志字段的 bit[1] 设置为 0。

在此格式中，表 16-5 显示了 power_state 参数被分解的 bit 域。

表 16-5 Original format 中 power_state 参数的 bit 域

bit 域	描　　述	bit 域	描　　述
bit[31:26]	保留，必须为零	bit[16]	StateType
bit[25:24]	PowerLevel	bit[15:0]	StateID
bit[23:17]	保留，必须为零		

字段说明如下。

PowerLevel：此字段描述了要被掉电的电源级别，如核、集群，或者集群组。请注意，只能从当前核调用 CPU_SUSPEND，也就是说，不可以请求对另一个核进行中断。

注意：1.0 之前的 PSCI 版本称此字段为 AffinityLevel。现在此名称已更改，基于 MPIDR 的亲和性级别不一定映射到电源域的具体实现。

PowerLevel 的编号方式是由各厂商自行定制，但是，ARM 还是建议遵循较低的数字更接近 Core，较高的数字更接近 System 的规则。对于前面描述的示例系统，逻辑编号方案如下。

❑ Level 0：代表 Core 级别。

❑ Level 1：代表 Cluster 级别。

❑ Level 2：代表 System 级别。

StateType：状态类型。有两种取值：

❑ 值为 0 时表示定义的 Standby 状态或者 Retention 状态。

❑ 值为 1 时表示定义的 Powerdown 状态。这也表明 entry_point_address 和 context_id 字段包含数据有效。

StateID：表示平台特定状态 ID 的字段，由各厂商自行定制。此字段可用于区分请求的本地状态组合。

使用 StateID 和 power_state 参数中的其他字段时，必须唯一地描述调用操作系统可以使用的任何一个电源状态。此外，在 OS-initiated 模式中，StateID 编码必须允许表示最后进入空闲的调用核的电源级别。执行此操作的方法必须通过固件表（FDT 或 ACPI）传给 OSPM，以便在请求电源状态时 OSPM 可以将此信息添加到 StateID 中。

（2）Extended StateID 格式

在一个给定的平台上，对每一个 Core、Cluster 甚至 System，都需要支持一个固定的状态集合。这些状态产生一组有效的 power_state 值。这些状态通过固件表（例如 ACPI 或 FDT）传递到 OSPM。PSCI 1.0 引入了一种新的 StateID 扩展格式，为 PSCI 的实现者提供了更高的灵活性，也使得一些原始格式字段显得冗余。

采用该格式时，带有 CPU_SUSPEND functionID 的 PSCI_FEATURES 返回的 flags 字段的 bit[1] 置为 1。

请注意，实现不可能混合格式。它要么使用原始格式，要么使用扩展 ID 格式，但不能同时使用两者。这是静态设计时决定的，不能在运行时改变。

表 16-6 描述了使用扩展 StateID 格式时，power_state 参数中的 bit 域，这些 bit 域保留与原始格式相同的定义。

表 16-6　使用扩展 StateID 格式时 power_state 参数中的 bit 域

bit 域	描　述	bit 域	描　述
bit[31]	保留，必须为零	bit[29:28]	保留，必须为零
bit[30]	StateType	bit[27:0]	StateID

4. 参数：entry_point_address

核在唤醒阶段从安全世界转到非安全世界时会从该地址开始执行，该参数只在目标状态是 Powerdown 状态时生效，对于 Standby 状态，这个值会被忽略掉。

在 SMC64 版本中，该参数是一个 64 位的物理地址（PA）或者中间物理地址（IPA）。

在 SMC32 版本中，该参数是一个 32 位的 PA 或者 IPA；ARMv7 系统必须使用 SMC32 版本，因为当系统从安全世界跳转到非安全世界时会从该地址开始执行，此时 MMU 还是去使能的状态，所以即使系统支持 LPAE（Large Physical Address Extension，大物理地址扩展）也不行。

5. 参数：context_id

该参数仅对调用者有意义，只在目标状态是 Powerdown 状态时才生效，对于 Standby 状态，这个值会被忽略掉。

在 SMC64 版本中，该参数的值是 64 位，从 Powerdown 状态唤醒后，当调用核首先进入返回非安全异常级别时，该值必须出现在寄存器 X0 中。

在 SMC32 版本中，该参数的值是 32 位，从 Powerdown 状态唤醒后，当调用核首先进入返回非安全异常级别时，该值必须出现在寄存器 R0 中。

PSCI 实现必须保留在此参数中传递的值的副本。从掉电状态唤醒后进入第一个非安全异常级别时，PSCI 实现必须将此值放置到 R0、W0 或 X0 中。调用者可以使用上下文标识符指向保存的上下文，当核返回异常级别时，该上下文必须在核上恢复。当然调用者也可以使用其他方法来实现此功能。

6. 返回值

返回值主要有以下几种：

❑ SUCCESS。

❑ INVALID_PARAMETERS。

❑ INVALID_ADDRESS。

❑ DENIED，只适用于 OS-initiated 模式。

7. 调用者的职责

在调用 CPU_SUSPEND 之前，非安全世界必须遵守以下规则：

1）对于掉电请求，调用管理软件（Calling Supervisory Software）必须保存重置时重新启动恢复操作所需的所有状态。

2）对于掉电请求，调用者不需要执行任何缓存或一致性管理。此管理必须由 PSCI 实施执行。

3）调用者不得假定掉电请求将使用指定的入口点地址（Entry Point Address）返回。例如，由于有挂起中断，掉电请求可能无法完成，或者由于与其他核的协同处理，实际进入的状态比请求的状态浅。因此，实现可以将掉电状态请求降级为待机状态，在这种情况下，实现在调用者的 PSCI 接口调用后的下一条指令返回，而不是按指定的入口点地址返回。此时返回码为 SUCCESS。如果由于挂起唤醒事件而提前返回，则实现可以在下一条指令返回，返回码为 SUCCESS，或在指定的入口点地址恢复。

4）调用者必须确保使能适当的唤醒事件，以允许从该状态恢复。

5）CPU_SUSPEND 调用提供的入口点地址必须是调用者看到的物理地址。

6）调用者必须能够处理潜在的任何错误返回码，如果以下任何一项为真，则返回值为 INVALID_PARAMETERS。

a）提供的 power_state 参数无效。power_state 列表由平台固件表提供，例如 ACPI 或 FDT。

b）在 OS-initiated 模式下，当以下两个条件为 true 时：

❑ 为高于 core_level 的拓扑节点请求低功耗状态。

❑ 该节点中至少有一个子节点处于与请求不兼容的本地低功耗状态。例如，一个核请求将系统级节点（System Level Node）置于掉电状态，而此时系统节点中的另一个核处于 Retention 状态。

7）当实现中调用者明确知道入口点地址是一个无效地址时，会返回 INVALID_ADDRESS。
注意：1.0 之前的 PSCI 版本在适用 INVALID_PARAMETERS 的情况下会使用 INVALID_ADDRESS。

8）在 OS-initiated 模式下，如果满足以下两个条件，则返回 DENIED 的返回值。

a）为高于 core_level 的拓扑节点请求低功耗状态。

b）与请求处于不兼容状态的所有核都在运行，而不是处于低功耗状态。

9）在 OS-initiated 模式下，如果系统处于与调用方请求不一致的状态，也可以返回 INVALID_PARAMETERS。不同之处在于：

a）在返回 DENIED 的情况下，一定有不一致的核在运行。这种场景可能出现在由于调用系统和实现之间对节点状态的不同视图而产生的操作系统错误或竞态错误中。

b）在 INVALID_PARAMETERS 情况下，不一致的节点一定处于低功耗状态。

8. 函数需要实现的功能：状态协调

在平台协同模式下，调用者通过电源状态参数表达的语义不是进入特定状态的强制性要求。相反，电源状态参数只表示调用者可以容忍的最深状态。PSCI 实现将协调所有来自空闲核的请求，以确定核可以容忍的最深状态。

在 OS-initiated 模式下，调用者对特定的电源状态发出显式请求，而不是通过睡眠投票。对应的实现必须符合请求，除非实现上与系统的当前状态不一致，在这种情况下，调用必须立即返回 DENIED 或者 INVALID_PARAMETERS。

9. 函数需要实现的功能：与 Trusted OS 或者 SP 交互

当调用者请求进入一个电源状态时，安全平台固件中的 PSCI 实现可能需要与 Trusted OS 或 SP 通信。SPF 与 Trusted OS 或 SP 之间的接口方法由 ARMv8-A 的固件框架指定。SPF 可以通知 Trusted OS 或 SP 进入电源状态，Trusted OS 或 SP 可以使用此信息采取任何准备操作。例如，它可能必须保存其上下文。但是，此通信不得允许 Trusted OS 或 SP 修改或阻止请求的电源状态。

由于延迟或其他原因，Trusted OS 或 SP 可能无法容忍特定状态。在这种情况下，ARM 建议 Trusted OS 或 SP 使用自定义的机制与非安全世界通信，以确保兼顾源自非安全世界的电源请求中的约束。

10. 函数需要实现的功能：缓存和一致性管理

Powerdown 状态通常需要清理缓存。在关闭拓扑节点电源之前，PSCI 实现必须对该节点中存在的所有缓存以及正在关闭电源的该节点的最后一个子节点执行缓存清理操作。实现还必须执行任何所需的一致性管理。此外，PSCI 实现需要在引导时执行缓存无效操作，除非硬件自动支持并管理一致性。一般各个芯片上都有严格的上电或下电核时要遵循的时序。

11. 函数需要实现的功能：State on Return（返回时状态）

当从 Standby 状态返回时，除了预期之内的定时器（Timer）的变化，以及由于唤醒原因而在 CPU 接口中发生的变化外，调用者看到的核的状态不能有变化。对核来说，standby 状态与 WFI 指令的使用是无法区分的。

唯一的例外是在进行 SMC 调用时使用的寄存器，这些寄存器遵循 SMC 调用约定。R0 或 W0 中预期的返回值是返回错误码。对于 Standby 状态，成功时必须返回成功。对于 Powerdown 状态，成功时则不会返回，因为重新启动是通过唤醒时的入口点地址进行的。如果不成功，则错误代码指示原因。

16.4.4　CPU_OFF 函数

1. 函数功能

CPU_OFF 的功能被设计为从系统中动态删除核。当 SPF 收到 CPU_OFF 调用时，它必须关闭调用核的电源。入参值为 0x8400 0002，为 CPU_OFF 对应的命令码。

与 CPU_SUSPEND 不同的是该调用不会返回。使用此函数，调用监控软件明确声明它将不再使用此核。只有调用 CPU_ON 才能把指定的核重新上电加入调度中。

CPU_OFF 的调用只能来自非安全世界。如果安全世界需要管理运行核（active core）的数量，它需要使用 Trusted OS 或 SP 特定的平台自实现通信机制与非安全世界通信来实现其目的。针对某个核来讲,不存在 Trusted OS 或 SP 看到的是上电可用的状态,而非安全世界看到的是下电状态。

2. 调用者的职责

在调用 CPU_OFF 之前,必须遵守以下规定。

调用操作系统必须已将所有线程和中断从正在关闭电源的核中迁移走。通过 PSCI CPU_OFF 调用对已经下电的核进行异步唤醒会导致状态错误。当观察到此错误状态时,PSCI 实现如何反应是由平台自定义的。可能的操作包括:

❑ PSCI 实现忽略唤醒,并保持核处于掉电状态。

❑ PSCI 复位系统。

❑ 调用者不需要执行任何缓存或一致性管理。此管理必须由 PSCI 实施执行。

❑ CPU_OFF 在完成所需的时间上可能会有不同的延迟,具体取决于正在掉电的电源域级别。调用者不得对延迟做出任何假设。

❑ 一个核只能对自己进行掉电处理。

❑ 无论是平台协同模式还是 OS-initiated 模式,CPU_OFF 的调用始终是核之间相互协调的。也就是说,如果拓扑节点中的所有核都调用 CPU_OFF,则最后一个核将关闭该节点的电源。

❑ 在 OS-initiated 的模式下,CPU_OFF 的调用被视为相互之间的平台协调。如果所有核中的一个子集调用了 CPU_OFF,则系统可以假定它们已掉电到可能的最高电源级别。参考图 16-3 中的示例系统,如果除 Core3 外的所有核都调用了 CPU_OFF,操作系统可以假设 Cluster0 和 Core2 处于 Powerdown 状态,Core3 是 System(和 Cluster1)中的最后一个。因此,在此模式下,操作系统可以通过来自 Core3 的 CPU_SUSPEND 调用对 System 做掉电处理。但是,此协调仅适用于调用 CPU_OFF 之后发生的 CPU_SUSPEND 调用。不能假设相反顺序的协调。在我们的示例中,如果 Core3 是倒数第二个核,称为 CPU_SUSPEND,而 Core2 是最后一个,称为 CPU_OFF,则 Cluster1(与系统)将无法掉电。这是因为 Core3 在集群或系统级别上都不是最后一个,因此它不能请求该级别的电源状态。

CPU_OFF 可能返回以下错误:

❑ DENIED,如果调用发生在 Trusted OS 宿主核上。

3. 函数需要实现的功能: 缓存和一致性管理

PSCI 实现必须对正在掉电的节点中存在的所有缓存执行缓存清理操作。PSCI 还必须执行任何所需的一致性管理。在多集群的实现中,关闭核通常需要:

1)禁用数据缓存,防止数据缓存分配。

2)对核的私有缓存进行清理。这可以防止其他核向正在掉电的核发出任何新的数据缓存窥探或数据缓存维护操作。

3）如果核是集群中的最后一个核，并且群集正在关闭电源，则清理和无效该集群专用的任何共享缓存。

4）使核脱离该集群内的一致性管理。这通常由厂商自定义的方法控制，例如 ACTLR.SMP。

5）如果核是集群中的最后一个，并且集群正在关闭电源，则将 Cluster 从 System 中退出一致性管理。

16.4.5　CPU_ON 函数

1. 函数功能

CPU_ON 的功能被设计为从系统中动态添加核，例如在从核启动或者热插拔中添加。当系统发现需要另一个核时，它会调用 CPU_ON 函数，并提供入口点地址和上下文标识符。

CPU_ON 和 CPU_OFF 调用都只能来自非安全世界。如果 Trusted OS 或 SP 需要管理核的数量，则它需要使用 Trusted OS 或 SP 特定通信机制与非安全世界通信来达到目的。

2. 参数：functionID

❑ 0x8400 0003：SMC32 版本。

❑ 0xC400 0003：SMC64 版本。

3. 参数：target_cpu

该参数包含了 MPIDR 寄存器中亲和域（Affinity Field）的一份副本。

如果调用异常级别使用的是 AArch32，格式如下。

❑ bits[24:31]：必须为 0。

❑ bits[16:23] Aff2：匹配目标核 MPIDR 中的 Aff2。

❑ bits[8:15] Aff1：匹配目标核 MPIDR 中的 Aff1。

❑ bits[0:7] Aff0：匹配目标核 MPIDR 中的 Aff0。

如果调用异常级别使用的是 AArch64，格式如下。

❑ bits[40:63]：必须为 0。

❑ bits[32:39] Aff3：匹配目标核 MPIDR 中的 Aff3。

❑ bits[24:31]：必须为 0。

❑ bits[16:23] Aff2：匹配目标核 MPIDR 中的 Aff2。

❑ bits[8:15] Aff1：匹配目标核 MPIDR 中的 Aff1。

❑ bits[0:7] Aff0：匹配目标核 MPIDR 中的 Aff0。

4. 参数：entry_point_address

在 SMC64 版本中，这个参数是一个 64 位的物理地址（PA），或者中间物理地址（IPA）。

在 SMC32 版本中，这个参数是一个 32 位的 PA 或者 IPA。

5. 参数：context_id

在 SMC64 版本中，这个参数是一个 64 位的值，当 target_cpu 指定的那个 Core 第一次返回到非安全世界时，这个值必须在寄存器 X0 中呈现。如果使用的是 SMC32 版本，这个值必须在寄存器 R0 中呈现。

6. 返回值

❑ SUCCESS

❑ INVALID_PARAMETERS

❑ INVALID_ADDRESS

❑ ALREADY_ON

❑ ON_PENDING

❑ INTERNAL_FAILURE

7. 调用者的职责

在 CPU_ON 调用之前 CPU_ON 必须异步实现。管理软件可以检测某个核最终上电的机制是由实现定义的。

CPU_ON 可能返回以下错误：

❑ 如果 target_cpu 描述了无效的 MPIDR，则返回 NVALID_PARAMETERS。

❑ 当入口点地址是一个无效地址时，返回 INVALID_ADDRESS。

❑ 如果核已经处于 CPU_ON 状态，则返回 ALREADY_ON。

❑ 如果已经调用了目标核上的 CPU_ON，并且在 PSCI 实现中核尚未打开，则返回 ON_PENDING。

❑ 如果核因物理原因无法上电，则可以返回 INTERNAL_FAILURE。这些物理原因包括缺乏电源、热约束、制造故障或可靠性原因等。

8. 函数需要实现的功能：缓存管理

对于 CPU_ON，PSCI 必须实现：

❑ 在引导时执行缓存无效操作，除非此无效操作由硬件自动执行。

❑ 管理一致性。

16.4.6 AFFINITY_INFO 函数

1. 函数功能

AFFINITY_INFO 可以返回的有效状态如下。

1）ON：在亲和性实例中至少有一个核，并且满足以下两个条件：

❑ 核已通过调用 CPU_ON 启用，或者是冷启动的主核。

❑ 核尚未调用 CPU_OFF。

调用 CPU_SUSPEND 的空闲核被认为处于 ON 状态。因此，处于此状态的核将处于运行或低功耗模式。

2）OFF：在亲和性实例中的所有核都调用了 CPU_OFF，并且每个调用都已由 PSCI 的实现所处理。

3）ON_PENDING：在亲和性实例中至少有一个核处于 ON_PENDING 状态，亲和性实例中的所有其他核都关闭。

当输入参数描述的处理单元有效，但由于物理原因而禁用时，AFFINITY_INFO 也可以返回 DISABLED，例如，核发生了故障。

2. 参数：functionID
- 0x8400 0004：SMC32 版本。
- 0xC400 0004：SMC64 版本。

3. 参数：target_affinity
与 CPU_ON 调用中的 target_cpu 参数格式相同。

4. 参数：lowest_affinity_level
指定参数 target_affinity 中的最低级别亲和字段，可能的值为：
- 0：target_affinity 字段中所有亲和性级别的字段都有效；在处理器不是硬件线程的系统中，target_affinity 参数将代表一个独立的核。
- 1：需要忽略 Aff0 字段。target_affinity 参数表示亲和性级别 1 处理单元。
- 2：需要忽略 Aff0、Aff1 字段。target_affinity 参数表示亲和性级别 2 处理单元。
- 3：需要忽略 Aff0、Aff1、Aff2 字段。target_affinity 参数表示亲和性级别 3 处理单元。

从 PSCI 1.0 开始不再需要 AFFINITY_INFO 来支持高于 0 的亲和性等级。

5. 返回值
- ON_PENDING：亲和性实例正在转为 ON 状态。
- OFF。
- ON：在亲和性实例中至少有一个核是 ON 状态。
- INVALID_PARAMETERS。
- DISABLED。

6. 调用者的职责
调用者需要注意 AFFINITY_INFO 调用返回的状态会受到 CPU_ON 和 CPU_OFF 调用的影响，这两个调用可能同时在运行中。

调用者必须处理调用产生的任何错误：
- 如果 lowest_affinity_level 和 target_affinity 参数描述了平台中不存在的亲和性实例，则返回 INVALID_PARAMETERS。
- 如果参数描述了由于物理原因而禁用的亲和性实例，例如，核故障，则返回 DISABLED。

16.4.7 MIGRATE 函数

1. 函数功能

迁移功能支持对 Trusted OS 的宿主核进行迁移。该函数用于将 Trusted OS 移动到另一个核上，从而使原始核调用 CPU_OFF 以关闭电源。

2. 参数：functionID

❑ 0x8400 0005：SMC32 版本。

❑ 0xC400 0005：SMC64 版本。

3. 参数：target_cpu

与 CPU_ON 调用中的 target_cpu 参数格式相同。

4. 返回值

❑ SUCCESS。

❑ NOT_SUPPORTED：如果不支持该功能，或者不需要迁移。

❑ INVALID_PARAMETERS：如果 target_cpu 描述了无效的 MPIDR，则会返回 INVALID_PARAMETERS；如果调用者的寄存器宽度与调用中使用的 functionID 的寄存器宽度不匹配，也会返回 INVALID_PARAMETERS。

❑ DENIED：如果 Trusted OS 处于 UP 状态，但不支持迁移，则可以返回 DENIED。

❑ INTERNAL_FAILURE：如果是由 IMPLEMENTATION DEFINED 定义导致无法迁移，则返回 INTERNAL_FAILURE。例如，目标核未唤醒或在可接受的时间内没有响应。

❑ NOT_PRESENT：如果 Trusted OS 不在当前核上驻留，会返回 NOT_PRESENT。

5. 调用者的职责

调用者必须遵守以下规定：

❑ 在调用 MIGRATE 之前，迁移目标核必须上电。

❑ 目标核在迁移完成之前不得请求 Trusted OS 的服务。

❑ 迁移只能由 Trusted OS 的当前宿主核来调用。如果从其他核调用，则会返回 NOT_PRESENT 错误码。

6. 函数需要实现的功能

MIGRATE 功能的实现是可选的。

安全平台固件与 Trusted OS 协调以迁移上下文的机制是由实现定义的。但是，ARM 建议 Trusted OS 供应商采用由安全平台固件提供的注册回调机制。安全平台固件可以使用该机制在接收到像 MIGRATE 这样的关键功能时，拥有迁移能力的单核架构的 Trusted OS 可以注册这样的回调。安全平台固件必须跟踪 Trusted OS 的宿主核。这样，它就可以直接响应迁移调用的几个错误条件，而不必调用 Trusted OS。可以直接从安全平台固件处理以下错误：

❑ NOT_SUPPORTED

❑ INVALID_PARAMETERS

❑ DENIED

❑ NOT_PRESENT

16.4.8　MIGRATE_INFO_TYPE/MIGRATE_INFO_UP_CPU 函数

1. 函数功能

由于系统的安全功能（比如加解密等）对 Trusted OS 的安全性要求比较高，这意味着它们必须保持简单，因此这通常会导致 Trusted OS 只有简单的单处理器内核，从而避免由于多核编程的复杂性带来的潜在风险。

MIGRATE 可以将 Trusted OS 从当前核迁移到其他核上，但是，Trusted OS 的供应商（vendor）可能不支持这一点。非安全世界可以使用 MIGRATE_INFO 函数来确定它是否可以对给定的 Trusted OS 使用 CPU_OFF 和 MIGRATE。MIGRATE_INFO_TYPE 不接收参数，并返回以下结果：

❑ 单处理器且可以迁移，返回 0：这表示只能在一个核上运行 Trusted OS。它运行的核可以通过 MIGRATE 函数动态更改。在 Trusted OS 当前驻留的核上调用 CPU_OFF 返回 DENIED 错误。

❑ 单处理器但不支持迁移，返回 1：这表示不支持迁移 Trusted OS。对 Trusted OS 运行所在的核进行热插拔会返回 DENIED 错误，调用 MIGRATE 会返回同样的错误。

❑ 支持多处理器（MP）或不存在，返回 2：这表明 Trusted OS 完全感知 MP，对迁移没有特殊要求，或系统没有使用 Trusted OS。任何核都可以热插拔，而无须先要求 Trusted OS 迁移到另一个核上。在这种情况下，对 MIGRATE 的调用就显得没有什么意义，它们返回 NOT_SUPPORTED。

此外，MIGRATE_INFO_UP_CPU 不接收参数，该函数为非必选项，返回基于 MPIDR 的值，以指示 Trusted OS 当前驻留的位置。返回值使用与 CPU_ON、MIGRATE 的 target_cpu 参数相同的格式。仅当 MIGRATE_INFO_TYPE 返回 0 或 1 时，返回值才有效。如果 MIGRATE_INFO_TYPE 返回 2，则 MIGRATE_INFO_UP_CPU 的返回值为 UNDEFINED。

表 16-7 显示了在 Trusted OS 所在的 CPU 上调用 MIGRATE 和 CPU_OFF 的预期返回值。该表假定传递了有效的参数，即传递了有效的 target_cpu 表达式。MIGRATE_INFO_TYPE 返回的信息必须是恒定的，且在后续调用中不再更改。

表 16-7　调用 MIGRATE 和 CPU_OFF 的预期返回值（在宿主核上）

MIGRATE_INFO_TYPE	MIGRATE 的返回值	CPU_OFF 的返回值
2：Trusted OS 不存在或者不需要迁移。此类系统不要求调用者执行 MIGRATE 操作。MIGRATE 函数调用返回 NOT_SUPPORTED	NOT_SUPPORTED	不返回
1：不支持 Trusted OS 迁移。调用 MIGRATE 也会返回 DENIED	DENIED	DENIED
0：支持 Trusted OS 迁移功能。Trusted OS 只能运行在一个核上。Trusted OS 支持 MIGRATE 功能，可以被迁移到任何一个没有被 CPU_OFF 下电的核上，如果尝试对 Trusted OS 的宿主核做 CPU_OFF 的话会失败的	SUCCESS	DENIED

2. MIGRATE_INFO_TYPE 参数：functionID

❑ 0x8400 0006。

3. MIGRATE_INFO_UP_CPU 参数：functionID

❑ 0x8400 0007：SMC32 版本。

❑ 0xC400 0007：SMC64 版本。

4. MIGRATE_INFO_UP_CPU 返回值

如果 MIGRATE_INFO_TYPE 返回 2，那么该函数返回 UNDEFINED 或者 NOT_SUPPOTTED。如果 MIGRATE_INFO_TYPE 返回 0 或者 1，那么该函数返回 Trusted OS 的宿主核。与 CPU_ON 调用中的 target_cpu 参数格式相同。

5. 调用者的职责

调用者通过 MIGRATE_INFO 函数可以把目标核定位为任何一个核。调用者还可以假设 MIGRATE_INFO_TYPE 返回的值是恒定的。

调用者必须避免 MIGRATE 和 MIGRATE_INFO_UP_CPU 之间的竞态，ARM 希望调用者在初始引导时使用一次后一个函数。从此以后，迁移操作系统可以利用迁移调用的成功或失败来跟踪 Trusted OS 的驻留。

6. 函数需要实现的功能

MIGRATE_INFO 函数可以从任何核上发起调用。安全世界获取和跟踪这些函数提供的信息的机制是 IMPLEMENTATION DEFINED。但是，ARM 期望在冷启动时，安全平台固件可以选择安装 Trusted OS。作为安装过程的一部分，可以在安全平台固件和 Trusted OS 之间定义 API，该 API 反过来可用于提供 MIGRATE_INFO_TYPE 所需的返回值。安全平台固件知道 Trusted OS 安装在哪个核上。通过使用此信息并跟踪 MIGRATE 调用的成功或失败，安全平台固件可以直接响应来自任何核的 MIGRATE_INFO 调用。

16.4.9 SYSTEM_OFF 函数

1. 函数功能

SYSTEM_OFF 提供了一个系统关闭接口。

shutdown 命令适用于调用操作系统的计算机视图。

调用方必须在调用之前将所有核置于已知状态。与此处提供的所有其他接口一样，调用只能源自非安全世界。在 SYSTEM_OFF 调用中，实现完全从最高电源级别关闭电源。从调用者的角度来看，接下来的开始必须是冷启动。

2. 参数：functionID

❑ 0x8400 0008。

3. 函数需要实现的功能

实现必须支持来自系统中每个核的 SYSTEM_OFF 调用。如果存在 UP Trusted OS，并且调用不是来自其驻留的核，则实现有两个选项：

1）如果 Trusted OS 需要，请提供一个 IMPLEMENTATION DEFINED 机制，以通知 Trusted OS 即将关闭。

2）使用可应对关机的 Trusted OS。在移动应用中 Trusted OS 必须能够处理突然掉电的情况。

实现必须确保它所需的任何数据都保存到非易失性存储中。

4. 调用者的职责

调用者必须执行任何必要的操作，以确保其操作系统中的下电操作：

1）确保核处于已知状态，并且任何必要的数据已保存到非易失性存储中。

2）调用管理软件将重新启动时需要的任何信息存储在非掉电存储区或者数据不丢失区域。

可以将核置于已知状态的一种方法是在所有 online 的核上调用 CPU_OFF，在最后一个核调用 SYSTEM_OFF。如果存在 UP Trusted OS，则此方法仅在 Trusted OS 的宿主核上调用 SYSTEM_OFF 才有效，因为对此核上 CPU_OFF 的调用将返回 DENIED 错误。

16.4.10　SYSTEM_RESET 函数

1. 函数功能

该函数功能提供了一种执行系统硬复位的方法。对调用者来说，该行为相当于硬件电源循环序列（Hardware Power-Cycle Sequence）。SYSTEM_RESET 命令适用于调用操作系统的机器视图。

2. 参数：functionID

❑ 0x8400 0009。

3. 调用者的职责

在可能的情况下，核应放置在已知状态。核与核之间不需要具体协调。除了对调用者的响应是虚拟化的情况外，当一个核调用 SYSTEM_RESET 时，系统电源重启。

16.4.11　PSCI_FEATURES 函数

PSCI 1.0 引入，该功能为必选功能。

1. 函数功能

此函数允许调用者检测哪些 PSCI 函数已实现，入参 functionID 为 0x8400000A。此外，PSCI_FEATURES 可用于发现是否实现了 SMCCC_VERSION。

PSCI 函数在未实现时被调用通常返回 NOT_SUPPORTED。然而，通过直接调用相关函数来确认其是否实现并不总是方便的。如 CPU_DEFAULT_SUSPEND 或 CPU_FREEZE 的调用可能会导致 CPU 进入低功耗状态。因此，通过调用函数确认其是否实现不是一个合适的机制。

PSCI_FEATURES API 不用调用特定的函数就能确认函数是否存在。

调用者在 psci_func_id 参数中传递 functionID，有以下几种返回值：

❑ 如果实现了函数，则返回一组功能标志位。在这种情况下，bit[31] 始终为零。因此，正 32 位整数表示函数已实现。

❑ 如果函数未实现，则返回 NOT_SUPPORTED。

2. 函数需要实现的功能

如果 psci_func_id 描述的函数未实现，则该实现必须返回 NOT_SUPPORTED。表 16-8 列出了函数实现时对应的返回值。

表 16-8　函数实现时对应的返回值

psci_func_id 参数	特性标记	描　　述
CPU_SUSPEND 的 functionID（0x8400 0001：SMC32 版本 0xC400 0001：SMC 64 版本）	bits[31:2]	保留字段，必须是 0
	bits[1]	指示参数格式： 0：如果参数 power_state 使用的是原始格式（PSCI 0.2） 1：如果参数 power_state 使用的是新扩展 StateID 格式
	bits[0]	OS-initiated 模式指示位 0：如果平台不支持 OS-initiated 模式 1：如果平台支持 OS-initiated 模式
除了 CPU_SUSPEND 之外的其他函数的 functionID	bits[31:0]	保留字段，必须是 0

16.4.12　SYSTEM_SUSPEND 函数

PSCI 1.0 引入，此功能为可选功能。

1. 函数功能

此函数可用于实现系统挂起到 RAM。

要使用此函数，调用者必须通过调用 CPU_OFF 关闭除一个核外的所有核。从这一点开始，剩余的那个核可以调用 SYSTEM_SUSPEND，传递必要的 entry_point_address 和 context_id 参数，调用操作系统可以使用 AFFINITY_INFO 函数来确保在调用之前所有核都关闭了。

2. 参数：functionID

❑ 0x8400 000E：SMC32 版本。

❑ 0xC400 000E：SMC64 版本。

3. 参数：entry_point_address

与 CPU_SUSPEND 函数一致。

4. 参数：context_id

与 CPU_SUSPEND 函数一致。

5. 调用者的职责

调用者需要确保除了一个调用核之外的每个核都处于 OFF 状态，如 AFFINITY_INFO 函数返回的那样。调用者必须能够处理以下错误返回码：

1）如果未实现系统挂起，返回 NOT_SUPPORTED。

2）如果实现已知入口点地址无效，因为它位于已知调用者不可用的范围内，则返回 INVALID_ADDRESS。

3）如果实现将核（而不是调用的核）视为未处于 OFF 状态，则返回 DENIED。

在调用之前，操作系统必须禁用所有唤醒源，而不是它需要支持的唤醒源，以实现挂起到 RAM。该调用相当于使用 CPU_SUSPEND 调用来获得可能最深的平台掉电状态。因此，调用者必须遵守 CPU_SUSPEND 描述的所有规则。

16.5　PSCI 调用流程

在本节，我们重点介绍下 CPU_SUSPEND、SYSTEM_SUSPEND、CPU_OFF、CPU_ON 的工作流程。

16.5.1　CPU_SUSPEND、SYSTEM_SUSPEND 调用流程

图 16-4 显示了调用 CPU_SUSPEND（或其他挂起调用）请求 Powerdown 状态时如何流经异常级别并在安全平台固件中终止。该图还显示了如何在每个阶段保存和恢复状态。在上面的模型中，虚拟机管理程序捕获非安全 EL1 电源请求，这允许 EL2 上的虚拟机管理程序在向安全世界发出自己的电源状态请求之前保存其上下文、入口点和调用者的上下文 ID。

与安全世界的工作方式类似，在关闭核之前保存其状态、入口点和调用者的上下文 ID，并设置启动原因。当唤醒事件发生时，电源控制器引导启动对应的核。初始化时，安全世界会看到启动原因，恢复上下文，然后在保存的入口点重新启动调用者进程，提供保存的上下文 ID。然后，虚拟机管理程序可以对非安全 EL1 进程执行相同的操作。

图 16-4 是一个示例，说明了当实现所有异常级别时，调用流是如何工作的。

在实现 EL2 和 EL3 的系统中，此规则还允许绕过 EL2，允许调用直接从非安全 EL1 转到安全世界，但是，返回路径必须经过 EL2。如何协调取决于虚拟机管理程序。

由于没有实现 EL3 而不访问安全世界的系统仍然可以通过使用 HVC 管道向符合 PSCI 的非安全 EL1 Rich OS 提供 PSCI 接口。

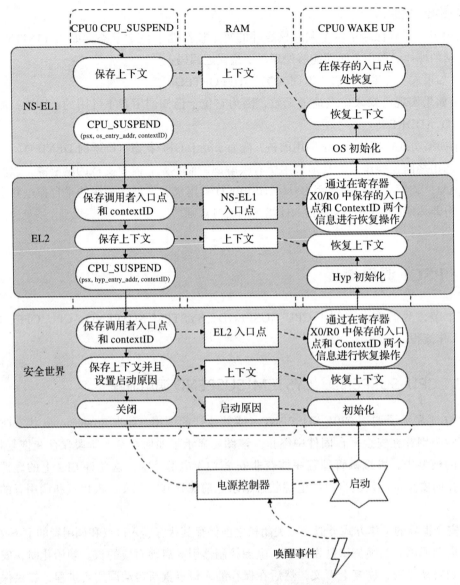

图 16-4　CPU_SUSPEND 和 RESUME 流程示意图

16.5.2 CPU_OFF 调用流程

图 16-5 显示了如何在实现 EL2 和 EL3 的系统中通过异常级别传递 CPU_OFF 调用。调用是否被困在 EL2 由虚拟机管理程序实现定义。

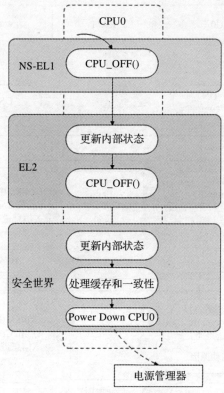

图 16-5　CPU_OFF 流程示意图

16.5.3　CPU_ON 调用流程

　　与调用 CPU_SUSPEND 的情况一样，调用 CPU_ON 可以经过各种异常级别。图 16-6 说明了当实现所有异常级别时调用流是如何工作的。在示例中，CPU_0 请求给 CPU_1 上电。该流程遵循与上述 CPU_SUSPEND 流程相似的模型。CPU_0 请求 CPU_1 上电并为 NS_EL1 提供一个入口点地址和一个上下文标识符。

　　在本示例中，EL2 上的虚拟机管理程序在对安全平台固件进行相同的调用并提供 EL2 入口点地址和上下文 ID 之前，会捕获调用，保存必要的入口点地址和上下文 ID。然后，安全平台 FW 启动 CPU_1，初始化它，并使用提供的入口点地址和上下文 ID 在 EL2 恢复它。最后，在 CPU_1 上初始化的虚拟机管理程序使用最初提供的入口点地址和上下文标识符恢复 NS-EL1 上的核。

　　在实现 EL2 和 EL3 的系统中，此规则还允许绕过 EL2，即它允许调用直接从非安全 EL1 转到安全世界，但是，启动路径必须经过 EL2。这需要 NS-EL1 上的操作系统的实现定义机制，以向安全平台固件提供有效的 EL2 入口点地址和上下文标识符，并为 NS-EL1 返回地址和上下文标识符提供有效的 EL2 入口点地址和上下文标识符。

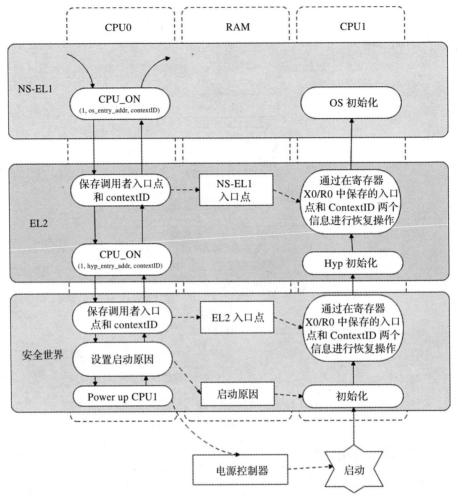

图 16-6　CPU_ON 流程示意图

16.6　核状态的操作系统和实现视图

电源状态协调中的挑战之一是，操作系统和实现对节点当前状态具有单独的视图。这可能会导致某固定时间段的实现和调用操作系统之间当前核状态的视图不同。

当操作系统关闭核时，它需要更新其核状态的内部视图，然后再调用实现关闭电源。这就会导致操作系统认为核已掉电，而实现则认为内核正在运行，因为它尚未处理命令，图 16-7 的上半部分说明了这一点。同样，当核上电时，PSCI 实现会在调用操作系统看到之前看到它。这种情况会导致一个窗口，在这个窗口中，实现认为核处于运行状态，而操作系统则认为内核已关闭电源，图 16-7 的下半部分说明了这一点。

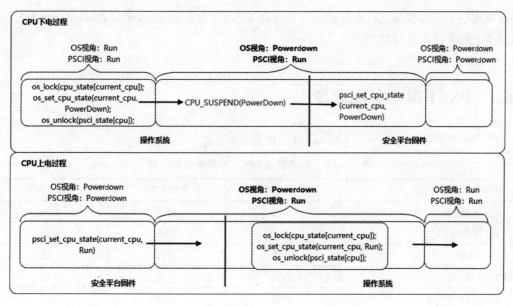

图 16-7　核状态的 OS 和 PSCI 视图对比

16.7　推荐的 StateID 编码

CPU_SUSPEND 电源状态参数 StateID 字段的内容是由实现定义的。但是，必须通过设置它来确保每个可能的复合电源状态都具有唯一的值。power_state 参数反映复合状态，而不是本地电源状态，参数的 StateID 字段可用于描述所请求的本地电源状态的具体组合。一个简单的方法是为系统中的各种电源级别保留位字段。这允许在从局部状态索引构建复合状态时使用简单的加法机制。表 16-9 是我们的一个编码示例。

表 16-9　StateID 编码示例

位字段	描　述	位字段	描　述
15:12	是哪个电源级别的最后一个核 • 0：核级别 • 1：集群级别 • 2：系统级别	7:4	集群级别的本地电源状态 • 0：Run • 2：Retention • 3：Powerdown
11:8	系统级别的本地电源状态 • 0：Run • 2：Retention • 3：Powerdown	3:0	核级别的本地电源状态 • 0：Run • 1：Standby • 2：Retention • 3：Powerdown

在核级别，Standby、Retention 和 Powerdown 三个状态的索引分别为 1、2 和 3。为了

保持一致性，集群和系统状态分别编号为 2 和 3，用于对应 Retention 和 Powerdown 状态。0 值保留，用于指示运行状态。

16.8 PSCI 规范实现选项

表 16-10 列出了不同版本 PSCI 实现的函数功能。

表 16-10 不同版本 PSCI 实现的函数功能

函 数	PSCI 0.2	PSCI 1.0	PSCI 1.1
PSCI_VERSION	必选	必选	必选
CPU_SUSPEND	必选	必选	必选
CPU_OFF	必选	必选	必选
CPU_ON	必选	必选	必选
AFFINITY_INFO	必选	必选	必选
MIGRATE	可选	可选	可选
MIGRATE_INFO_TYPE	可选	可选	可选
MIGRATE_INFO_CPU	可选	可选	可选
SYSTEM_OFF	必选	必选	必选
SYSTEM_RESET	必选	必选	必选
PSCI_FEATURES	不可用	必选	必选
CPU_FREEZE	不可用	可选	可选
CPU_DEFAULT_SUSPEND	不可用	可选	可选
NODE_HW_STATE	不可用	可选	可选
SYSTEM_SUSPEND	不可用	可选	可选
PSCI_SET_SUSPEND_MODE	不可用	可选	可选
PSCI_STAT_RESIDENCY	不可用	可选	可选
PSCI_STAT_COUNT	不可用	可选	可选
SYSTEM_RESET2	不可用	不可用	可选
MEM_PROTECT	不可用	不可用	可选
MEM_PROTECT_CHECK_RANGE	不可用	不可用	可选

16.9 内核 PSCI 关系梳理

在内核中，PSCI 可以支撑启动、CPU 热插拔、低功耗等流程，通过对相关文件源码分析，我们可以梳理出它们之间的功能关系，如图 16-8 所示，其中关于 ATF 的内容将在下一章节讲解。

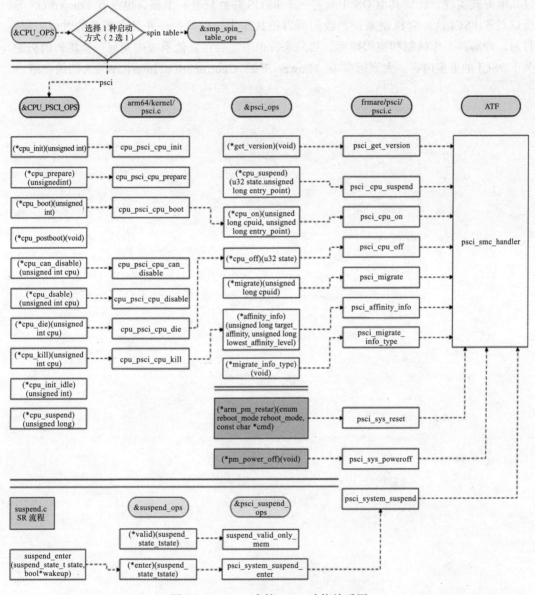

图 16-8　Linux 内核 PSCI 功能关系图

16.10　本章小结

本章主要介绍了 PSCI 的实现背景及实现原理，以及实现的函数原型和使用规范。对于

Linux 系统来讲，PSCI 在电源控制方面发挥了举足轻重的作用，但是对于其他操作系统来讲，由于支持的功能不像 Linux 那么完善，PSCI 的很多功能其实是不需要的，或者可以通过其他方式实现，比如其他 OS 中只有一个 RTOS 并且只有一个核，也没有 Trusted OS 等，所以对于 PSCI 这一套机制来讲，我们可以把其作为知识储备，并且在需要的时候把特性打通，理解其工作机制和流程即可，目前来看也不需要在其他系统中实现一套相似的机制。关于 PSCI 的更多内容，大家可参考"Power_State_Coordination_Interface"文档的介绍。

ATF

在第 16 章中，我们讲解了 PSCI 的实现和工作机制。细心的读者可能会发现，PSCI 工作的最后是通过 SMC 指令来发送命令，那么这个命令是与谁交互呢？答案是 ATF。在本章中我们主要对 ATF 中的 SPCI 相关工作机制进行分析说明，以帮助大家更加深刻和全面地理解低功耗处理的全流程。ATF 在低功耗软件栈中的位置如图 17-1 所示。

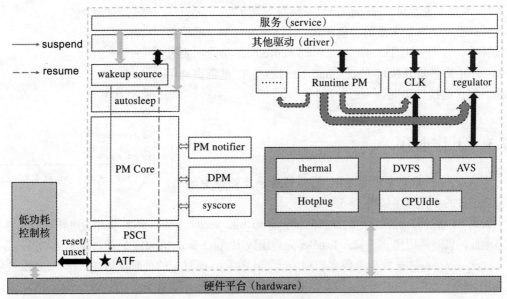

图 17-1　ATF 在低功耗软件栈中的位置

17.1 背景介绍

ATF 是 ARM-A 架构的安全世界软件的实现参考（ARMv8-A/ARMv7-A），包括 EL3 安全监视器。它为在 AArch32/ AArch64 执行状态下的安全世界启动和运行时固件的产品化提供一个合适的起点。

ATF 实现 ARM 接口标准，介绍如下：

1）PSCI（Power State Coordination Interface），电源状态协调接口。

2）TBBR-CLIENT（Trusted Board Boot Requirement-CLIENT），可信板启动要求客户端。

3）SMC 调用转换。

4）SCMI（System Control and Management Interface），系统控制和管理接口。

5）SDEI（Software Delegated Exception Interface），软件委托期望接口。

在本节中，我们仅对低功耗相关的 PSCI 相关内容进行说明。第 16 章介绍了非安全世界 PSCI 的相关功能实现，本节我们就重点介绍非安全世界调用 SMC 指令后，安全世界的实现和处理流程。

17.2 配置信息

1）头文件目录：include\lib\psci。

2）函数实现目录：lib\psci，目录信息如图 17-2 所示。

可以看到，对于主要的功能实现，ATF 中的 PSCI 模块都单独对应 .c 文件。其中，psci_main.c 为 core 层，功能主要有两个：一是提供对外接口（psci_smc_handler），二是负责调用目录下的其他接口实现。

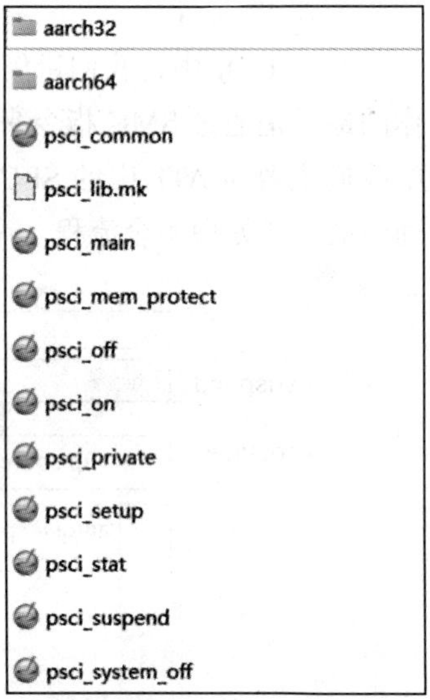

图 17-2　ATF lib\psci 目录详情

17.3 工作时序

当 ATF 收到非安全世界 SMC 调用传递进来的指令码后，在安全世界的工作时序如图 17-3 所示。

大家可以看到，监视器中的异常向量表为 sp_min_vector_table，SMC 调用会跳转到 0x8 异常向量地址，最终调用到 psci_smc_handler 处理函数中。psci_smc_handler 处理过程如图 17-4 所示。

psci_smc_handler 处理函数会根据 smc_fid 来索引到对应的处理函数中（这里以 32 位版本为例，该 handler 同时支持对 64 位版本的命令的处理），如果 smc_fid 是 PSCI_CPU_OFF，则表示需要 CPU_OFF，等等。对于最终调用到的 *psci_plat_pm_ops，则需要各个平台去实现具体的回调函数并赋值给 *psci_plat_pm_ops。

我们以 hisilicon 的 hikey960_pm.c 为例，在服务初始化时，给 psci_plat_pm_ops 赋值，如图 17-5 所示。

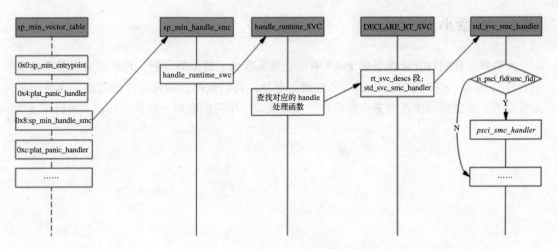

图 17-3　ATF 响应 SMC 调用的工作时序

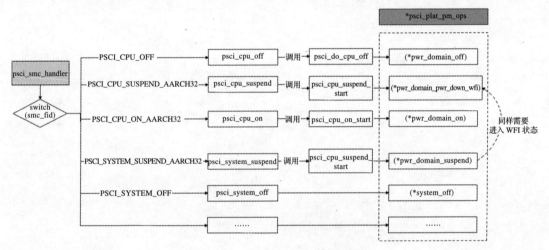

图 17-4　psci_smc_handler 处理流程

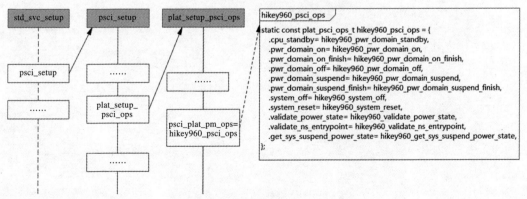

图 17-5　psci_plat_pm_ops 注册流程

17.4 本章小结

在本章，我们对安全世界的 PSCI 响应处理流程做了简单的分析，最终的实现需要各个平台自己完成，ATF 仅仅提供了一个框架。至此，我们就把低功耗软件的功能模块差不多分析完了，希望能给读者带来一些启发，在后续章节中我们会对一些扩展知识点进行阐述。

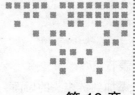

第 18 章 *Chapter 18*

扩展知识点

在前边的章节中，我们系统性地分析了低功耗子系统的工作机制和原理，在分析的过程中大家可能会发现，低功耗系统的实现也会在一定程度上依赖周边很多其他模块，在本章我们就把部分依赖的知识点做一个简单扼要的介绍。

18.1 链表

在 DPM、notifier、syscore 的实现中，我们都能发现其实现是依赖于链表的操作的。链表是一个非常常见的数据结构，分为单向链表、双向链表、单项循环链表、双向循环链表、带头链表、不带头链表等。Linux 内核提供了一套链表操作接口，该链表是带头双向循环链表，大家可以很方便地拿来使用，相关实现在头文件在 include\linux\list.h 中。作为参考，我们也可以在其他操作系统中封装同样类似的接口供系统各组件使用。

1. 初始化链表节点

1）静态初始化，不依赖于模块的初始化函数，静态初始化的链表可以随时随地被调用，没有初始化的顺序依赖关系。

```
#define LIST_HEAD_INIT(name) { &(name), &(name) }
#define LIST_HEAD(name) \
    struct list_head name = LIST_HEAD_INIT(name)
```

2）动态初始化，依赖于使用和维护链表的模块的初始化函数，动态初始化的链表必须在链表维护模块的初始化之后才能使用，有潜在的顺序依赖关系。

```
static inline void INIT_LIST_HEAD(struct list_head *list)
{
```

```
    WRITE_ONCE(list->next, list);
    list->prev = list;
}
```

2. 添加链表节点

list_add：添加到链表头的后面，即表头。

list_add_tail：添加到链表头的前面，即表尾。

入参 *new 为要操作的链表节点，*head 为节点所在的链表的头节点。

```
static inline void __list_add(struct list_head *new, struct list_head *prev, struct
    list_head *next)
{
    if (!__list_add_valid(new, prev, next))
        return;
    next->prev = new;
    new->next = next;
    new->prev = prev;
    WRITE_ONCE(prev->next, new);
}
static inline void list_add(struct list_head *new, struct list_head *head)
{
    __list_add(new, head, head->next);
}
static inline void list_add_tail(struct list_head *new, struct list_head *head)
{
    __list_add(new, head->prev, head);
}
```

3. 删除链表节点

list_del：从链表中删除节点。入参 *entry 即要删除的节点的指针。

```
static inline void __list_del(struct list_head * prev, struct list_head * next)
{
    next->prev = prev;
    WRITE_ONCE(prev->next, next);
}
static inline void __list_del_entry(struct list_head *entry)
{
    if (!__list_del_entry_valid(entry))
        return;
    __list_del(entry->prev, entry->next);
}
static inline void list_del(struct list_head *entry)
{
    __list_del_entry(entry);
    entry->next = LIST_POISON1;
    entry->prev = LIST_POISON2;
}
```

4. 正向遍历链表

正向遍历链表有好几个接口，这里我们仅以其中的一个接口为例进行说明：list_for_each_ entry。

```
#define list_for_each_entry(pos, head, member)              \
    for (pos = list_first_entry(head, typeof(*pos), member);  \
         !list_entry_is_head(pos, head, member);            \
         pos = list_next_entry(pos, member))
```

各参数说明如下。

❑ pos：游标，用于遍历链表。

❑ head：需要遍历的链表的头节点。

❑ member：结构体中链表成员变量的名字。

我们以 syscore 的代码片段为例进行说明：

```
void syscore_resume(void)
{
    struct syscore_ops *ops;
    trace_suspend_resume(TPS("syscore_resume"), 0, true);
    WARN_ONCE(!irqs_disabled(),
        "Interrupts enabled before system core resume.\n");
    list_for_each_entry(ops, &syscore_ops_list, node)
        if (ops->resume) {
            pm_pr_dbg("Calling %pS\n", ops->resume);
            ops->resume();
            WARN_ONCE(!irqs_disabled(),
                "Interrupts enabled after %pS\n", ops->resume);
        }
    trace_suspend_resume(TPS("syscore_resume"), 0, false);
}
```

各参数说明如下。

❑ ops：游标，用于遍历 syscore_ops_list。

❑ syscore_ops_list：链表头节点。

❑ node：在结构体 ops 中 list_head 对应的变量的名字。

```
struct syscore_ops {
    struct list_head node;
    int (*suspend)(void);
    void (*resume)(void);
    void (*shutdown)(void);
};
```

5. 反向遍历链表

反向遍历链表的接口示例如下：

```
#define list_for_each_entry_reverse(pos, head, member)       \
    for (pos = list_last_entry(head, typeof(*pos), member);   \
```

```
                    !list_entry_is_head(pos, head, member);              \
                pos = list_prev_entry(pos, member))
```

各参数说明如下。

❑ pos：游标，用于遍历链表使用。

❑ head：需要遍历的链表的头节点。

❑ member：结构体中链表成员变量的名字。

我们同样以 syscore 的代码片段为例进行说明：

```
int syscore_suspend(void)
{
    struct syscore_ops *ops;
    int ret = 0;
    trace_suspend_resume(TPS("syscore_suspend"), 0, true);
    pm_pr_dbg("Checking wakeup interrupts\n");
    if (pm_wakeup_pending())
        return -EBUSY;
    WARN_ONCE(!irqs_disabled(),
        "Interrupts enabled before system core suspend.\n");
    list_for_each_entry_reverse(ops, &syscore_ops_list, node)
        if (ops->suspend) {
            pm_pr_dbg("Calling %pS\n", ops->suspend);
            ret = ops->suspend();
            if (ret)
                goto err_out;
            WARN_ONCE(!irqs_disabled(),"Interrupts enabled after %pS\n", ops->suspend);
        }
    trace_suspend_resume(TPS("syscore_suspend"), 0, false);
    return 0;
 err_out:
    pr_err("PM: System core suspend callback %pS failed.\n", ops->suspend);
    list_for_each_entry_continue(ops, &syscore_ops_list, node)
        if (ops->resume)
            ops->resume();
    return ret;
}
```

各参数说明如下。

❑ ops：游标，用于遍历 syscore_ops_list。

❑ syscore_ops_list：链表头节点。

❑ node：在结构体 ops 中 list_head 对应的变量的名字。

关于链表操作的接口还有很多，感兴趣的读者可以参考内核源码实现，并应用到实际的编码活动中，这里不再多做介绍。

18.2 信号量

信号量是数据同步的一种形式，信号量可以分为计数信号量和互斥信号量，可以认为互斥信号量就是计数为 1 的计数信号量。与自旋锁不同的是，信号量获取不到时，对应的任务会挂起以让出 CPU，所以信号量是不能在中断上下文和自旋锁中来获取的。

相关函数声明在 include\linux\semaphore.h 中，相关实现在 kernel\locking\semaphore.c 文件中，大家可以参阅内核实现源码，接下来我们对实现做一下简单的介绍。

1. 结构体

结构体的实现代码如下：

```
struct semaphore {
    raw_spinlock_t          lock;
    unsigned int            count;
    struct list_head        wait_list;
 };
```

各参数说明如下。

❑ lock：保护操作使用的自旋锁。

❑ count：本信号量对应的计数值。

❑ wait_list：如果当前 count 为 0，那么想要获取本信号量的任务就会被挂在 wait_list 上，等有释放信号量动作时，再从 wait_list 上摘取任务进行调度处理。

2. 初始化信号量

初始化信号量也分为静态初始化和动态初始化两个机制。

1）静态初始化：不依赖于模块的初始化函数，静态初始化的信号量可以随时随地被使用，没有初始化的顺序依赖关系。

```
#define __SEMAPHORE_INITIALIZER(name, n)                        \
{                                                               \
    .lock           = __RAW_SPIN_LOCK_UNLOCKED((name).lock),    \
    .count          = n,                                        \
    .wait_list      = LIST_HEAD_INIT((name).wait_list),         \
}
#define DEFINE_SEMAPHORE(name)                                  \
    struct semaphore name = __SEMAPHORE_INITIALIZER(name, 1)
```

2）动态初始化：依赖于使用和维护信号量的模块的初始化函数，动态初始化的信号量必须在信号量维护模块的初始化之后才能使用，有潜在的顺序依赖关系。

```
static inline void sema_init(struct semaphore *sem, int val)
{
    static struct lock_class_key __key;
    *sem = (struct semaphore) __SEMAPHORE_INITIALIZER(*sem, val);
    lockdep_init_map(&sem->lock.dep_map, "semaphore->lock", &__key, 0);
}
```

各参数说明如下。

❑ *sem：要创建的信号量对象。

❑ val：信号量的资源个数。

3. 获取信号量

当多个事件需要彼此协调或同步，并且需要满足固定的条件才能触发时，可以通过获取信号量来达到该目的。获取信号量的接口有多个：

```
extern void down(struct semaphore *sem);
extern int __must_check down_interruptible(struct semaphore *sem);
extern int __must_check down_killable(struct semaphore *sem);
extern int __must_check down_trylock(struct semaphore *sem);
extern int __must_check down_timeout(struct semaphore *sem, long jiffies);
```

接口虽多，但是本质上都是对函数 down_common 的调用，只是入参不同而已。down_common 的原型实现如下：

```
static inline int __sched __down_common(struct semaphore *sem, long state, long timeout)
{
    struct semaphore_waiter waiter;
    list_add_tail(&waiter.list, &sem->wait_list);
    waiter.task = current;
    waiter.up = false;
    for (;;) {
        if (signal_pending_state(state, current))
            goto interrupted;
        if (unlikely(timeout <= 0))
            goto timed_out;
        __set_current_state(state);
        raw_spin_unlock_irq(&sem->lock);
        timeout = schedule_timeout(timeout);
        raw_spin_lock_irq(&sem->lock);
        if (waiter.up)
            return 0;
    }
timed_out:
    list_del(&waiter.list);
    return -ETIME;
interrupted:
    list_del(&waiter.list);
    return -EINTR;
}
```

可以看到，首先会把当前任务挂到 waiter.list 中，如果获取到了信号量，那么从 waiter.list 摘取任务进行调度处理，如果没有则继续挂起。

在解释 5 个不同的 down 接口之前，简单说下 TASK_INTERRUPTIBLE 和 TASK_UNIN-TERRUPTIBLE 的区别：TASK_INTERRUPTIBLE 是可以被信号和 wake_up() 唤醒的，当信号到来时，进程会被设置为可运行。而 TASK_UNINTERRUPTIBLE 只能被 wake_up() 唤醒。

表 18-1 展示了 4 个 down 接口通过对 down_common 的入参的不同而达到不同的目的（down_trylock 不做释义，大家可参考源码，该函数没有对函数 __down_common 进行调用；第一个入参为要操作的信号量，不做解释说明，主要对第二个入参和第三个入参进行说明）。

表 18-1　获取信号量接口

函数名	state 入参	timeout 入参	说　明
down	TASK_UNINTERRUPTIBLE	MAX_SCHEDULE_TIMEOUT	两个参数的组合，表明该函数只能被 wake_up() 唤醒，并且一直要等到信号量有资源为止
down_interruptible	TASK_INTERRUPTIBLE	MAX_SCHEDULE_TIMEOUT	可以被信号和 wake_up() 唤醒，并且一直要等到信号量有资源为止
down_killable	TASK_KILLABLE	MAX_SCHEDULE_TIMEOUT	比 down 多了一个特点，即如果任务使用了这个函数，那么该任务是可以被"杀"掉的
down_timeout	TASK_UNINTERRUPTIBLE	timeout	与 down 不同的是，该函数只等待设定的时间，如果该时间内没有等待到信号量资源，会返回超时错误码

4. 释放信号量

释放信号量的接口只有一个，那就是 up 接口：

```
void up(struct semaphore *sem)
{
    unsigned long flags;
    raw_spin_lock_irqsave(&sem->lock, flags);
    if (likely(list_empty(&sem->wait_list)))
        sem->count++;
    else
        __up(sem);
    raw_spin_unlock_irqrestore(&sem->lock, flags);
}
static noinline void __sched __up(struct semaphore *sem)
{
    struct semaphore_waiter *waiter = list_first_entry(&sem->wait_list, struct semaphore_
        waiter, list);
    list_del(&waiter->list);
    waiter->up = true;
    wake_up_process(waiter->task);
}
```

从实现中可以看到，当 up 接口被调用时，会从 waiter_list 摘取第一个节点，然后通过 wake_up_process 来唤醒任务执行，可以用在中断上下文中。

总结一下，这一节我们大概了解了信号量的创建、获取、释放的实现机制，主要是对信号量相关任务的调度处理、信号量资源的控制管理，相信如果让大家在一个新的操作系统中实现自己的信号量接口应该不是难事。

18.3　自旋锁

区别与信号量的同步操作，自旋锁直白来讲就是死等，一直等到满足条件为止。

自旋锁涉及的主要结构体如下：

```
typedef struct {
    union {
        u32 slock;
        struct __raw_tickets {
#ifdef __ARMEB__
            u16 next;
            u16 owner;
#else
            u16 owner;
            u16 next;
#endif
        } tickets;
    };
} arch_spinlock_t;
```

主要是通过对 next 和 owner 的计数来控制对共享资源的访问的，就像大家去饭店排队吃饭，每次调用自旋锁相当于大家去门口取号，对应结构体中 next 的值；而每次释放自旋锁相当于门童叫号，对应结构体中 owner 的值，如果叫到自己手里拿的号（next==owner），则获得临界资源（可以进屋吃饭）。

自旋锁主要使用的接口如表 18-2 所示。

表 18-2　自旋锁接口

接　口	作　用
spin_lock_init	初始化需要使用的自旋锁
spin_lock_irqsave	锁中断，同时一直抢占自旋锁，直到占到为止
spin_unlock_irqrestore	释放自旋锁，同时解锁中断，与 spin_lock_irqsave 配套使用
spin_trylock_irqsave	与 spin_lock_irqsave 不同的是，如果第一次尝试没有占到自旋锁就立马返回，不会一直等待，如果抢占成功，则与 spin_unlock_irqrestore 配套使用

spin_lock 的底层是对 arch_spin_lock 的封装。arch_spin_lock 的实现如下：

```
static inline void arch_spin_lock(arch_spinlock_t *lock)
{
    unsigned long tmp;
    u32 newval;
    arch_spinlock_t lockval;
    prefetchw(&lock->slock);
    __asm__ __volatile__(
"1: ldrex   %0, [%3]\n"
"   add     %1, %0, %4\n"
"   strex   %2, %1, [%3]\n"
"   teq     %2, #0\n"
"   bne     1b"
    : "=&r" (lockval), "=&r" (newval), "=&r" (tmp)
    : "r" (&lock->slock), "I" (1 << TICKET_SHIFT)
```

```
    : "cc");
    while (lockval.tickets.next != lockval.tickets.owner) {
        wfe();
        lockval.tickets.owner = READ_ONCE(lock->tickets.owner);
    }
    smp_mb();
}
```

ldrex 和 strex 是全局互斥的两条指令，可以在多个 CPU 之间互斥访问保护的变量，如果发现当前叫的号不是自己手里的号的话，则会陷入 WFE 指令等待叫号，叫号是由 spin_unlock 来触发的。

其中的 lock->tickets.owner++ 就是要叫的下一个号，由 sev 指令来唤醒 WFE 指令。

```
static inline void arch_spin_unlock(arch_spinlock_t *lock)
{
    smp_mb();
    lock->tickets.owner++;
    dsb_sev();
}
```

18.4　GIC

前面我们多次提到了中断，在 ARM 架构的芯片中，GIC 是控制中断的一个 IP，是 Generic Interrupt Controller 的首字母缩写。到现在为止，GIC 已经从 V1 架构发展到了 V4 架构，由支撑单一芯片的有限中断个数发展到了支持多芯片的阶段。表 18-3 总结了 GIC 的演进信息。

表 18-3　GIC 的演进信息

版　本	架　构	说　明	支持 CPU 型号
xxx	V1	支持 8 个处理单元 支持 1020 个中断号 支持两种安全状态	Cortex-A5 Cortex-A9 R7
GIC400	V2	GICv2 架构，目标处理器为 ARMv7 架构处理器。支持的中断类型有： ❑ SGI ❑ SPI ❑ PPI 中断管理支持：中断的使能与去使能，安全与优先级别的设置，以及在 CPU 之间的中断迁移 支持中断虚拟化：通过发送物理中断到 hypervisor 来产生虚拟中断的方式实现	ARMv7 处理器：Cortex-A15 和 Cortex-A7 多处理器
GIC500	V3	在 GIC-400 基础上实现的 GICv3 架构，目标处理器为 ARMv8.0-A 系列 最多支持 32 个集群、128 个核 支持 ITS ITS 指令和翻译表存储在 DRAM	支持 v8.0 系列：Cortex-A73, Cortex-A72, Cortex-A57 和 Cortex-A53

（续）

版　本	架　构	说　明	支持 CPU 型号
GIC600	V3	在 GIC-500 基础上实现的 GICv3 架构，目标处理器为 ARMv8.0-A DynamIQ 处理器 　每个芯片上最多支持 512 个处理器核，最多支持 16 个芯片互联 　增强了低功耗管理特性，比如 P-/Q-channel 低电源模块和 clock gating 　最多支持 16 个 ITS 模块 　其他增强特性，包括 ECC 保护，error logging 和 reporting, performance monitoring 与 software debug/recovery.	Cortex-A76 和 Cortex-A55
GIC600AE	V3	主要是为了在构建高性能 ASIL B to ASIL D 系统时满足 automotive 安全需求 　软件与符合 ARMv8.2 的 RAS 报告界面的 GIC-600 兼容 　支持 SRAM 的高效功能，如逻辑复制、ECC 和地址保护 　支持用于接口保护的 AMBA 扩展 　故障管理单元，简化错误报告、测试和集成	DynamIQ Core，比如 Cortex-A78AE、Cortex-A76AE、Cortex-A76 和 Cortex-A55
GIC700	V4	符合 GICv4.1 的中断控制器 　硬件管理的虚拟化中断交付可提高系统性能 　与上一代中断控制器相比，SPI 和 PPI 计数增加 　支持多个芯片 　并行 LPI EoI 流可提高系统性能	

　　无论 GIC 的版本如何演进，其最根本的 CPU Interface 和 CPU Distributor 这两个大的功能逻辑模块是不会变的，后来的演进无非是通过功能叠加和架构优化调整来支撑更多的中断和芯片。接下来我们以最基本的 V2 架构为例对这两部分做一个简单的介绍，如图 18-1 所示，扩展一下知识。

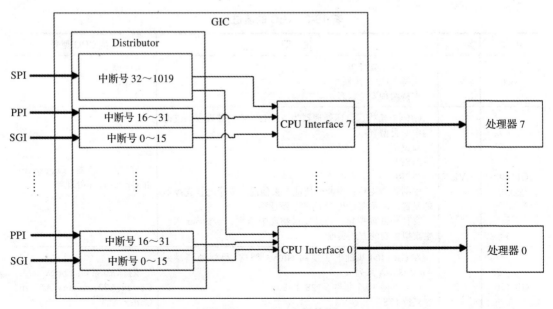

图 18-1　GICv2 架构图

图 18-1 是 GICv2 的架构图，从图中可以看到 CPU Interface 和 CPU Distributor 的配合关系。

Distributor 的作用是集中管理所有中断源，配置中断的优先级，向各个 CPU Interface 配送最高优先级的中断，决定中断屏蔽、中断抢占、配置中断是边缘触发还是水平触发。

CPU Interface 的作用更像是一个门卫，它来决定是否把一个到来的中断送往处理器，通常它会设定一个级别的参考，比如到来的中断的优先级超过了这个级别，那这个中断就有资格被送往处理器进行处理，如果低于这个优先级，就忽略；除此之外，当响应一个中断后，它也会清除这个中断，表示已响应过这个中断了。

中断又分为三类。

- ❏ SGI：软件产生中断（Software-Generated Interrupt），0～15 号中断，软件可自行配置其用途。
- ❏ PPI：私有外设中断（Private Peripheral Interrupt），16～31 号中断，每个 CPU 自己的私有中断。
- ❏ SPI：共享外设中断（Shared Peripheral Interrupt），32～1019 号中断，是所有 CPU 都能看到的共享外设中断。

关于 GIC 的更多知识点，建议大家去 ARM 官方网站下载 GIC 手册进行学习和查阅。

18.5　SMP CALL

这一部分接口声明在 include\linux\smp.h 中，具体实现在 kernel\smp.c 中，主要用于多核系统。这类接口也分为两类：

1）当系统的某一个 CPU 异常时，可能要做一些复位前的动作，这个时候可能不需要其他的 CPU 继续运行，需要调用一个接口来让除了本 CPU 外的其他 CPU 停下来，smp_send_stop 应运而生：

```
void smp_send_stop(void)
{
    unsigned long timeout;
    struct cpumask mask;
    cpumask_copy(&mask, cpu_online_mask);
    cpumask_clear_cpu(smp_processor_id(), &mask);
    if (!cpumask_empty(&mask))
        smp_cross_call(&mask, IPI_CPU_STOP);
    timeout = USEC_PER_SEC;
    while (num_online_cpus() > 1 && timeout--)
        udelay(1);
    if (num_online_cpus() > 1)
        pr_warn("SMP: failed to stop secondary CPUs\n");
}
```

通过 smp_cross_call 给除了本 CPU 之外的其他 CPU 发送 IPI_CPU_STOP 中断，这个

中断是一个 SGI 中断（GIC 支持配置每一个中断的目标 CPU 是谁，所以我们可以很容易地把中断发送到对应的 CPU 上），该中断是软件自己分配的。发送完成后，本 CPU 会等待其他 CPU 都置为 off 后退出（如果有其他 CPU 不响应，等待一段时间后也会退出）。那么其他 CPU 在收到中断后是怎么处理的呢？这要看每个 CPU 挂接的 IPI_CPU_STOP 中断处理函数是怎么实现的：

```
static void ipi_cpu_stop(unsigned int cpu)
{
    if (system_state <= SYSTEM_RUNNING) {
        raw_spin_lock(&stop_lock);
        pr_crit("CPU%u: stopping\n", cpu);
        dump_stack();
        raw_spin_unlock(&stop_lock);
    }
    set_cpu_online(cpu, false);
    local_fiq_disable();
    local_irq_disable();
    while (1) {
        cpu_relax();
        wfe();
    }
}
```

可以看到，每个 CPU 在收到 IPI_CPU_STOP 中断后，会把 CPU 的状态标记为 false，然后屏蔽 FIQ 和 IRQ，最后困在一个 while(1) 死循环中，这样就达到了停止 CPU 调度的目的。

2）第二类接口用于在指定的 CPU 上运行指定的函数，功能内核提供了一组接口：

```
void smp_call_function(smp_call_func_t func, void *info, int wait);
void smp_call_function_many(const struct cpumask *mask, smp_call_func_t func, void
    *info, bool wait);
int smp_call_function_any(const struct cpumask *mask, smp_call_func_t func, void
    *info, int wait);
```

smp_call 相关函数说明如表 18-4 所示。

表 18-4　smp_call 相关函数说明

函　数	说　明
smp_call_function	对 smp_call_function_many 的一层封装，多了禁止抢占的限制
smp_call_function_many	在执行的当前状态为 on 的 CPU 上运行指定的函数
smp_call_function_any	在任何一个状态为 on 的 CPU 上运行指定的函数

SMP CALL 实现原理说明如下：

1）定义一个 percpu 变量，用来记录要运行的函数及入参。

2）把要执行的 func 及参数赋值到一个结构体中，然后挂到需要执行该函数的 percpu

变量中。

　　3）给需要执行该函数的 CPU 发送 SGI 中断。

　　4）目标 CPU 响应该 SGI 中断后，从 percpu 中取到要执行的 fun 信息然后执行。

　　5）执行完返回。

　　感兴趣的读者可以参考 Linux 内核的源码实现。当了解了 SMP CALL 的实现原理后，我们应该也很容易地在需要该机制的非 Linux 系统中实现自己的 SMP CALL 机制。

18.6　锁中断

　　通过调用 local_irq_save 后本 CPU 不再响应中断来达到锁中断的目的，其实现根本上是通过屏蔽 CPSR 的 i 位来达到锁本 CPU 中断的目的的，对 GIC 没有任何操作：

```
static inline unsigned long arch_local_irq_save(void)
{
    unsigned long flags;
    asm volatile(
        " mrs    %0, " IRQMASK_REG_NAME_R "    @ arch_local_irq_save\n"
        " cpsid  i"
        : "=r" (flags) : : "memory", "cc");
    return flags;
}
```

　　local_irq_save 是对 arch_local_irq_save 的更高一级的封装，当事务处理完成后，需要调用 local_irq_restore 来恢复中断响应，这两个接口必须要成对调用。

```
static inline void arch_local_irq_restore(unsigned long flags)
{
    asm volatile(
        " msr    " IRQMASK_REG_NAME_W ", %0    @ local_irq_restore"
        :
        : "r" (flags)
        : "memory", "cc");
}
```

　　local_irq_restore 的实现是对 arch_local_irq_restore 的更高一级的封装，入参为 local_irq_save 的返回值。

18.7　看门狗

　　在第 6 章，我们看到内核的实现中有一个监控回调函数执行是否超时的机制叫看门狗（Watchdog）。但是 DPM 中的看门狗仅仅是使用定时器模拟的一个看门狗，真正的看门狗一旦超时，通常会从硬件上主动触发系统复位。这里我们也简单阐述一下：每一个系统都会设置看门狗，它的主要作用是通过周期性喂狗操作（计时器周期计数），防止看门狗计数减为 0 从而导致复位系统，喂狗一般都是在计数减为 0 之前让看门狗重新开始计数或者停止其运行。

看门狗可以很容易地监控到系统的调度异常或函数执行异常，如总线挂死与死锁等异常，在系统的可维可测方面，是非常常见且非常重要的一个维测手段。

18.8　冻结进程

Linux 内核是一个非实时的操作系统，系统进入睡眠的进程并不是系统中优先级最低的进程，所以当系统进入睡眠流程时，有一个关键动作就是冻结系统中可以冻结的进程。为什么要冻结进程（task freeze）？假设没有冻结技术，那么进程就可以在任意可调度的点暂停，而且直到 cpu down 才会暂停并迁移。这可能会给系统带来如下问题：

1）破坏文件系统。在系统创建 hibernate image 到 cpu down 之间，就会产生一个竞态：某个点有进程还在修改文件系统的内容，如果这个进程没有被冻结，将会导致该部分内容错过保存点而没有被保存，进而导致在系统恢复之后无法完全恢复文件系统。

2）干扰设备的 suspend 和 resume 处理流程。在执行 cpu down 之前，设备在 suspend 流程时，如果进程还在访问设备，就有可能引起 suspend 流程异常甚至总线挂死。

3）导致进程感知系统睡眠。系统睡眠的理想状态是所有任务对睡眠流程无感知，唤醒之后全部自动恢复工作，但是有些进程，比如某个进程需要所有 cpu online 才能正常工作，如果进程不冻结，那么在睡眠流程中将会工作异常。

在 PM Core 的睡眠流程中，冻结进程的调用处理流程如图 18-2 所示。

标记系统冻结状态的全局变量有三个：pm_freezing、system_freezing_cnt 和 pm_nosig_freezing，如果全为 0，表示系统未进入冻结状态；system_freezing_cnt>0 表示系统进入冻结状态，pm_freezing=true 表示冻结用户进程，pm_nosig_freezing=true 表示冻结内核线程和工作序列。它们会在 freeze_processes 和 freeze_kernel_threads 中置位，在 thaw_processes 和 thaw_kernel_threads 中清零。

fake_signal_wake_up 函数巧妙地利用了信号处理机制，只设置任务的 TIF_SIGPENDING 位，但不传递任何信号，然后唤醒任务；这样任务在返回用户态时会进入信号处理流程，检查系统的冻结状态，并做相应处理。

为什么 UNINTERRUPTIBLE 的任务设计成不能冻结，即 freeze_task() 为什么调用 wake_up_state(p, TASK_INTERRUPTIBLE) 而不是 wake_up_state(p, TASK_UNINTERRUPTIBLE) 呢？这里简单说明下，系统的 suspend 流程是先冻结所有任务，然后使驱动挂起；但是一个 UNINTERRUPTIBLE 的任务，比如一个写文件操作，给磁盘发送指令并等待 I/O 完成；如果它被冻结了，且在从 free_task 到 suspend_disk 中间，磁盘的 I/O 完成了，此时之前的任务已经冻结无法响应此完成动作或者需要重新唤醒来响应此 I/O 的完成动作。所以最好还是设计成 UNINTERRUPTIBLE 的任务，一旦在冻结时失败，就循环检测几次（freeze_timeout_msecs = 20s）等待 I/O 完成，如果 I/O 一直没有完成，则退出 suspend 流程，一个任务处于 suspend 流程的时间过长也是有问题的。

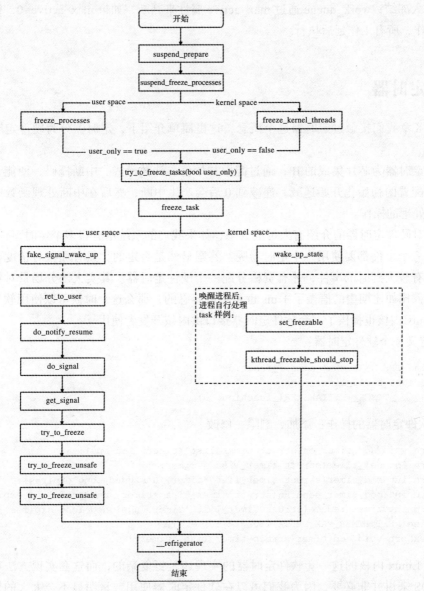

图 18-2　冻结进程的调用处理流程

冻结的对象是内核中可以被调度执行的实体，包括用户进程、内核线程和 work_queue。用户进程默认是可以被冻结的，借用信号处理机制实现；内核线程和 work_queue 默认是不能被冻结的，少数内核线程和 work_queue 在创建时指定了 freezable 标志，比如在任务体中调用 set_freezable 函数，这些任务需要对冻结状态进行判断，当系统进入冻结时，主动暂停运行。

内核线程可以通过调用 kthread_freezable_should_stop 来判断冻结状态，并主动调用 refrigerator 进入冻结；work_queue 通过 max_active 属性来判断，如果 max_active=0，则不能入队新的工作，所有工作延后执行。

18.9 定时器

在第 8 章我们接触过定时器这个概念，这里简单介绍下，定时器分为硬件定时器和软件定时器。

硬件定时器为芯片集成的 IP，通过配置初始值、计数模式、中断掩码、使能，可以让定时器从配置的初始化开始递减，递减到 0 后会产生中断，然后在中断处理函数中触发我们要定时处理的操作。

通过对硬件定时器的介绍有人可能会想，如果我们的系统中有很多个定时事件要触发，是不是每一个事件都要使用一个定时器呢？答案显然是否定的，只有那些对精度要求特别高且不能有较大延时的事件，才有资格分配一个硬件定时器。其实大部分场景对精度的要求并不高，比如比期望的值慢了 1 ms 也是可以容忍的，那么这个时候可以使用软件定时器接口，Linux 内核也提供了一套软件定时器接口供内核开发者使用。

1）定义一个软件定时器：

```
#define DEFINE_TIMER(_name, _function)                          \
    struct timer_list _name =                                   \
        __TIMER_INITIALIZER(_function, 0)
```

2）软件定时器的操作：添加、删除、修改。

```
extern void add_timer_on(struct timer_list *timer, int cpu);
extern int del_timer(struct timer_list * timer);
extern int mod_timer(struct timer_list *timer, unsigned long expires);
extern int mod_timer_pending(struct timer_list *timer, unsigned long expires);
extern int timer_reduce(struct timer_list *timer, unsigned long expires);
#define NEXT_TIMER_MAX_DELTA((1UL << 30) - 1)
    extern void add_timer(struct timer_list *timer);
```

其实 Linux 内核的这一套软件定时器的实现还是挺复杂的，而这套实现方法对于大多数的 RTOS 来讲并非必要，因为我们可以在软件定时器使用数量明显不会太大的情况下实现一套更加简单的软件定时器机制。

1）首先，我们要实现的这一套软件定时器必须有一个硬件定时器来支撑，所以我们要申请一个硬件定时器。

2）接下来我们需要一个结构体，来方便用户定义软件定时器以及对这些定时器的维护。

```
typedef void (*timer_func)(void* data);
struct my_timer_list_s {
    char* timer_name;              //为了便于维护，每个定时器要起一个自己的名字
    list_head entry;               //用于维护节点
    u32 length_ms;                 //期望定时器的定时长度，单位为ms
    timer_func func;               //期望超时后的回调处理函数
    void *data;                    //超时处理函数的参数
    u64 expect_expire_slice;       //期望的定时时间完成时对应的全局时间戳
    u64 fact_expire_slice;         //实际上回调定时器处理函数时的全局时间戳
};
```

3）结构体设计好之后接下来就是设计接口，要想使用定时器必须要有初始化配置，所以我们首先要设计一个初始化定时器的接口：

```
#DEFINE_TIMER(timer, name, func, data, length)  \
    struct my_timer_list_s timer = { \
        .timer_name = name, \
        .func = func, \
        .length_ms = length, \
        .data = data, \
}
```

4）同时我们需要一个全局链表，来维护所有当前待超时的软件定时器（链表的操作都需要保护，但在伪码中我们暂且不特殊说这一点）。

```
INIT_LIST_HEAD(active_timer_list);
```

5）定时器定义好之后，那么我们就需要一个参加接口来把定义好的定时器加到激活链表中。

```
void add_timer(struct my_timer_list_s *timer) {
    u64 cur_slice;
    u64 length_to_slice;
    length_to_slice = CHANGE_TO_SLICE( length_ms);
    /*把期望超时时长折算成对应多少个slice时间戳单位，CHANGE_TO_SLICE由使用者计算，根据所用时间
       戳精度的不同而不同*/
    cur_slice = get_cur_slice();
    /*获取当前系统全局时间戳*/
    timer->expect_expire_slice = cur_slice + length_to_slice;
    /*根据当前时间戳和期望超时的时间长短，计算出期望超时的时间戳*/
    INSERT_TO_LIST(timer);
    /*根据期望超时的时间的先后顺序，插入链表active_timer_list中，INSERT_TO_LIST由使用者具体实现*/
    /*注意，如果插入头节点，则需要重新使能定时器*/
}
```

6）硬件定时器超时后处理伪码如下所示：

```
int handler(void*) {
    u64 cur_slice;
    struct my_timer_list_s *pos;
    u64 slice;
```

```
        cur_slice = get_cur_slice();                      /*获取当前系统全局时间戳*/
        do{
            pos = get_first_timer(active_timer_list);     /*从active_timer_list删除本次超时的定
                                                             时器并返回排在第一序位的头节点定时器*/
            if(pos->expect_expire_slice <= cur_slice){    /*表示该定时器已经超时，需要处理*/
                pos->fact_expire_slice = cur_slice;       /*维测信息，记录实际超时时间*/
                pos->func(pos->data);
            }
            else
                break;
        }while(!list_empty(active_timer_list));
        /*到这一步，所有期望超时的定时器都已经回调处理完成，下面需要让第一个节点的定时器超时时长设置
          的硬件定时器中进入下一轮计时*/
        cur_slice = get_cur_slice();                         /*获取当前系统全局时间戳*/
        slice = pos->expect_expire_slice - cur_slice;
        start_chiptimer(slice);                              /*start_chiptimer仅为示意，表示开始使
                                                                能下一轮计时*/
        return 0;
    }
```

7）删除定时器：如果在启动定时器后，我们又不希望它超时了，那么我们可能需要提供该功能的接口实现：

```
void  del_timer(struct my_timer_list_s *timer) {
    list_del_init(&timer->entry);/*从active_timer_list链表中删除该节点即可*/
    ...
    return ;
}
```

到此为止我们的软件定时器也实现得差不多了，在最坏的情况下，添加一个定时器的时间复杂度为 O(n)，最好的情况为 O(1)，对于当前的处理器性能以及一个使用软件定时器不超过 50 个甚至 100 个的操作系统来讲，这个实现足以支撑相应业务。

18.10　volatile

volatile 的本意是"易变的"，因为访问通用寄存器要比访问内存单元快得多，所以编译器一般都会做减少存取内存的优化，但有可能会读脏数据。当要求使用 volatile 声明变量值的时候，系统总是重新从它所在的内存读取数据，即使它前面的指令刚刚从该处读取过数据。精确地说就是，遇到这个关键字声明的变量，编译器对访问该变量的代码就不再进行优化，从而可以提供对特殊地址的稳定访问；如果不使用 valatile，则编译器将对所声明的语句进行优化。volatile 关键字影响编译器编译的结果，用 volatile 声明表示该变量随时可能发生变化，与该变量有关的运算不需要进行编译优化。

为帮助理解，举两个对比例子。

1）不使用 volatile 修饰。

```
int tmp1=1;
void test1(void)
{
    while(tmp1)
    {}
}
```

测试函数编译后生成汇编指令：

```
0xe00: ldr r0,[tmp1地址]
0xe04: cmp r0,#0x0
0xe08: bne 0xe04 //注意此处跳转的目的地址为0xe04，即每次循环都是直接取寄存器r0的内容，并不会
                  去tmp1的地址获取
```

如果过程中你想通过改变 tmp1 的值来控制循环的执行，是不可能成功的，因为 CPU 根本不会重新从内存读取 tmp1 的值。

2）使用 volatile 修饰。

```
volatile int tmp2=1;
void test2(void)
{
    while(tmp2)
    {}
}
```

测试函数编译后生成汇编指令：

```
0xe00: ldr r0,[tmp2地址]
0xe04: cmp r0,#0x0
0xe08: bne 0xe00 //注意此处跳转的目的地址为0xe00，即每次循环都是去tmp2的内存地址获取
```

18.11　WFE、SEV、WFI

1. WFE

Wait For Event，此指令是可选的。如果此指令未实现，它将作为 NOP 指令来执行。

如果 Event Register 没有被置位，WFE 将挂起直到发生以下事件之一。

❑ 一个 IRQ 中断到来，除非 CPSR I-bit 被屏蔽。

❑ 一个 FIQ 中断到来，除非 CPSR F-bit 被屏蔽。

❑ 一个 Data abort 异常发生，除非 CPSR A-bit 被屏蔽。

❑ 一个 Debug Entry 请求（如果调试是使能的）。

❑ 其他处理器发送 SEV 指令。

如果 Event Register 被置位，则 WFE 指令会立刻对其进行清零并返回。如果 WFE 指令在

一个架构中被实现了，SEV 也必须被实现。

2. SEV

Set Event，此指令是可选的。如果未实现，它将作为 NOP 指令来执行。

SEV 是指向多处理器系统中的所有内核发送事件信号。如果实现了 SEV 指令，则还必须实施 WFE 指令。这两个指令是成对使用的。

典型的使用：1）内核自旋锁与非自旋锁的交互；2）内核启动主核通知从核。

3. WFI

WFI（Wait for Interrupt，等待中断到来）表示将挂起 CPU 直到发生以下事件之一：

❏ 一个异常发生。

❏ 一个中断到来。

❏ 一个 Debug Entry 请求，无论调试是否被使能。

典型的使用：当 CPU 处于空闲时，通常是进入 WFI 状态。

18.12　write through、write back、write allocate、read allocate

write through 和 write back 这两种写策略都是针对写命中（write hit）情况而言的：write through 既写缓存也写主存；write back 只写缓存，并使用 dirty 标志位记录缓存的修改，直到被修改的缓存块被替换时，才把修改的内容写回主存。

那么在写失效（write miss）时，即所要写的地址不在缓存中，该怎么办呢？一种办法就是把要写的内容直接写回主存，这种办法叫作 no write allocate 策略；另一种办法就是把要写的地址所在的块先从主存调入缓存中，然后写缓存，这种办法叫做 write allocate 策略。

同理，read allocate 策略就是当要读的地址不在缓存中时，把要读的地址所在的块先从主存调入缓存中，然后再去读。

18.13　mutex、semaphore、spinlock 的区别

1.mutex

mutex 是一个互斥锁，上下文为任务上下文，即可以让出 CPU，功能上更类似于二值的 semaphore，但是 mutex 还有以下明显的限制：

1）在某一时刻只能有一个任务持有 mutex。

2）只有持有者才能释放这个 mutex。

3）不允许多次释放。

4）不允许嵌套获取 mutex。

5）一个 mutex 对象必须通过 API 进行初始化。

6）不能通过 memset 或者 copy 操作来初始化 mutex 对象。

7）一个任务不能在持有 mutex 的情况下退出。

8）持有锁所在的内存区域不能被释放。

9）不能对持有的 mutex 对象做重新初始化。

10）不能用于中断上下文。

2. semaphore

semaphore 在 18.2 节讲解过了，其运行上下文也是任务上下文。与 mutex 对比，semaphore 的作用更广泛，当数量值为 1 时，可以作为互斥功能使用，但是约束没有那么多，比如对持有者可能没有限制，在持有时也可以退出任务（通常不会这么做）等；当数量值不为 1 时，表示共享资源的个数，大家可以在有限的资源数内同时使用共享资源。建议在明确是需要任务上下文互斥时使用，因为 mutex 就是为此而生的。

3. spinlock

在 18.3 节中我们对自旋锁做过讲解。通常使用 spin_lock_irqsave 接口，与 mutex 和 semaphore 不同的是，该接口不会让出 CPU，直到等到资源到位为止。

18.14 本章小结

本章内容较为零碎，主要介绍本书中涉及内容的扩展知识点，这些知识点在实际开发中会或多或少涉及，希望能带给大家一些帮助。在下一章中，我们针对低功耗的问题和优化点进行说明。

低功耗问题定位及优化思路

在低功耗特性中，软件实现起来可能并没有那么难，从设计到实现的耗时可能并不会特别长，耗时最长的是后续的商用问题定位以及对功耗的优化，这些只有建立在一定的实战基础上才能做得越来越好。这里推荐几种比较常用的优化或者定位问题的手段供大家参考，希望能给大家带来一些帮助。

19.1 多子系统配置

比如某一个公共外设，如果多个子系统共用，在设计时建议每个子系统各放置一个芯片，这样既可以节省系统运行过程中的访问带宽，又可以做好访问隔离，尽可能地降低芯片通路访问的复杂性和软件设计的复杂性。

我们通过一个例子来说明一下。比如一个系统中只有一个 DMA，存放在公共外设区（peri），这个时候如果 AP 需要访问 DMA，那么它需要先经过自己系统的 SUB BUS，再通过 SYS BUS 访问外设区的 DMA，如图 19-1 所示。

如果 BP 需要访问 DMA，那么它也需要先经过自己系统的 SUB BUS，再通过 SYS BUS 访问外设区的 DMA，其他子系统也是同样的访问路径。这种情况有两个缺点：一是访问路径过远增加了总线的繁忙程度，可能导致访问延时；二是可能存在资源竞争，比如 AP、BP 或其他子系统同时访问的话，可能需要做仲裁处理。

针对这种情况，我们可以做个优化，就是在每个子系统内部的设备区各放置一个 DMA，如图 19-2 所示，各个 CPU 需要使用 DMA 时，只用访问自己内部的 DMA 即可，这样可以很好地改善上述两个缺点。为什么说这样设计也可以优化功耗呢？试想如果 AP 侧没有这个 DMA，那么在 AP 侧唤醒而其他子系统都睡眠的情况下，AP 侧如果要访问 DMA，势必需要给其他子系统上电，从而带来功耗的浪费，而如果 AP 子系统内部本身有 DMA，就没有必要给其他子系统上电。这个思想当然可以用在任何 IP 的归置上，需要根据实际的设计场景做对应的优化。

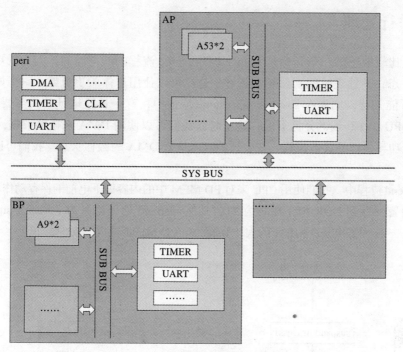

图 19-1　DMA 部署优化前的布局示意

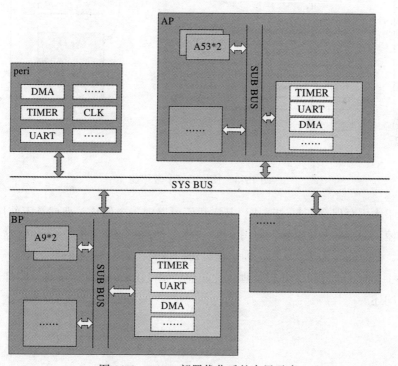

图 19-2　DMA 部署优化后的布局示意

19.2 并行处理

低功耗比较敏感的一个指标是 suspend 和 resume 流程的处理时间，因为低功耗是系统中的一种常态，其处理时间当然越短越好，这样可以让用户体验更流畅。一个好的思想是让处理尽可能并行，比如在 suspend 和 resume 流程中，有一长段地址空间需要保存恢复，如果使用 CPU，效率是十分低下的，这个时候我们可以使用 DMA 来搬移数据，同时 CPU 继续处理低功耗处理的其他流程，在合适的点来检查 DMA 的搬移状态。我们可以通过以下例子来说明。

在 suspend 流程中，我们使用 CPU 来对 PD MEM 中的内容做下电前的保存动作，如图 19-3 所示，把内容保存到 DDR 中，耗时为 $T1$，其他 suspend 处理耗时为 T，那么 suspend 总耗时为 $T + T1$，$T1$ 时长与 PD MEM 的大小强相关，PD MEM 越大，耗时越长。

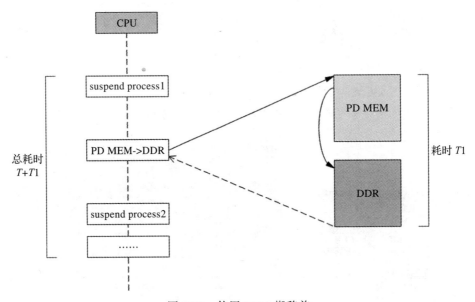

图 19-3　使用 DMA 搬移前

那么关于大内存保存恢复这一块，其实我们可以做一个优化，那就是不使用 CPU 进行处理，而是使用 DMA 去做搬移，使用 CPU 去做其他 suspend 动作，那么 $T1$ 这个耗时就可能会省下来，使总耗时为 T，从而达到优化时长的目的，如图 19-4 所示。

前边讲了 suspend 流程的并行处理优化思想，对于 resume 流程来讲，同样适用，这里不再做过多阐述。

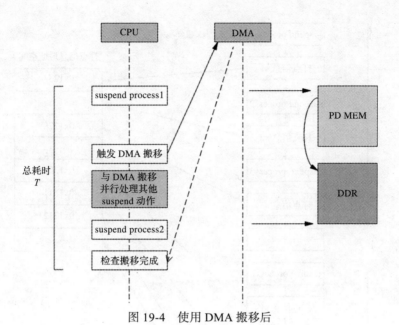

图 19-4　使用 DMA 搬移后

19.3　增加打点信息

因为低功耗流程会涉及关闭时钟或者关闭电源等操作，很多调试工具是无法使用的，一个好的方法是在内存中划分一片区域，专门供低功耗流程使用，打入数据通常是系统中递增的时间戳。这样有两个好处：一是可以方便查看各个阶段的耗时，二是可以根据时间戳的递增特性来快速地定位到哪一步出了异常。如图 19-5 所示。

我们对这个样例进行解析，可以获取到以下信息：

1）s1 的打点信息为 0x1234，s2 的打点信息为 0x1255，那么我们就可以知道 suspend process2 处理耗时为 0x1255–0x1234 = 0x21 个时间单位。同理，我们可以计算出 suspend 整个流程的耗时。

2）如果 s2 的打点信息为 0x1111，比 s1 的 0x1234 要小，那么我们就可以确定 suspend process2 的处理出现了异常，代码没有继续走下去。这个方法适用于流程中的任意处，因此我们可以使用此方法来找到 suspend 流程中的异常点。

3）r1 的打点信息为 0x1300，我们可以据此来判断当前系统是否退出了睡眠流程，因为 resume 流程的打点信息要比 suspend 流程中的所有打点信息大。如果 r1 打点信息比 suspend 流程中的打点信息小，那么可以判定当前系统正处于睡眠状态。

4）r1 的打点信息是 0x1300，r2 的打点信息是 0x1311，那么我们可以判定 resume process2 的处理耗时为 0x1311–0x1300 = 0x11 个时间单位。同样的原理，我们可以算出整个 resume 流程的耗时。

5）如果 r1 的打点信息是 0x1300，r2 的打点信息不是 0x1311，而是 0x11xx，或者其他比 0x1300 小的值，那么我们可以确定 r2 的打点信息是上一次 resume 流程中的打点信息，本次 resume 流程中的打点信息没有打上，进而可以确定 resume process2 出现了异常，最终定位异常点。

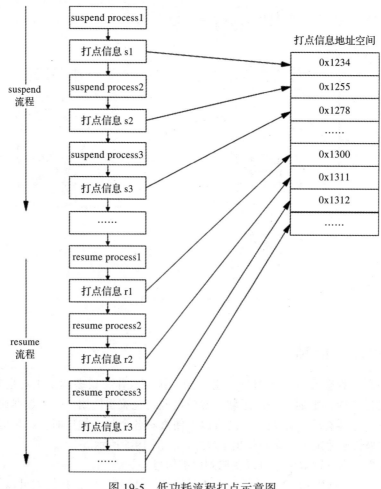

图 19-5　低功耗流程打点示意图

19.4　增加 suspend 流程状态检查返回点

　　睡眠状态是通过唤醒中断唤醒的，我们无法预知唤醒中断什么时候可以唤醒，如果在睡眠过程中我们不做检查，那么有可能在睡眠过程中唤醒中断就到来了。此时继续睡眠是没有意义的，多了一次唤醒过程。如果我们能在睡眠流程中及时发现唤醒中断并及时停止睡眠流程，那么就节省了一次睡眠唤醒时间。我们假设 suspend 流程耗时 $T1$，resume 流程耗时 $T2$，那么经过一次睡眠唤醒时耗费在流程上的总时长为 $T1+T2$。试想一下，如果唤醒事件在处理完 suspend process1 后、处理 suspend process2 之前到来，其实本次 suspend 流程是没有必要继续走 suspend process2 之后的流程的，$T1-t1+T2$ 这段时间的处理过程纯属浪费，白白多进行了一次睡眠唤醒流程，也延迟了唤醒事件的处理速度。不增加 suspend 返回检查点的流程示意图如图 19-6 所示。

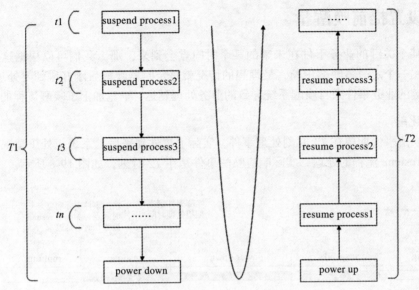

图 19-6　不增加 suspend 返回检查点

那么针对这种情况，我们可以在 suspend 流程中添加唤醒事件以判断返回点，进而提前发现唤醒事件，及时中止 suspend，并返回到 active 状态。增加 suspend 返回检查点的流程示意图如图 19-7 所示。

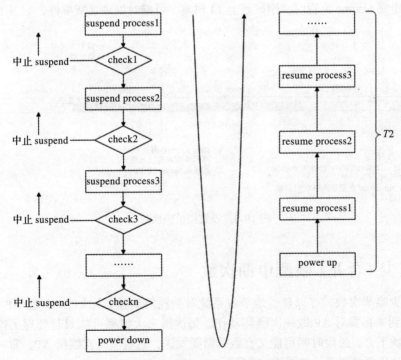

图 19-7　增加 suspend 返回检查点

19.5 设置提前唤醒量

比如某个关键的业务事件在未来的某个时间点会到来，那么我们可以根据这个时间点来提前设置一个定时器唤醒中断，最理想的情况就是定时器唤醒后刚好碰到要处理的事件，避免由关键的业务事件亲自唤醒系统导致的业务处理延迟（毕竟加上了唤醒流程的耗时）。

1. 优化前

业务唤醒事件期望在 $T1$ 时刻处理事件，实际上事件到来后，系统正处于睡眠流程，多加了一次 resume 流程的处理，实际响应唤醒事件是在 $T2$ 时刻，如图 19-8 所示。

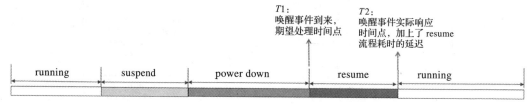

图 19-8 未设置提前唤醒量

2. 优化后

当系统要进入 suspend 流程时，我们可以计算一下当前时间与唤醒事件要到来的时间 $T1$ 之间的差值 Δt，然后以 Δt 减去 resume 流程耗时的结果作为超时时间启动一个唤醒功能定时器，这样当系统走完 resume 流程时，刚好赶上 $T1$ 时刻，可准时处理唤醒事件，如图 19-9 所示。

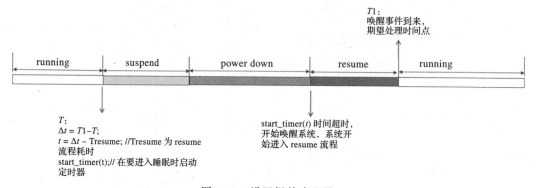

图 19-9 设置提前唤醒量

19.6 减少（合并）唤醒中断次数

通过减少唤醒次数，可以显著地节省系统对功耗的消耗。比如 BP 要往 AP 发送数据，每次有数据到来都要对 AP 做一次唤醒动作，每次醒来大概率可能只是处理了这个数据而已，然后又睡下去，过段时间可能又有数据需要发送，然后又一次唤醒 AP，每一次的唤醒都是对功率和资源的消耗。如图 19-10 所示。

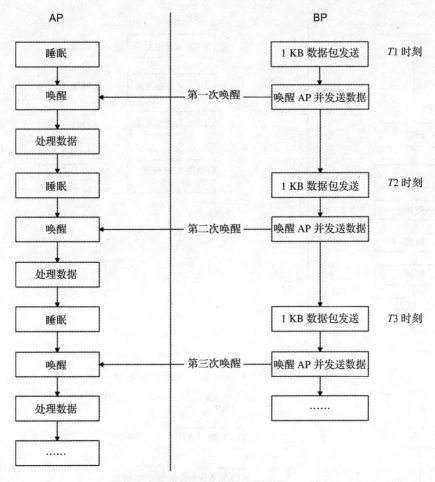

图 19-10 未合并唤醒中断

1. 优化前

针对这个场景，我们可以做的优化就是合并数据，比如当要发送的数据在一段时间内达到某个阈值时，才做一次发送动作。注意，这里有两个关键因素：一是在一定时间内，二是数据达到阈值。

2. 优化后

我们增加两个控制，一是包的大小达到一定阈值后再发送动作，二是再增加一个时间控制。如果超过这个时间阈值，即使包的大小没有达到发送阈值也要做发送动作。

场景一：在时间阈值 2 min 内，数据包达到了总包 3 KB 的阈值，那么合并发送数据，如图 19-11 所示。

场景二：发送总包未达到 3 KB 阈值，但是时间达到阈值 2 min，那么依然合并发送当前数据包，如图 19-12 所示。

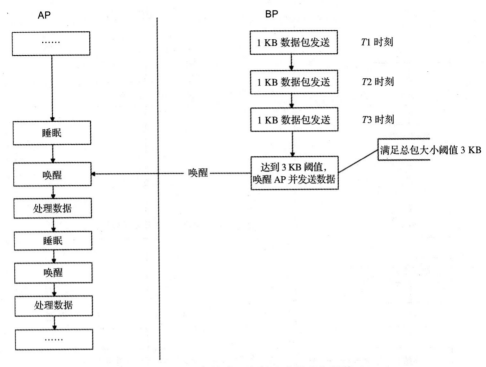

图 19-11　合并唤醒中断，满足总包阈值

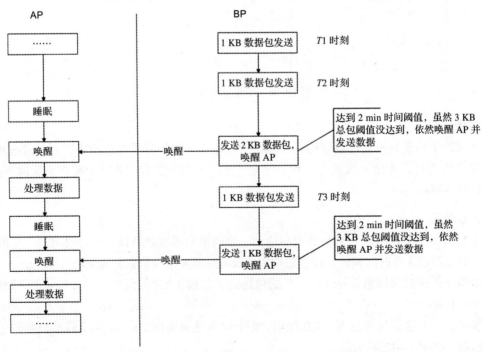

图 19-12　合并唤醒中断，满足时间阈值

19.7　慎用阻塞型接口

在操作系统中，很多接口是阻塞型接口，即可能在运行过程中释放 CPU，在使用此类接口时需要注意以下两点。

1）不能在中断上下文中使用，因为在中断上下文中让出 CPU 意味着中断上下文发生了调度。大家学过操作系统这门课程，任务调度的实体是 task 结构体，中断上下文明显违背这一原则；而且操作系统在进入中断上下文之前，通常会关闭调度，基于以上原因，不能在中断上下文中使用阻塞型接口。

2）在没有持锁且不希望系统睡眠的场景中，也不能使用阻塞型接口，否则就可能发生在事件没有处理完时系统进入了睡眠，导致事件丢失的情况。我们可以看一下如下示例：

```
int test_process(void) {
    int i, j;
    …
    printf(…)/malloc(…)/…;          //阻塞型接口
    i = j + 1;
    return i;
}
```

在该示例中，因为 printf 或者 malloc 等都有可能让出 CPU，且让出 CPU 后睡眠任务有可能被调度，从而使系统进入睡眠流程，导致代码段的后续语句无法执行。当然在实际商用中业务代码不可能这么简单。好的处理方法是尽量不使用此类接口，或者主动调用睡眠锁接口，在业务处理完后再释放睡眠锁。

```
int test_process(void) {
    int i, j;
    …
    __pm_stay_awake(ws);
    printf(…)/malloc(…)/…;          //阻塞型接口
    i = j + 1;
    __pm_relax(ws);
    return i;
}
```

19.8　踩内存

踩内存是一个常见的异常，关于踩内存问题的定位手段也有很多，在这里我们也顺带做个介绍。踩内存从范围来讲分为系统内踩（本核）和系统外踩（他核）。

系统内踩，顾名思义就是本核代码踩，定位起来可能相对容易些。

1）把被踩内存设置为只读属性，这样一有访问就能直接产生异常，然后根据异常栈快速找到踩内存的代码片段。

2）如果无法设置为只读属性，那么我们可以借助工具在被踩处设置写断点，一旦发生写操作，CPU 会立刻停住，同样可以抓到踩内存的元凶。

系统外踩的定位可能就比较麻烦，因为无法确定是其他哪个子系统访问了，通常需要配合芯片本身的支持来定位。

1）增强内存保护，设置每个子系统可访问的内存空间范围，防止其修改其他子系统内存导致踩其他子系统内存空间的问题产生。

2）芯片设计上，增加维测寄存器来记录总线发出访问动作的 master 以及访问的 slave，这样当系统异常时就可以看到最后的访问动作。

踩内存分类及对应定位策略如图 19-13 所示。

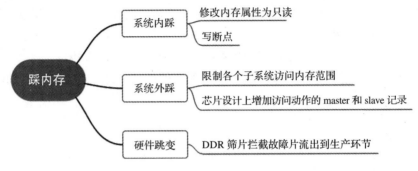

图 19-13　踩内存分类及对应定位策略

从产生原因来讲分为越界踩、随机踩、释放后使用等。

1）越界踩：所谓越界踩，就是被踩的内存就在所访问的内存旁边，也就是在界限附近。出现这种情况一般是由于访问的内存超过了申请的内存。示例如下：

```
void func(void) {
    char *ptr = NULL;
    ptr = (char*)malloc(3);
        strcpy(ptr, "test");
}
```

strcpy 复制了 5B（字符串 test 有 5B，包括最后的 '\0'），但是指针 ptr 所分配的内存只有 3B，所以就越界了。

数组越界类似于上述例子，也属于一种越界踩。除此之外，还有一种越界踩就是栈溢出，栈内存一般都是固定的，一个函数中变量过多，超过了栈大小，就会导致栈溢出，出现越界踩：

```
void func(void){
    char tmp[1000000000000];
    int i;
    for(i = 0; i  <  1000000000000; i++){
        tmp[i] = 'a';
    }
}
```

2）随机踩：如果出现随机踩，问题排查起来就会比较困难，因为不知道是在程序的哪个位置出现的问题，有可能每次出现问题的地方都不一样：

```
int func(int i){
    char tmp[5];
    tmp[i] = 'a';
}
```

这种情况下变量 i 没有做范围检查，可能是很大的正数，也可能是负数，每次入参 i 的值可能不同，所以每次踩坏的地方可能不一样。

3）释放后使用：由于指针在使用之前被释放掉，因此这块内存很有可能又被分配出去了，从而导致互踩：

```
void func(void) {
char *ptr;
ptr  = malloc(5);
strcpy(ptr, "test");
free(ptr); /* ptr内存释放后可能再次被分配出去，从而踩到存储test的空间，导致字符串内容被覆盖 */
}
```

所以，在开发代码过程中，开发人员一定要遵循编码规范，包括但不限于以下几点：

❑ 对入参做有效性检查；

❑ 有循环时注意边界的处理；

❑ 释放内存后，对指针赋零值；

❑ 函数建议不超过 50 行，避免过长导致处理逻辑复杂；

❑ 函数设计要高内聚、低耦合，依赖关系通过函数调用而不是直接引用变量；

❑ 局部变量不要定义太多，占用内存不要太大；

❑ 有递归时，注意递归的深度，太深的话可能有栈溢出风险。

19.9　压力测试

在我们开发完低功耗功能后，在正式商用前需要经过多轮测试，以确保不影响用户体验的基本问题：一是确保睡眠流程和唤醒流程正常执行完成，二是确保各个参与低功耗流程的 CPU、外设等器件在经过睡眠唤醒后功能可以正常运行。因此，我们很有必要设计一个压力测试框架，让系统能够按照设置的预期值周期性进行睡眠唤醒和器件功能的验证。

19.9.1　思路梳理

接下来我们来梳理一下开发这个框架的必需功能项。

1）定时器：为了能周期性地唤醒系统，我们需要定义一个带唤醒功能的定时器。

2）睡眠锁：为了唤醒后能按照预期控制是否可以进入睡眠，我们还需要定义一把睡眠锁，当压力测试执行结束后，再投票允许系统睡眠。

3）任务：我们需要启动一个压力测试任务，在定时器到期后触发任务运行。该任务负责执行各个器件注册的压力测试程序，验证唤醒后器件功能是否正常，比如 DMA 能否搬移数据、中断是否能触发等。

4）器件测试程序注册接口：给系统中的器件提供注册压力测试程序的接口，以便压力测试任务能在系统唤醒后回调注册的测试程序。

19.9.2 压力测试框架实现

1. 数据结构和变量设计

我们需要设计一个结构体，以方便系统中的模块注册低功耗压力测试程序。我们也需要在压力测试代码中定义一个链表变量，以维护各模块注册的结构体，设计实现如下：

```
LIST_HEAD(g_press_test_head);        /*定义的链表全局变量，各个模块注册的回调函数就挂在本链表中，
                                       执行测试用例时遍历的也是该链表*/
DEFINE_SEMAPHORE(stress_sem);        /*唤醒中断通过该信号量触发任务运行*/
struct wakeup_source *wakesource;
struct pm_stress_test_s {
    struct list_head entry;
    char *module_name;               /*注册测试回调的模块的名字*/
    int (*test_begin)(void* data);   /*模块测试程序开始执行的函数，用于唤醒后验证本模块功能是否
                                       正常*/
    int (*test_end)(void* data);     /*模块测试程序结束执行的函数，可以为空*/
    ...
};
```

2. 函数接口设计

1）测试程序注册 / 去注册接口：我们需要给各个模块提供注册测试函数的接口，一旦注册，再执行压力测试时，每次唤醒后都要执行注册模块注册的测试程序。

入参为要注册或者去注册的模块。这两个函数都没有返回值。

具体设计实现代码段如下所示：

```
void stress_test_register(struct pm_stress_test_s *module) {
    if(!module) {
        printf("para is NULL\n");
        return;
    }
    if (!list_empty(module->entry)) { /*如果已经注册过了，就不再注册*/
        return;
    }
    list_add_tail(module->entry, &g_press_test_head);
}
void stress_test_unregister(struct pm_stress_test_s *module) {
    if(!module) {
        printf("para is NULL\n");
        return;
    }
    list_del_init(&module->entry);
}
```

2）任务处理函数：当唤醒中断响应后，唤醒中断会触发该任务运行，在该任务中，会回调处理各个模块注册的测试程序。

具体设计实现代码段如下所示：

```
static void press_task_func(void* data) {
    struct pm_stress_test_s  *pos = NULL;
    while(1) {
        down(&stress_sem);
        spin_lock_irqsave(...);                /*保护链表访问*/
```

```
        __pm_stay_awake(wakesource);
        list_for_each_entry(pos, g_press_test_head, entry) {
            if(pos->test_begin != NULL) {
                spin_unlock_irqrestore(...);/*执行测试回调函数前，退出当前保护环境*/
                pos->test_begin(...);
                spin_lock_irqsave(...);     /*保护链表访问*/
            }
        }
        list_for_each_entry(pos, g_press_test_head, entry) {
            if(pos->test_end != NULL) {
                spin_unlock_irqrestore(...);/*执行测试回调函数前，退出当前保护环境*/
                pos->test_end(...);
                spin_lock_irqsave(...);     /*保护链表访问*/
            }
        }
        __pm_relax(wakesource);
        spin_unlock_irqrestore(...);
    }/*while(1)*/
}/*press_task_func*/
```

3）唤醒中断处理函数：当唤醒中断唤醒系统后，系统会处理该中断处理函数，在该函数中，我们会触发任务运行。

```
int stress_irq_handler(){
    up(&stress_sem);
    return 0;
}
```

4）挂接中断和创建任务：我们需要在初始化中把用于周期性唤醒系统的定时器中断挂接上，同时创建执行注册回调测试函数的任务。

```
int stress_init(void){
    request_irq(WAKEUP_TIMER_IRQ, stress_irq_handler, ...);
    create_task(press_task_func, ...);
    wakesource = wakeup_source_register(...);
    return 0;
}
```

5）启动和停止压力测试的接口：前面所有的测试准备已经做好，接下来提供一个开始测试和停止测试的接口，供测试人员和开发人员在需要进行压力测试时调用。

```
void start_stress(int period_ms){/*测试者可以指定周期唤醒时间*/
    start_timer(period_ms);         /*开始按照指定的周期唤醒时间使能定时器*/
    return 0;
}
void stop_stress(void){
    stop_timer();                   /*停止周期唤醒定时器工作*/
    return 0;
}
```

至此，我们的低功耗睡眠唤醒压力测试框架基本搭建完成，大家在具体使用中可以进行定制化的功能扩展。

19.10 其他优化手段

1. 多电源域划分

电源域划分得越精细，动态开关就越精细，功耗也会节省得越多。举个例子：当 dev1 和 dev2 共用一个电源域时，如果要关闭这个电源域，必须等 dev1 和 dev2 都不工作时，有任何一个工作都需要打开该电源域；而如果 dev1 和 dev2 各自使用一个电源域供电，那么我们就可以在任何一个 dev 不工作时关闭其对应的电源域。

2. CLK 的非用即关

与电源域的划分一致，尽可能让每一个 dev 都有一个独立的时钟，这样也可以做到精细化的动态开关。当某个 IP 不工作时，可以关闭其对应的时钟，内核中的 CLK 可以提供对应的功能支持。

3. 做好维测记录

在大型的商业软件中，业务是非常复杂的，良好的维测信息可以及时地发现问题点，并澄清自己的问题。至于怎样才能做好维测信息，需要提前做好规划和设计，比如唤醒源记录、唤醒时间记录、持锁时长记录、每个 suspend 和 resume 回调执行的时长（唤醒超时时可以快速找到责任组件）等。

4. 编码时使用 likely 和 unlikely

通常在 if 语句中使用，把代码处理流程中最可能的跳转分支代码尽量与前序语句放到一起，避免长跳转带来大量缓存的替换操作，从而影响性能。

5. 多核数据使用 percpu 变量定义

如果使用数组，尤其是通过 CPU id 来索引的数组，会显著增加系统关于集群内以及集群之间的数据的一致性维护动作；如果使用 percpu 变量定义，则可以避免 SMP 多核之间共享缓存的一致性维护，每个核都访问自己的变量。

6. 根据负载调整电压和频率

即 DVFS 和 AVS，根据系统当前的负载来匹配到合适的电压和频率，以达到降低功耗的目的。

19.11 本章小结

在本章，我们针对低功耗场景的优化及问题定位提供了一些思路和方法，可供大家在实际的开发交付中使用。关于低功耗优化的方法还有很多，本章所述的只是几个比较常用的，其他优化或定位方法大家可以在实际的商用交付中进行挖掘。开发人员需要活学活用，不要怕遇到问题，要借助问题来形成自己的一些系统性手段。